《冰冻圈变化及其影响研究》丛书得到下列项目资助

全球变化研究国家重大科学研究计划项目
"冰冻圈变化及其影响研究"（2013CBA01800）

● 国家自然科学基金创新群体项目
　"冰冻圈与全球变化"（41421061）

● 国家自然科学基金重大项目
　"中国冰冻圈服务功能形成过程及其综合区划研究"（41690140）

本书由下列项目资助

● 全球变化研究国家重大科学研究计划项目"冰冻圈变化及其影响研究"
　（2013CBA01800）

"十三五"国家重点出版物出版规划项目

冰冻圈变化及其影响研究

丛书主编　丁永建　　丛书副主编　效存德

冰冻圈变化及其影响

丁永建　效存德 等／著

科学出版社
北京

内 容 简 介

本书是对《冰冻圈变化及其影响研究》系列丛书的总结，主要对冰冻圈变化事实、冰冻圈变化模拟和预估、冰冻圈变化的影响以及冰冻圈变化影响的适应等研究中取得的一些最新进展和认识进行系统梳理和总结，给出冰川快速变化机理、欧亚大陆及北半球积雪变化、格陵兰和南极冰盖物质平衡新算法、基于冻土调查的青藏高原多年冻土分布新结果、累加效应对冰冻圈自身稳定性的影响等方面的最新结果，介绍山地冰川动力模拟、冻土模型参数化方案、冰盖–冰架动力模拟、积雪模式参数化改进及冰冻圈水文模式研发方面的新进展，分析冰冻圈变化对水资源、生态、碳循环、气候和社会经济的影响，针对这些影响提出相应的适应措施。

本书可供从事冰冻圈、地理、气候、水文、生态、环境、人文及社科等相关领域的科研和教学人员以及政府管理人员阅读。

审图号：GS（2019）5616 号

图书在版编目(CIP)数据

冰冻圈变化及其影响 / 丁永建等著 . —北京：科学出版社，2019.11

（冰冻圈变化及其影响研究/丁永建主编）

"十三五"国家重点出版物出版规划项目

ISBN 978-7-03-062973-9

Ⅰ.①冰⋯　Ⅱ.①丁⋯　Ⅲ.①冰川–运动（力学）–影响–研究

Ⅳ.①P343.6

中国版本图书馆 CIP 数据核字（2019）第 242890 号

责任编辑：周　杰 / 责任校对：樊雅琼

责任印制：肖　兴 / 封面设计：黄华斌

科 学 出 版 社 出版

北京东黄城根北街 16 号

邮政编码：100717

http://www.sciencep.com

中国科学院印刷厂 印刷

科学出版社发行　各地新华书店经销

*

2019 年 11 月第 一 版　开本：787×1092　1/16

2019 年 11 月第一次印刷　印张：15 1/2

字数：360 000

定价：216.00 元

（如有印装质量问题，我社负责调换）

全球变化研究国家重大科学研究计划
"冰冻圈变化及其影响研究"（2013CBA01800）项目

项目首席科学家 丁永建
项目首席科学家助理 效存德

项目第一课题 "山地冰川动力过程、机理与模拟"，课题负责人：
任贾文、李忠勤
项目第二课题 "复杂地形积雪遥感及多尺度积雪变化研究"，课题
负责人：张廷军、车涛
项目第三课题 "冻土水热过程及其对气候的响应"，课题负责人：
赵林、盛煜
项目第四课题 "极地冰雪关键过程及其对气候的响应机理研究"，
课题负责人：效存德
项目第五课题 "气候系统模式中冰冻圈分量模式的集成耦合及气候
变化模拟试验"，课题负责人：林岩銮、王磊
项目第六课题 "寒区流域水文过程综合模拟与预估研究"，课题负
责人：陈仁升、张世强
项目第七课题 "冰冻圈变化的生态过程及其对碳循环的影响"，课
题负责人：王根绪、宜树华
项目第八课题 "冰冻圈变化影响综合分析与适应机理研究"，课题
负责人：丁永建、杨建平

《冰冻圈变化及其影响研究》丛书编委会

《冰冻圈变化及其影响研究》
著者名单

常瑞英	车　涛	陈仁升	陈生云	丁永建	董文浩
方一平	胡国杰	胡远满	黄建斌	李慧林	李忠勤
梁鹏斌	林岩銮	牟建新	庞强强	上官冬辉	盛　煜
苏　洁	孙维君	孙向阳	王长庭	王澄海	王根绪
王　磊	王生霞	王世金	王叶堂	武炳义	肖　瑶
效存德	徐春海	杨建平	杨　燕	杨元德	宜树华
张廷军	张　通	赵传成	赵　林	邹德富	

总 序 一

　　1972 年世界气象组织（WMO）在联合国环境与发展大会上首次提出了"冰冻圈"（又称"冰雪圈"）的概念。20 世纪 80 年代全球变化研究的兴起使冰冻圈成为气候系统的五大圈层之一。直到 2000 年，世界气候研究计划建立了"气候与冰冻圈"核心计划（WCRP-CliC），冰冻圈由以往多关注自身形成演化规律研究，转变为冰冻圈与气候研究相结合，拓展了研究范畴，实现了冰冻圈研究的华丽转身。水圈、冰冻圈、生物圈和岩石圈表层与大气圈相互作用，称为气候系统，是当代气候科学研究的主体。进入 21 世纪，人类活动导致的气候变暖使冰冻圈成为各方瞩目的敏感圈层。冰冻圈研究不仅要关注其自身的形成演化规律和变化，还要研究冰冻圈及其变化与气候系统其他圈层的相互作用，以及对社会经济的影响、适应和服务社会的功能等，冰冻圈科学的概念逐步形成。

　　中国科学家在冰冻圈科学建立、完善和发展中发挥了引领作用。早在 2007 年 4 月，在科学技术部和中国科学院的支持下，中国科学院在兰州成立了国际上首次以冰冻圈科学命名的"冰冻圈科学国家重点实验室"。是年七月，在意大利佩鲁贾（Perugia）举行的国际大地测量和地球物理学联合会（IUGG）第 24 届全会上，国际冰冻圈科学协会（IACS）正式成立。至此，冰冻圈科学正式诞生，中国是最早用"冰冻圈科学"命名学术机构的国家。

　　中国科学家审时度势，根据冰冻圈科学的发展和社会需求，将冰冻圈科学定位于冰冻圈过程和机理、冰冻圈与其他圈层相互作用以及冰冻圈与可持续发展研究三个主要领域，摆脱了过去局限于传统的冰冻圈各要素独立研究的桎梏，向冰冻圈变化影响和适应方向拓展。尽管当时对后者的研究基础薄弱、科学认知也较欠缺，尤其是冰冻圈影响的适应研究领域，则完全空白。2007 年，我作为首席科学家承担了国家重点基础研究发展计划（973 计划）项目"我国冰冻圈动态过程及其对气候、水文和生态的影响机理与适应对策"任务，亲历其中，感受深切。在项目设计理念上，我们将冰冻圈自身的变化过程及其对气候、水文和生态的影响作为研究重点，尽管当时对冰冻圈科学的内涵和外延仍较模糊，但项目组骨干成员反复讨论后，提出了"冰冻圈—冰冻圈影响—冰冻圈影响的适应"这一主体研究思路，这已经体现了冰冻圈科学的核心理念。当时将冰冻圈变化影响的脆弱性和适应性研究作为主要内容之一，在国内外仍属空白。此种情况下，我们做前人未做之事，大胆实践，实属创新之举。现在回头来看，其又具有高度的前瞻性。通过这一项目研究，不仅积累了研究经验，更重要的是深化了对冰冻圈科学内涵和外延的认识水平。在此基础上，通过进一步凝练、提升，提出了冰冻圈"变化—影响—适应"的核心科学内涵，并成为开展重大研究项目的指导思想。2013 年，全球变化研究国家重大科学研究计划首次设立了重大科学目标导向项目，即所谓的"超级973"项目，在科学技术部支持下，丁永建研究员担任首席科学家的"冰冻圈变化及其影响研究"项目成功入选。项目经过4年实施，已经进入成果总结期。该丛书就是对上述一系列研究成果的系统总结，期待通过该丛书的出版，对丰富冰冻圈科学的研究内容、夯实冰冻圈科学的研究基础起到承前启后的作用。

该丛书共有9册，分8册分论及1册综合卷，分别为《山地冰川物质平衡和动力过程模拟》《北半球积雪及其变化》《青藏高原多年冻土及变化》《极地冰冻圈关键过程及其对气候的响应机理研究》《全球气候系统中冰冻圈的模拟研究》《冰冻圈变化对中国西部寒区径流的影响》《冰冻圈变化的生态过程与碳循环影响》《中国冰冻圈变化的脆弱性与适应研究》及综合卷《冰冻圈变化及其影响》。丛书针对冰冻圈自身的基础研究，主要围绕冰冻圈研究中关注点高、瓶颈性强、制约性大的一些关键问题，如山地冰川动力过程模拟，复杂地形积雪遥感反演，多年冻土水热过程以及极地冰冻圈物质平衡、不稳定性等关键过程，通过这些关键问题的研究，对深化冰冻圈变化过程和机理的科学认识将起到重要作用，也为未来冰冻圈变化的影响和适应研究夯实了冰冻圈科学的认识基础。针对冰冻圈变化的影响研究，从气候、水文、生态几个方面进行了成果梳理，冰冻圈与气候研究重点关注了全球气候系统中冰冻圈分量的模拟，这也是国际上高度关注的热点和难点之一。在冰冻圈变化的水文影响方面，对流域尺度冰冻圈全要素水文模拟给予了重点关注，这也是全面认识冰冻圈变化如何在流域尺度上以及在多大程度上影响径流过程和水资源利用的关键所在；针对冰冻圈与生态的研究，重点关注了冰冻圈与寒区生态系统的相互作用，尤其是冻土和积雪变化对生态系统的影响，在作用过程、影响机制等方面的深入研究，取得了显著的研究成果；在冰冻圈变化对社会经济领域的影响研究方面，重点对冰冻圈变化影响的脆弱性和适应进行系统总结。这是一个全新的研究领域，相信中国科学家的创新研究成果将为冰冻圈科学服务于可持续发展，开创良好开端。

系统的冰冻圈科学研究，不断丰富着冰冻圈科学的内涵，推动着学科的发展。冰冻圈脆弱性和风险是冰冻圈变化给社会经济带来的不利影响，但冰冻圈及其变化同时也给社会带来惠益，即它的社会服务功能和价值。在此基础上，冰冻圈科学研究团队于2016年又获得国家自然科学重大基金项目"中国冰冻圈服务功能形成机理与综合区划研究"的资助，从冰冻圈变化影响的正面效应开展冰冻圈在社会经济领域的研究，使冰冻圈科学从"变化—影响—适应"深化为"变化—影响—适应—服务"，这表明中国科学家在推动冰冻圈科学发展的道路上不懈的思考、探索和进取精神！

该丛书的出版是中国冰冻圈科学研究进入国际前沿的一个重要标志，标志着中国冰冻圈科学开始迈入系统化研究阶段，也是传统只关注冰冻圈自身研究阶段的结束。在这继往开来的时刻，希望《冰冻圈变化及其影响研究》丛书能为未来中国冰冻圈科学研究提供理论、方法和学科建设基础支持，同时也希望对那些对冰冻圈科学感兴趣的相关领域研究人员、高等院校师生、管理工作者学习有所裨益。

秦大河

中国科学院院士

2017年12月

总　序　二

　　冰冻圈是气候系统的重要组成部分，在全球变化研究中具有举足轻重的作用。在科学技术部全球变化国家重大科学研究计划支持下，以丁永建研究员为首席的研究团队围绕"冰冻圈变化及其影响研究"这一冰冻圈科学中十分重要的命题开展了系统研究，取得了一批重要研究成果，不仅丰富了冰冻圈科学研究积累，深化了对相关领域的科学认识水平，而且通过这些成果的取得，极大地推动了我国冰冻圈科学向更加广泛的领域发展。《冰冻圈变化及其影响研究》系列专著的出版，是冰冻圈科学向深入发展、向成熟迈进的实证。

　　当前气候与环境变化已经成为全球关注的热点，其发展的趋向就是通过科学认识的深化，为适应和减缓气候变化影响提供科学依据，为可持续发展提供强力支撑。冰冻圈科学是一门新兴学科，尚处在发展初期，其核心思想是将冰冻圈过程和机理研究与其变化的影响相关联，通过冰冻圈变化对水、生态、气候等的影响研究，将冰冻圈与区域可持续发展联系起来，从而达到为社会经济可持续发展提供科学支撑的目的。该项目正是沿着冰冻圈变化—影响—适应这一主线开展研究的，抓住了国际前沿和热点，体现了研究团队与时俱进的创新精神。经过4年的努力，项目在冰冻圈变化和影响方面取得了丰硕成果，这些成果主要体现在山地冰川物质平衡和动力过程模拟、复杂地形积雪遥感及多尺度积雪变化、青藏高原多年冻土及变化、极地冰冻圈关键过程及其对气候的影响与响应、全球气候系统中冰冻圈的模拟研究、冰冻圈变化对中国西部寒区径流的影响、冰冻圈生态过程与机理及中国冰冻圈变化的脆弱性与适应等方面，全面系统地展现了我国冰冻圈科学最近几年取得的研究成果，尤其是在冰冻圈变化的影响和适应研究具有创新性，走在了国际相关研究的前列。在该系列成果出版之际，我为他们取得的成果感到由衷的高兴。

　　最近几年，在我国科学家推动下，冰冻圈科学体系的建设取得了显著进展，这其中最重要的就是冰冻圈的研究已经从传统的只关注冰冻圈自身过程、机理和变化，转变为冰冻圈变化对气候、生态、水文、地表及社会等影响的研究，也就是关注冰冻圈与其他圈层相互作用中冰冻圈所起到的主要作用。2011年10月，在乌鲁木齐举行的 International Symposium on Changing Cryosphere, Water Availability and Sustainable Development in Central Asia 国际会议上，我应邀做了 *Ecosystem services*, *Landscape services and Cryosphere services* 的报告，提出冰冻圈作为一种特殊的生态系统，也具有服务功能和价值。当时的想法尽管还十分模糊，但反映的是冰冻圈研究进入社会可持续发展领域的一个方向。令人欣慰的是，经过最近几年冰冻圈科学的快速发展及其认识的不断深化，该系列丛书在冰冻圈科学体系建设的研究中，已经将冰冻圈变化的风险和服务作为冰冻圈科学进入社会经济领域的两大支柱，相关的研究工作也相继展开并取得了初步成果。从这种意义上来说，我作为冰冻圈科学发展的见证人，为他们取得的成果感到欣慰，更为我国冰冻圈科学家们开拓进取、兼容并蓄的创新精神而感动。

在《冰冻圈变化及其影响研究》丛书出版之际，谨此向长期在高寒艰苦环境中孜孜以求的冰冻圈科学工作者致以崇高敬意，愿中国冰冻圈科学研究在砥砺奋进中不断取得辉煌成果！

中国科学院院士

2017 年 12 月

前　言

　　"冰冻圈变化及其影响研究"是全球变化研究国家重大科学研究计划项目，这一项目是科学技术部在全球变化研究领域启动的第一个 A 类项目（即所谓的"超级 973"项目），论证工作历时两年，在科学技术部全球变化研究国家重大科学研究计划专家组指导下，通过反复论证，于 2013 年 7 月通过论证并启动。为了系统总结项目成果，我们以《冰冻圈变化及其影响研究》丛书形式对项目在各方面取得的研究成果进行系统总结。

　　本书是《冰冻圈变化及其影响研究》丛书的综合卷，本套丛书总共由 9 本专著组成，分别为《山地冰川物质平衡和动力过程模拟》《北半球积雪及其变化》《青藏高原多年冻土及变化》《极地冰冻圈关键过程及其对气候的响应机理研究》《全球气候系统中冰冻圈的模拟研究》《冰冻圈变化对中国西部寒区径流的影响》《冰冻圈变化的生态过程与碳循环影响》《中国冰冻圈变化的脆弱性与适应研究》和《冰冻圈变化及其影响》。作为综合卷，本书是在总结前 8 本专著主要内容基础上，提炼和总结一些主要研究结果，力图采用更多图表向读者阐明主要研究成果。

　　本书主要以冰冻圈科学为主要指导思想，从变化到影响再到适应，尽量体现从冰冻圈科学研究的机理到应用的完整链条。全书共由 4 章组成，第 1 章主要论述冰川、冻土、积雪、冰盖和海冰等冰冻圈要素变化的主要特点，主要涉及一些最新的变化趋势与科学认识。第 2 章主要讨论冰冻圈变化模拟与预估方面的一些问题，这一部分内容是冰冻圈研究走向机理深入分析、过程详细解读、未来准确预估的重要手段和方法，主要针对山地冰川动力模拟、冻土在陆面过程中的参数化方案、冰盖-冰架动力模拟、积雪模式参数化改进、冰冻圈水文模式研发、三极地区冰冻圈气候模拟以及未来全球冰冻圈变化预估等进行成果的提炼。第 3 章主要分析冰冻圈变化对水文水资源、气候、生态、经济社会等方面的影响，在冰冻圈变化对水文、气候、生态等自然过程的影响方面，主要从影响的机理、过程及影响程度等方面进行分析；在对经济社会影响方面，主要从利弊与脆弱性两方面进行总结，重点通过案例研究，分析冰冻圈变化对经济社会的影响过程和程度。第 4 章论述冰冻圈变化影响的适应，主要从宏观角度分析冰冻圈变化适应的指导思想、适应的战略及针对主要影响对象的适应举措，这也是在现有科学认识基础上适应冰冻圈变化影响的主要宏观途径。

　　本书在提出写作框架、主要写作内容及写作过程中经过多次讨论，是团队合作的结果。主要分工如下：1.1 节由李忠勤、丁永建、徐春海完成，1.2 节由张廷军、车涛完成，1.3 节由杨元德、王叶堂、孙维君完成，1.4 节由盛煜、赵林、王澄海、邹德富、庞强强完成，1.5 节由效存德、苏洁完成，1.6 节由丁永建、王生霞、上官冬辉、赵传成完成；2.1 节由李忠勤、李慧林、丁永建、牟建新、梁鹏斌完成，2.2 节由肖瑶、胡国杰完成，2.3 节由张通完成，2.4 节由王磊完成，2.5 节由陈仁升完成，2.6 节由林岩銮、王磊、董文浩、黄建斌完成，2.7 节由王澄海完成；3.1 节由陈仁升完成，3.2 节由武炳义完成，3.3 节由王根绪、张廷军、孙向阳、陈生云、常瑞英完成，3.4 节由王根绪、宜树华、杨燕、王长庭、胡远满完成，3.5 节由杨建平、方一平、王世金、丁永建、王生霞完成，第 4 章由方一平、王世金、丁永建完成。丁永建、效存德对本书结构、章节组成及主要内容进行梳理、归整和精炼。

由于丛书写作过程参与人员较多，本书写作过程中还有其他一些人员以各种形式参与其中，因此完成本书的贡献者不仅是上述所列人员，在此我们对所有贡献者表示衷心感谢！还要感谢以秦大河院士为组长的项目专家组以及在项目执行期间对项目进行指导的特邀专家，他们的建议和意见为项目取得丰硕成果起到十分重要的作用，项目成果的取得离不开他们的支持和指点。

2019 年 9 月

目　　录

第1章 冰冻圈变化的事实与机理

1.1 趋于加速退缩的山地冰川变化：事实与机理

根据世界冰川编目（Randolph Glacier Inventory，RGI）第五版数据，全球共发育山地冰川 212 136 条，总面积达 745 795 km²（表 1-1）（Radić and Hock，2010；Pfeffer et al.，2014）。

表 1-1 全球 19 个一级区冰川信息

序号	冰川区	数量/条	条数比例/%	总面积/km²	面积比例/%
1	阿拉斯加	27 108	12.8	86 725	11.6
2	北美西部	15 216	7.2	14 556	2.0
3	加拿大北极北部	4 540	2.1	104 999	14.1
4	加拿大北极南部	7 422	3.5	40 888	5.5
5	格陵兰岛	20 261	9.5	130 071	17.4
6	冰岛	568	0.3	11 060	1.5
7	斯瓦尔巴群岛和扬马延岛	1 615	0.8	33 959	4.6
8	斯堪的纳维亚半岛	2 668	1.2	2 851	0.4
9	俄罗斯北极	1 069	0.5	51 592	6.9
10	亚洲北部	5 151	2.4	2 410	0.3
11	欧洲中部	3 980	1.9	2 076	0.3
12	高加索和中东	1 725	0.8	1 295	0.2
13	亚洲中部	54 430	25.7	49 303	6.6
14	亚洲东南部	13 119	6.2	14 734	1.9
15	亚洲西南部	27 988	13.2	33 568	4.5
16	低纬度地区	2 941	1.4	2 346	0.3
17	南安第斯山	16 046	7.5	29 333	3.9
18	新西兰岛	3 537	1.7	1 162	0.2
19	南极大陆和次南极群岛	2 752	1.3	132 867	17.8
	总计	212 136	100	745 795	100

1.1.1 冰川物质平衡变化

（1）全球冰川物质平衡变化基本特征

研究选用世界冰川监测服务处（WGMS）在全球范围内确定的 40 条参照冰川，来表征全球 10 个区域的冰川物质平衡变化（其中 9 个区域无参照冰川分布）。参照冰川的物质平衡资料均由传统的冰川学观测方法（花杆/雪坑方法）获取，具备观测连续、资料序列长、质量高、能够较好地反映区域冰川物质平衡波动等优点。将 40 条参照冰川 1980 年以来的物质平衡进行算术平均计算，得到全球参照冰川物质平衡年际和累积变化平均曲线（图 1-1）。

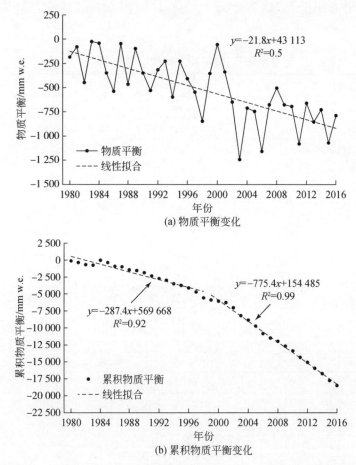

(a) 物质平衡变化

(b) 累积物质平衡变化

图 1-1 1980~2016 年全球参照冰川物质平衡与累积物质平衡变化

研究表明，1980~2016 年全球参照冰川年均物质平衡均为负值，且整体呈下降趋势，平均值为 –523mm w.e.。其中，1983 年物质平衡值最大，为 –26mm w.e.；2003 年物质平衡值最小，为 –1246mm w.e.。1980~2016 年全球参照冰川累积物质平衡为 –19 343mm w.e.，其变化可以分为 1980～2000 年和 2001～2016 年两个时段, 其物质平衡值平均分别为 -322mm w.e. 和 -786mm w.e.。同时, 线性变化趋势线的倾向率在两个时段由 -287.4 降至 -775.4。倾向率绝对值增大, 表明冰川出现加速消融, 因此推断, 全球冰川在 2000 年之后出现了加速消融的变化趋势。从图 1-1 还可以看出, 物质平衡在 1997 年之前的波动较小, 1997～2003 年的波动较大, 之后波动再次减小, 表明 1997～2003 年是一个波动期, 之后冰川整体开始加速消融。

为了研究全球参照冰川物质平衡阶段性变化, 以 10 年为间隔, 进行年代际计算 (图 1-2)。结果表明, 全球参照冰川物质平衡的年代际平均值呈阶梯下降, 冰川消融加速趋势显著。每 10 年, 物质平衡值下降 200mm w.e. 左右, 尤其是 1990～2010 年的下降最为显著。2010～2016 年物质平衡均值为 4 个年代际中的最低值, 达到 -839mm w.e., 约为 1980～1990 年的 4 倍。

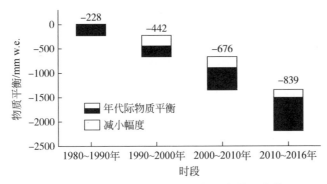

图 1-2　全球参照冰川物质平衡 10 年代际变化

在空间上, 10 个区域的物质平衡均为负值, 区域差异性、纬度和经度地带性特征显著 (图 1-3)。最小值出现在欧洲中部 (-912mm w.e.), 最大值出现在斯堪的纳维亚半岛 (-76mm w.e.), 两者相差 -836mm w.e.。纬度地带性表现为物质亏损从南到北随纬度增加而呈减小的趋势, 具体表现为从北美西部 (-909mm w.e.) 到阿拉斯加 (-585mm w.e.), 再到加拿大北极北部 (-256mm w.e.), 以及欧洲中部 (-912mm w.e.) 到斯堪的纳维亚半岛 (-76mm w.e.) 与斯瓦尔巴群岛和扬马延岛 (-429mm w.e.), 冰川物质亏损呈减小趋势。同样的特征也表现在亚洲中部 (-484mm w.e.) 到亚洲北部 (-139mm w.e.)。经度地带性表现为从高加索和中东 (-290mm w.e.) 到亚洲中部 (-484mm w.e.), 从阿拉斯加 (-595mm w.e.) 到北美西部 (-909mm w.e.), 以及加拿大北极北部 (-256mm w.e.) 到斯瓦尔巴群岛和扬马延岛 (-429mm w.e.), 物质亏损呈增大趋势。

物质平衡随时间变化曲线的倾向率是物质平衡下降趋势快慢的反映。数据显示, 全球各条冰川区物质平衡曲线倾向率均呈负值, 介于 -36～-2, 平均值为 -19.4, 表明各个区域冰川物质平衡表现出不同程度的负增长趋势。冰川消融变化较快的是欧洲中部、高加索和中东、阿拉斯加, 较慢的是亚洲中部、斯瓦尔巴群岛和扬马延岛、北美西部。其中, 冰川消融变化最快的是欧洲中部, 最慢的是亚洲中部。

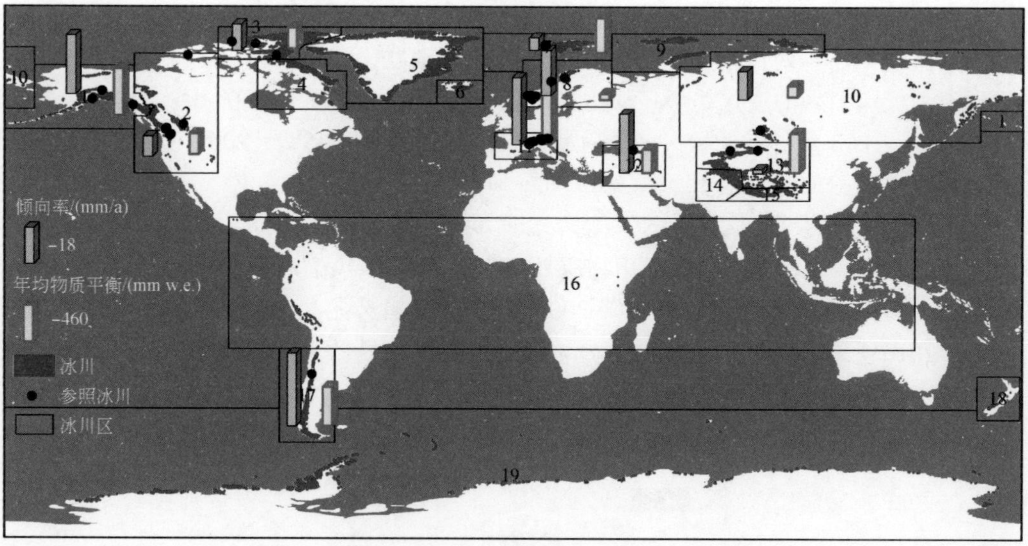

图 1-3　全球参照冰川物质平衡和倾向率空间分布

图中的 1~19 代表该区域的 RGI 一级区域的 ID。RGI（世界冰川编目）将全球山地冰川分布划分为 19 个一级区域, 1~19 代表每个区域在 RGI 划分中的一级区域 ID; 图例中的两个数字 (-18 和-460) 为参考比例尺, 即该长度时参照冰川的倾向率为-18mm/a (粉色), 该长度是参照冰川的年均物质平衡为-460 mm w.e. (浅蓝色)

对比年均物质平衡与倾向率发现, 南安第斯山、欧洲中部与阿拉斯加的物质平衡和倾向率均较低, 表明物质亏损量大且亏损速度快; 高加索和中东与斯堪的纳维亚半岛的物质平衡较低但倾向率较高, 表明物质亏损量大, 但是亏损的速率低; 亚洲北部与加拿大北极北部的物质平衡与倾向率均偏低, 表明物质亏损幅度和亏损速度均较小; 北美西部、亚洲中部与斯瓦尔巴群岛和扬马延岛的物质平衡较高但倾向率却较低, 表明物质损耗大, 但变化速率相对较低。

（2）中国境内冰川物质平衡变化及其与全球冰川对比

选择具有长期物质平衡观测基础或资料恢复条件的 6 条中国境内的冰川（乌源 1 号冰川、老虎沟 12 号冰川、小冬克玛底冰川、帕隆 94 号冰川、绒布冰川、海螺沟冰川）进行对比分析。将上述 6 条参照冰川的物质平衡进行算数平均, 得出 1960~2015 年中国境内冰川物质平衡与累积物质平衡变化曲线（图 1-4）。

可以看出, 2000 年以后, 中国境内冰川物质平衡的快速降低及在此之前的缓慢减少与全球冰川物质平衡变化过程基本一致。1960~2015 年中国境内冰川物质平衡整体呈明显的下降趋势, 平均值为-253mm w.e.。1960~2015 年共出现了 11 次正平衡, 45 次负平衡, 1989 年后没有出现过正平衡值。最大物质平衡值出现在 1964 年（465mm w.e.）, 最小值出现在 2010 年（-836mm w.e.）。1960~2015 年, 中国境内冰川累积物质平衡值为-14 165mm w.e., 其变化大体上可分 3 个时段: 1960~1990 年, 累积物质平衡呈波动下降趋势（曲线倾向率为-57.7）, 这一时期物质平衡平均值为-61mm w.e.; 1990~1996 年, 累积物质平衡出现了较大波动, 物质出现加速亏损; 1997~2015 年, 物质平衡波动较小,

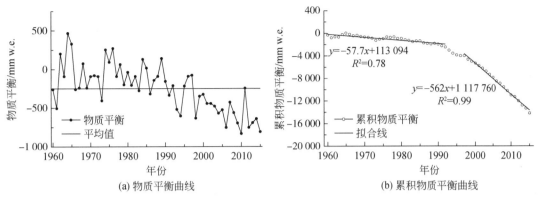

(a) 物质平衡曲线 （b) 累积物质平衡曲线

图 1-4 1960～2015 年中国境内冰川物质平衡与累积物质平衡曲线

负增长加大（曲线倾向率为-562），亏损十分显著，平均值降至-541mm w. e. 。

图 1-5 反映了 1980～2015 年全球 40 条参照冰川物质平衡标准曲线、中国境内 6 条冰川物质平衡曲线和乌鲁木齐河源 1 号冰川（简称乌源 1 号冰川）物质平衡曲线对比情况。将乌源 1 号冰川加入其中进行比较的原因是该冰川全部为实测资料，与全球其他参照冰川相一致。对比分析发现，3 条曲线整体呈下降趋势。其中，乌源 1 号冰川物质平衡与全球参照冰川平均物质平衡接近，分别为-481mm w. e. 和-515mm w. e. 。中国境内冰川的平均值为-371mm w. e. ，高于全球冰川平均值，表明消融程度相对较低。从图 1-5 可以看出，2004 年之前，乌源 1 号冰川与全球参照冰川曲线无论是在变化幅度还是在变化规律上，均十分相似，但在 2004 年之后发生偏离。

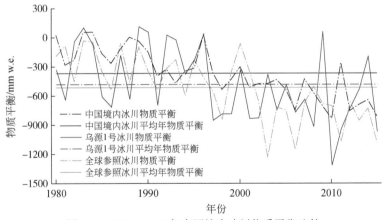

图 1-5 1980～2015 年中国境内冰川物质平衡比较

从累积物质平衡来看（图 1-6），1980～2015 年乌源 1 号冰川、中国境内冰川和全球参照冰川的线性趋势线倾向率均发生了变化，表明冰川在快速消融的过程中，经历了进一步的加速消融。但是，3 条曲线反映的加速消融的时间节点存在差异，中国境内冰川和乌源 1 号冰川的节点出现在 1996 年前后，而全球冰川的时间节点在 2000 年前后，较中国境内冰川略晚。

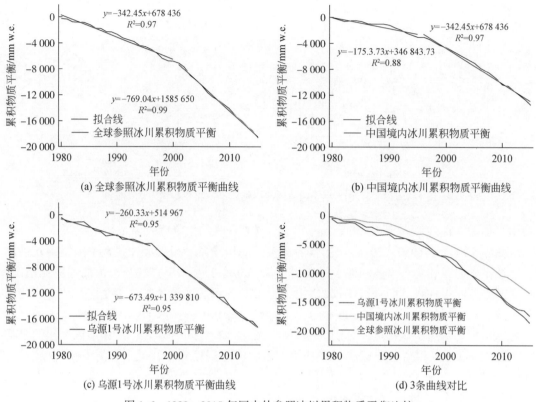

图 1-6　1980～2015 年国内外参照冰川累积物质平衡比较

图 1-7 给出了 1980 年以来全球参照冰川、乌源 1 号冰川和中国境内冰川物质平衡 10 年代际变化。从图 1-7 可以看出，三者在 4 个年代际均呈阶梯递减趋势，表明物质亏损逐步加快。其中，1980～1990 年乌源 1 号冰川的物质平衡 10 年代际值低于中国境内冰川和全球参照冰川。1990～2000 年三者相差不大，2000 年之后，全球参照冰川的消融明显加快，年代际变化明显快于乌源 1 号冰川和中国境内冰川的变化。

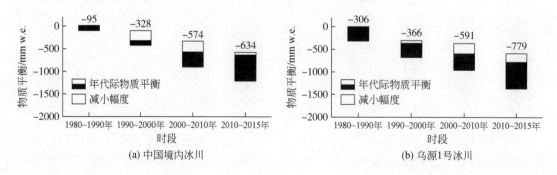

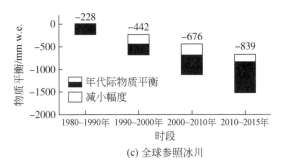

图 1-7　1980～2015 年全球与中国境内冰川 10 年代际物质平衡比较

　　从上述对比研究中发现，与全球参照冰川的物质平衡相比，中国境内冰川具有两方面差异：一方面是在数值和变化的倾向率上，前者均高于后者，尤其是在 2000 年之后，表明中国境内冰川无论在消融强度还是在消融加速度方面均弱于全球参照冰川的平均值。推测其原因很可能是由于中国冰川多为大陆性冰川（冷冰川），深处大陆腹地，而发育在全球范围的冰川多为海洋性冰川（温冰川）。与海洋性冰川相比，大陆性冰川对气候变化响应的敏感性相对较低，变化较为缓慢。另一方面是中国境内冰川加速消融的拐点出现在 1996 年前后，早于全球参照冰川出现拐点的时间（2000 年前后），推测原因可能是中国冰川多处在中低纬度高海拔区，响应气候变化时间较早，但其机理尚需深入研究。

1.1.2　冰川末端变化

（1）全球冰川末端变化特征

　　冰川末端进退（长度变化）是反映冰川变化的重要监测指标之一，是冰川对气候变化的综合及滞后的响应。冰川长度变化与冰川面积和体积变化有密切关系。当气候变暖，冰川物质损失增加，冰川体积缩小，长度和面积也会随之缩减，而缩减的过程由冰川冰量分布等因素决定。

　　图 1-8（a）系基于 WGMS 冰川末端变化数据库绘制的全球 19 个区山地冰川 1535～2010 年冰川末端变化情况，反映了 1535～2013 年全球各区域冰川末端年均变化的累积量，其计算以 1950 年的冰川末端位置为参考（假定为 0km），横坐标代表了冰川从 2.5km 的末端前进量（深蓝色）到−1.6km 的退缩量（深红色）的变化范围。不难看出，累积末端变化存在明显的阶段性特征，16 世纪中期到 20 世纪初，全球范围内冰川普遍前进，但之后开始逐渐退缩，并在 21 世纪初达到有记录以来的最大退缩量。需要说明的是，由于在新西兰岛和南极地区相关考察研究较少，无法对其进行深入的定量分析。20 世纪 20 年代及 70 年代的欧洲阿尔卑斯山地区、90 年代的斯堪的纳维亚半岛也曾出现过冰川的短暂前进，但由于其前进幅度未达到先前最大前进量，故在图 1-8 中无法反映。

　　图 1-8（b）反映了 1535～2013 年末端前进冰川在所有冰川中所占比例的变化。横坐标代表前进冰川比例（大为深蓝色，小为白色），样本数小于 6 的情形标注为深灰色。其

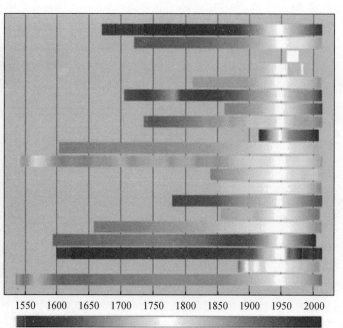

(a) 冰川末端年平均变化累积量的定性描述

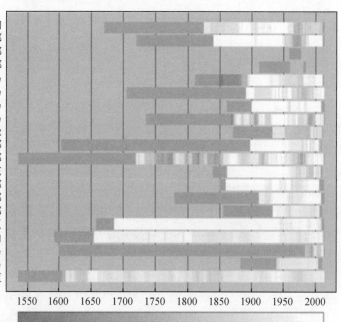

(b) 前进冰川比例的定性分析

图 1-8　1535～2010 年冰川末端变化冰川变化

数据来源于 WGMS

统计依据 WGMS 所有可用末端变化数据（包括观测的和重建的），为消除冰川崩解和跃动对本研究的影响，剔除了绝对变化量超过 210m/a 的单条冰川变化数据。需要说明的是，尽管再次前进的冰川数量在区域空间及年代际尺度上都有越来越明显的趋势，但只局限于有限的统计样本（绝大部分年份中样本数小于 36%）。欧洲阿尔卑斯山 1965～1985 年统计的前进冰川比例为 32%～70%。20 世纪 90 年代，斯堪的纳维亚半岛前进冰川比例为 42%～66%。由于冰川末端变化存在对气候变化响应的滞后，因而在同一年内个别冰川并没有表现出再次前进的迹象。1850 年之前（大约 30% 的前进冰川发生在 19 世纪 30 年代及 40 年代）和 1975 年左右出现了全球范围内的冰川前进，相比较而言，20 世纪 30 年代及 40 年代和 21 世纪初前进冰川比例则只有 10% 左右。研究表明，低纬度地区自 17 世纪晚期以来就出现了持续的冰川退缩，直到 20 世纪初也一直没有观测到前进冰川。

（2）中国冰川末端变化

由于中国境内冰川末端变化的资料很少，且时段不统一，难以开展系统性分析。本书主要通过查询文献资料，对西北地区和青藏高原地区冰川的末端变化进行简单阐述。

中国西北地区的冰川主要分布在阿尔泰山、天山和祁连山山脉，与这些地区面积绝对变化率相似，阿尔泰山冰川末端退缩速率最快，其次是天山地区，相比之下，祁连山地区冰川末端退缩速率最慢。阿尔泰山共有两条监测冰川，木斯岛冰川在 1977～2013 年退缩了 268.2m，年均退缩率约为 7.3m（怀保娟等，2016）。喀纳斯冰川在 1960～2006 年退缩了 915m，年均退缩速率约为 19.5m。天山山脉的 1543 条冰川从 20 世纪 60 年代到 21 世纪初，末端平均退缩速率为 5.25m/a，末端平均后退量为 3.5～7.0m/a（李忠勤等，2011；王璞玉等，2012）。根据中国科学院天山冰川观测试验站观测资料，1980 年以来，天山乌源 1 号冰川末端退缩速率总体呈加快趋势。由于强烈消融，乌源 1 号冰川在 1993 年分裂为东、西两支。监测结果表明，在冰川分裂之前的 1980～1993 年，冰川末端平均退缩速率为 3.6m/a；1994～2016 年，东、西支平均冰川平均退缩速率分别为 4.4m/a、5.8m/a。2011 年之前，西支退缩速率大于东支，之后两者退缩速率呈现出交替变化特征。2016 年，东、西支平均退缩速率分别为 6.3m/a、7.2m/a，其中西支退缩速率为 1993 年乌源 1 号冰川分裂以来的最大值。通过对祁连西段大雪山和党河南山 539 条冰川的研究，得到 1957～2010 年末端平均退缩 181m，平均退缩速率为 3.4m/a。1966～2010 年党河南山冰川末端平均退缩 159 m，平均退缩速率为 3.6m/a（孙美平等，2015；陈辉等，2013）。

青藏高原不同区域近几十年来冰川进退幅度不同，在青藏高原中部的普若岗日冰原变化幅度较小，向东和向南冰川变化幅度显著增大，在南部的绒布冰川和东南部的海螺沟冰川变化幅度最大，显示出青藏高原冰川末端变化对气候变化响应的敏感性在边缘山区较中腹地区更为敏感，冰川末端退缩速率的空间差异性总体上表现为外缘的海洋型冰川比内陆的大陆型冰川大（蒲健辰等，2004）。

总之，众多文献显示，中国境内冰川总体上自小冰期结束以来一直处在退缩状态，20 世纪 70 年代出现过短暂的稳定或前进，之后又开始退缩（施雅风，2005），目前退缩速率达到历史最快，大多数冰川呈现出加速退缩之势。

1.1.3 冰川面积变化

(1) 全球冰川面积变化总体态势

1950 年以来，全球冰川面积变化总体上处于退缩状态（图 1-9），但各区域间存在差异。冰川面积变化在空间上表现出一定的纬度地带性，大体上从赤道到两极退缩幅度与速率呈减少趋势。

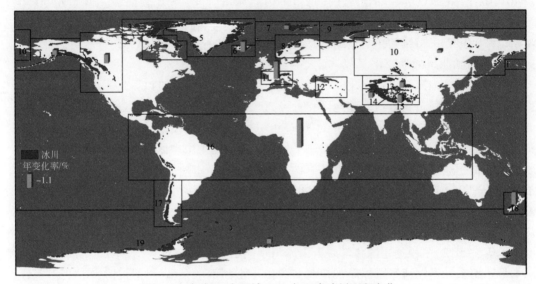

图 1-9　全球 16 个区域 1950 年以来冰川面积变化

图中的 1～19 代表该区域的 RGI 一级区域的 ID。RGI 将全球山地冰川分布划分为 19 个一级区域，1～19 代表每个区域在 RGI 划分中的一级区域 ID。尽管只有 16 个区域的数据，而 ID 仍然与 RGI 一级区域 ID 保持一致；图例中的数字（−1.1）为参考比例尺，即该长度时区域内冰川面积的年变化速率为−1.1%

面积变化率的区域特征表现如下：赤道低纬度地区的最大；欧洲中部、亚洲北部、阿拉斯加、亚洲中部、新西兰和北美西部次之；南安第斯山、亚洲西南部略微偏低；高纬度地区南极大陆和次南极群岛、斯瓦尔巴群岛和扬马延岛、斯堪的纳维亚半岛、冰岛、加拿大北极南部冰川变化率相对较低；加拿大北极北部冰川面积的变化率最低。其中，与相同纬度其他区域相比，阿拉斯加偏高，而亚洲中部、亚洲西南部及亚洲东南部偏低，可能与阿拉斯加受北太平洋暖流影响而亚洲受大陆性气候控制有关。

单条冰川变化量的区域特征表现如下：冰岛地区的缩小量最大，加拿大北极北部次之；南安第斯山、阿拉斯加与低纬度地区冰川的缩小幅度也相对较高；斯堪的纳维亚半岛与亚洲西南部冰川的变化幅度居中；北美西部、欧洲中部与亚洲北部冰川的缩小量相对较低；亚洲中部冰川的缩小量最低。分析表明，不同区域冰川面积变化率和单条冰川变化量与冰川规模有密切的关系，冰川规模大的区域，冰川变化率小，但单条冰川变化量大，反之亦然。这说明无论大冰川还是小冰川，均对气候变化有着敏感的响应，大冰川变化的绝对量大，相对量小，小冰川变化的相对量大，绝对量小，表现方式上有所不同。

（2）中国境内冰川面积变化

通过对第一次和第二次中国冰川编目资料的对比分析表明，受全球气候变暖影响，近50 年来中国冰川普遍呈加速退缩的态势，面积缩减率约为 18%，年均面积缩小 243.7km²。其中阿尔泰山冰川变化最为显著，冰川面积缩减率约为 35.78%；其次为祁连山，冰川面积缩减率约为 30.4%；天山、青藏高原西南部的冈底斯山与东南部横断山冰川面积缩减也较为显著，面积缩减率分别为 20.4%、27.7% 与 26.1%；阿玛尼卿山、念青唐古拉山与喜马拉雅山的冰川面积退缩率相差较小，介于 17.1% ~ 18.9%；喀喇昆仑山与帕米尔高原的冰川面积退缩率相对较低，分别为 13.6% 与 10.6%；青藏高原腹地的羌塘高原、唐古拉山与昆仑山冰川退缩率较低，均低于 8%；羌塘高原冰川面积退缩率最低，仅为 4.1%，属冰川变化幅度最小的区域。

1.1.4 冰川加速消融机理

全球山地冰川在最近 30 年来出现了加速消融趋势，在此，我们以乌源 1 号冰川为例，对加速消融的机理和主要控制要素进行过深入的研究探讨（李忠勤，2011）。结果表明，造成冰川物质加速损失的原因有 3 个，正积温增大、冰温升高和冰面反照率降低。近年来，通过对海洋性冰川的观测研究，发现冰川破碎化也是造成冰川物质加速亏损的一个重要原因，以下将分别阐述。

（1）正积温增大

冰川消融与消融期大气温度直接相关，这可以通过正积温（PDD）日平均气温在融点以上的总和很好地描述。乌源 1 号冰川 1959 ~ 2008 年物质平衡与年正积温呈负线性相关，表明正积温增大是导致冰川加速消融的关键影响因素。

另外，冰川物质平衡通常与降水量呈正相关关系。乌源 1 号冰川区 1970 ~ 1986 年年均降水量为 414mm，1987 ~ 2008 年年均降水量增加到 502mm，夏季和冬季降水量分别增长了 21.1% 和 10.8%。然而，降水量的增加并没有扭转该冰川物质的加速亏损，其原因还是正积温增大。因为正积温增大的结果可使降水的雪雨比降低，从而导致冰川的加速消融。

（2）冰温升高

冰川冰体温度反映了冰川的冷储并与冰川融化过程密切关系。根据物质能量平衡原理，消融期用来将冰面加热到 0℃ 的能量越少，则用于冰川消融的能量就越多。另外，较低的冰体温度能加速雪的积累以及冰川表面融水的再冻结。事实上，冰温高的冰川对气候变化的响应较之冰温低的冰川更敏感。例如，海洋性冰川对气候的变化远比大陆性冰川敏感，根本原因在于海洋性冰川冰体温度高，接近融点。在乌源 1 号冰川海拔 3840m 高度上于 1986 年、2001 年、2006 年和 2012 年进行过冰川钻孔温度观测，对比 4 个冰温曲线发现，该处冰川活动层深度大约为 10m，气温的季节变化对活动层以下冰温影响很小。1986 ~ 2001 年，活动层下界冰温增加了 0.9℃（0.06℃/a），2001 ~ 2006 年增加了 0.4℃

(0.08℃/a)，2006~2012 年增加了 0.2℃（0.03℃/a），说明冰川有加速升温趋势。根据该处数值模拟研究结果，活动层冰温如果增加 0.5℃，冰川表面消融会增加 10% 左右。冰体温度升高，其对气候变化的敏感性增加，同样幅度的气温升高，会引起更多的物质亏损。因此，冰川冰体温度的升高，在冰川加速消融过程中扮演着重要角色，它是气温升高的累积效应。

（3）冰面反照率下降

冰川消融的主要能量来源是太阳的短波辐射。因此，冰川表面的反照率很大程度上决定了冰川消融的能量。据观测，在乌源 1 号冰川消融区，裸冰的反照率在 0.09~0.24，积累区雪或粒雪反照率介于 0.5~0.64，其值均远低于纯冰或雪的反照率。乌源 1 号冰川自 1962 年以来消融区面积平均增加约 16%。消融区面积增大，表明冰川整体反照率在减小，由此造成冰川表面消融强度的增加。同时，研究表明，乌源 1 号冰川表面反照率降低的另一重要原因是受到冰尘（cryoconite）和矿物粉尘富集的影响。通过显微镜和有机质检测分析发现，冰尘中含有高浓度的有机物质和冰藻，这些深颜色的生物有机质在升温环境中能够快速生长并且大量繁殖，从而降低冰面反照率（Takeuchi and Li，2008）。同时，由于冰川消融加剧，包含的矿物粉尘大量析出并聚集，也对反照率降低起到促进作用，冰面反照率的降低，加剧了冰川的消融和物质的亏损。

（4）冰川破碎化

冰川破碎化是由冰川强烈消融引起的，在海洋性冰川上极为显著。近年来，随着气温不断升高，在大陆性冰川上也出现破碎化趋势。冰川破碎化一方面导致冰川的有效消融面积增大，使消融量增加，另一方面使冰面融水更容易进入冰川内部，将热量带入冰内，加剧冰川消融。这不仅是海洋性冰川，也是所有冰川产生加速消融的原因之一，但这一机理尚需进一步定量研究。

综合分析表明，上述机理和因素适用于诠释全球大多数山地冰川的加速消融退缩。简而言之，一是消融期气温升高，直接造成冰川消融量增加。当气温上升到一定程度后，尽管降水量有增加，也不会使得冰川物质亏损有所改变。二是冰川冰体温度的上升减少了加热冰川表面温度达到消融点所需的热量和再冻结下渗水量，提高了冰川对气候变暖的敏感性。三是冰川消融区面积不断增加导致冰川表面反照率降低的正反馈机制。低反照率的产生主要由冰川表面冰尘和矿物粉尘增加所致，冰尘对气温十分敏感，随气温的升高而大量产生。四是冰川的破碎化加剧。

1.1.5 核心结论与认识

1）20 世纪 80 年代以来同步的观测资料显示，冰川物质平衡呈加速向负平衡发展趋势，每 10 年冰川物质亏损值增加 200mm w. e. 左右。中国冰川物质平衡呈现出与全球冰川物质平衡一致的变化趋势，总体上中国冰川物质亏损量低于全球冰川平均值，其中乌源 1 号冰川物质平衡与全球参照冰川平均物质平衡接近，表明乌源 1 号冰川物质平衡变化可基本反映全球冰川物质平衡平均状况。

2）冰川持续地物质亏损导致全球冰川全面退缩，冰川末端自 14 世纪以来表现为波动性后退，其中 1850 年之前（大约 30% 的前进冰川发生在 19 世纪 30 年代及 40 年代）和 1975 年左右出现了全球范围内的冰川前进，其他时间冰川均处于不同程度的退缩状态，近 20 年冰川末端有加速后退现象。

3）全球范围冰川加速退缩是全球气候持续变暖累积效应的反映，正积温不断增加，冰川内部温度持续升高，冰川消融区面积增大、冰面冰尘和矿物粉尘增加等导致的冰面反照率降低以及冰川破碎化等，是冰川加速消融的重要原因，最主要的还是气候变暖累积效应引发的冰川内部稳定性的显著下降。

1.2 地面观测与复杂地形遥感积雪反演：特征与方法

积雪是冰冻圈的重要组成部分，也是全球气候系统的重要组成部分，对地表能量平衡、水体通量、水文过程、大气及海洋循环等具有显著影响。积雪存在显著的季节和年际变化，其范围、动态及属性的变化能对大气环流和气候变化迅速做出反应，因此积雪被认为是气候变化的重要指示器（Brown and Goodison，1996；Armstrong and Brun，2008；King et al.，2008）。随着全球变暖，气候变化日益明显，气候极端事件发生的频率不断增加，积雪及其属性也在发生改变，继而影响冰冻圈和其他圈层的变化。因此，分析积雪的分布特征和规律，研究积雪及其属性的变化，以及探讨积雪与气候的关系尤为重要。

1.2.1 欧亚大陆降雪变化

由于受资料限制，过去对降水及积雪的研究较多，对降雪及其变化的研究较少。在欧亚大陆 1863 个地面观测站点中，筛选出 1600 个站点来分析欧亚大陆 1966～2011 年降雪空间分布特征。按照中国气象局规定，降雪等级通常是指在规定时间内持续降雪量折算成降雨量为等级划分的标准，一般有 12h 和 24h 两种标准，本研究采用 24h 划分标准，其中：①零星小雪。逐日降雪量小于 0.1mm，在计算中认为当日无雪。②无雪。逐日降雪量在 0～0.1mm。③小雪。逐日降雪量在 0.1～2.5mm。④中雪。逐日降雪量在 2.5～5mm。⑤大雪。逐日降雪量在 5～10mm。⑥暴雪。逐日降雪量大于 10mm。

分析了 1971～2000 年欧亚大陆部分地区多年平均降雪的空间分布特征，结果表明欧亚大陆降雪量具有明显的纬度地带性，随着纬度的增加，降雪量逐渐增加（图 1-10）。由于受季风气候的影响，中国大多数地区降雪量偏少，每年不足 30mm。但在西藏南部、东北大小兴安岭地区及新疆阿尔泰山区，多年平均降雪量可达 90mm 以上。俄罗斯大部分地区多年平均降雪量都在 90mm 以上，其中俄罗斯欧洲平原、西西伯利亚平原及东部沿海地区多年平均降雪量高达 200mm 以上。

1966～2011 年欧亚大陆的逐年降雪量距平年际变化不显著，但是存在较大的年际波动（图 1-11）。在同一时期，欧亚大陆 9 月、10 月及次年 4 月、5 月降雪量呈现降低趋势，

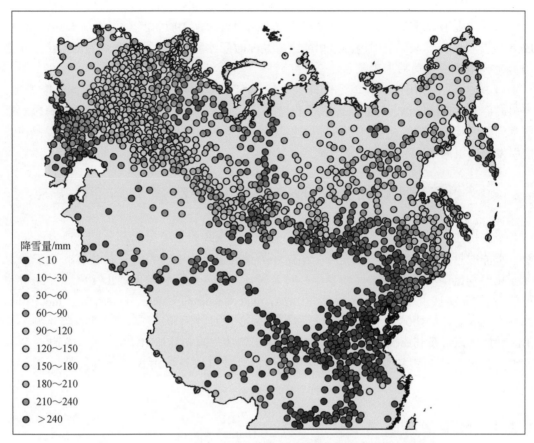

图 1-10　1971～2000 年欧亚大陆部分地区多年平均降雪量空间分布

次年 3 月降雪量呈现增加趋势,而 11 月至次年 2 月降雪量变化趋势不显著(图 1-12)。秋初和次年春季降雪量减少可能是气温升高所致,而冬季降雪量变化不显著及次年 3 月降雪量增加的原因有待进一步研究。

1966～2011 年欧亚大陆小雪降雪量呈逐年减少趋势,其他三种降雪都有较大的年际变化但无明显长期趋势(图 1-13)。中雪降雪量在 1966～1999 年呈逐年增加趋势,1999 年之后,呈逐年减少趋势[图 1-13(b)]。大雪降雪量具有较大的年际变化,特别是在 1980 年和 2000 年前后出现了两个极值,随后都有大约 10 年的降雪减少[图 1-13(c)]。就暴雪而言,其降雪量在 1980 年出现极高值,随后降雪量逐渐减少,至 1990 年达到最低值,此后暴雪降雪量呈逐年增加趋势[图 1-13(d)]。在过去的 50 多年中,虽然欧亚大陆多年降雪量无显著变化趋势,但是分等级多年平均降雪量变化显示,欧亚大陆小雪降雪量呈显著减少趋势,中雪降雪量和大雪降雪量在 2000 年以后均呈显著减少趋势,暴雪降雪量自 1980 年以后显著减少,但 1990 年后呈逐年增加趋势。

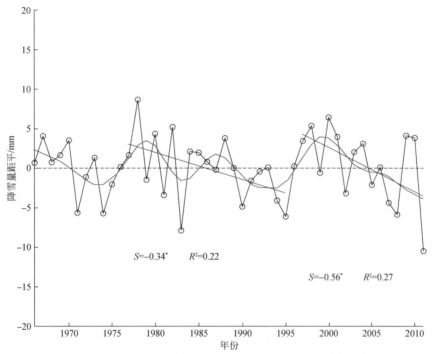

图 1-11　1966～2011 年欧亚大陆部分地区逐年降雪量的距平年际变化趋势

* 为 95% 置信区间，点线为逐年降雪量距平，蓝色实线为小波去噪分析线，虚线为距平分析平均值 0 值线

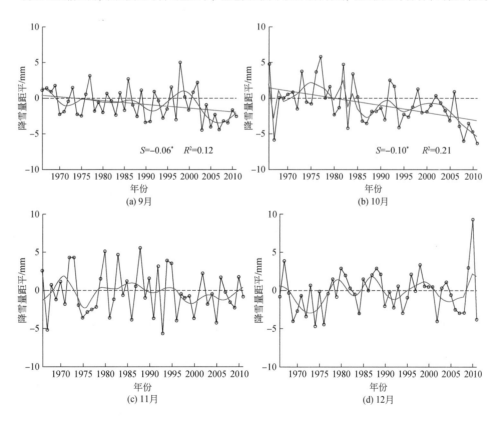

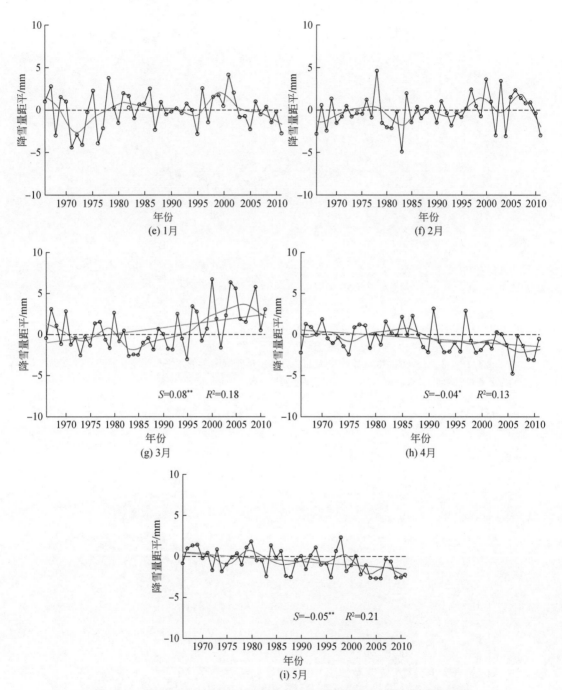

图 1-12　1966~2011 年欧亚大陆部分地区逐月降雪量的距平年际变化趋势

* 为 95% 置信区间，** 为 99% 置信区间，点线为各月逐年降雪量距平，蓝色实线为小波去噪分析线，

虚线为距平分析平均值 0 值线

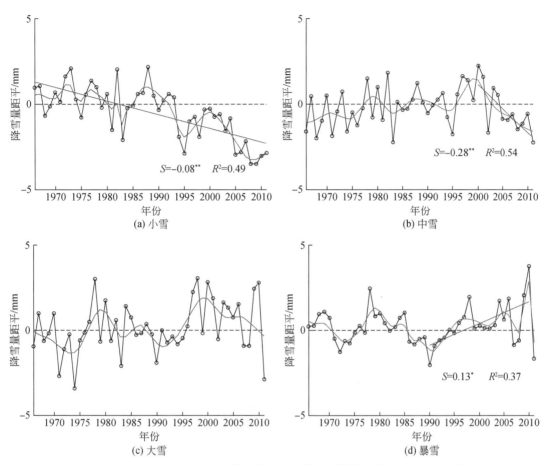

图 1-13　1966 ~2011 年欧亚大陆部分地区分类平均降雪量的距平年际变化趋势

* 为 95% 置信区间，＊＊为 99% 置信区间，点线为分类降雪量距平，蓝色实线为小波去噪分析线，
虚线为距平分析平均值 0 值线

1.2.2　欧亚大陆积雪变化

　　基于俄罗斯、蒙古国、中国部分地区的地面台站积雪观测资料，对欧亚大陆该区域内积雪时空分布特征进行系统研究（Zhong et al.，2014）。

（1）积雪时间变化

　　对 1966 ~2012 年积雪时间的长期年际变化趋势分析结果显示，欧亚大陆积雪首日、积雪终日和积雪期都发生了显著的年际变化（图 1-14）。其中，积雪首日总体呈显著延后趋势，每 10 年约延后 1.2d。就总体变化趋势而言，20 世纪 60 年代中期至 80 年代中期，积雪首日均值低于长期（1971 ~2000 年）均值，但年际变化不显著；20 世纪 80 年代至 21 世纪 10 年代初期，积雪首日均值高于长期均值，21 世纪 00 年代中期以后积雪首日呈显著提前趋势。积雪终日在 1966 ~2012 年呈显著提前趋势，变化率为 -1.2d/10a。20 世纪 60

年代中期至 80 年代末，积雪终日呈波动变化，此阶段积雪终日均值高于长期均值，90 年代以后，积雪终日均值低于长期均值，积雪终日明显提前。积雪首日延后和积雪终日提前导致积雪期明显缩短，积雪期约缩减 2.7/10a。20 世纪 60 年代中期至 80 年代末，积雪期均值高于长期均值，此后积雪期明显缩减，低于长期均值，但积雪天数在 1966～2012 年并无显著变化趋势。

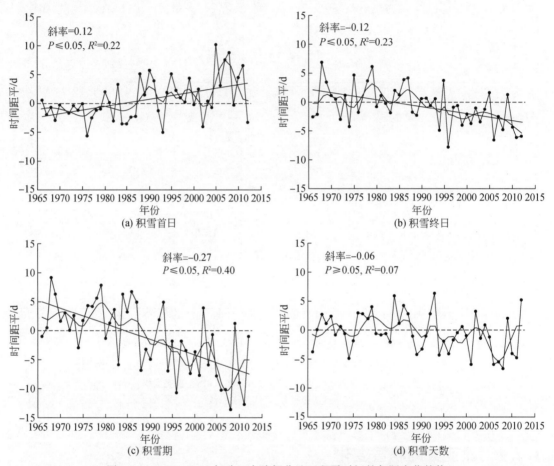

图 1-14　1966～2012 年欧亚大陆部分地区积雪时间的年际变化趋势

（2）积雪密度变化

欧亚大陆北部区域积雪密度具有显著的月际和季节性变化（图 1-15）。从积雪密度的月际变化可以看出，月平均最大积雪密度出现在 6 月的积雪融化期（约为 0.33g/cm³），月平均最小积雪密度出现在 10 月（约为 0.14g/cm³），此时正值积雪形成期，有大量新雪出现，所以积雪密度最小。受积雪融化影响，积雪密度在融化期发生较大变化，因此此时（6 月）的标准差最大，达到 0.09g/cm³，而冬季积雪较为稳定，积雪密度的标准差也最小。从 9 月至次年 6 月，月平均积雪密度呈显著增加趋势，月增加率约为 0.0210g/cm³（图 1-15）。其中，9～11 月，月平均积雪密度小于 0.16g/cm³，这是由于积雪形成期，新雪的密度偏小。12 月至次年 2 月为积雪稳定期，受低温和风速影响，雪层受到压实作用，积雪密度增大。春季积雪进入融化期，由于气温升高导致积雪融化，雪融水渗透进雪层，积雪再次冻结成冰，积雪密度迅速增大。

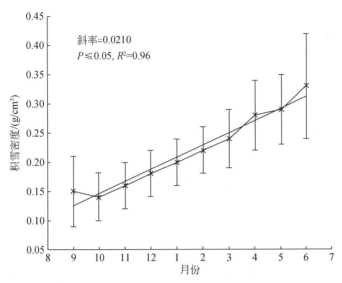

图 1-15　1966～2010 年欧亚大陆北部部分地区月平均积雪密度的月际变化趋势

（3）积雪深度变化

1966～2012 年欧亚大陆平均积雪深度和平均最大积雪深度总体均呈现显著增加趋势，增长率分别为 0.2cm/10a 和 0.6cm/10a（图 1-16）。20 世纪 60 年代中期至 90 年代初期，平均积雪深度的趋势线基本位于平均水平以下，说明该时间段内的积雪深度偏浅；90 年代初期以后，积雪深度逐渐增加，高于平均积雪深度。就年际变化趋势而言，60 年代中期至 70 年代初期，平均积雪深度略有减少，此后至 70 年代末积雪深度逐渐增加，90 年代初，积雪深度呈波动变化趋势，至 21 世纪 00 年代初积雪深度显著增加，随后积雪深度又骤然减小。平均最大积雪深度的年际变化与平均积雪深度变化基本一致。

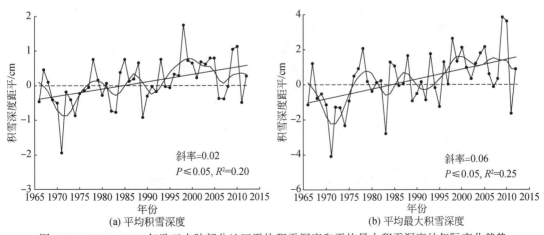

图 1-16　1966～2012 年欧亚大陆部分地区平均积雪深度和平均最大积雪深度的年际变化趋势

1.2.3　复杂地形积雪遥感反演

当前国内外积雪遥感算法中，普遍遇到两个难题：①森林对遥感电磁波的影响，体现在两个方面，一方面森林会遮蔽积雪在可见光波段的高反射率，使得光学遥感识别积雪能力降低，另一方面森林在微波波段的热辐射会影响积雪的微波辐射和散射信号，使得积雪微波遥感低估积雪深度；②山区地形复杂，别特别是我国西部山区，积雪实地观测资料稀少，受地形和纬度两个方面的影响，积雪常常为斑状分布，给光学遥感识别积雪范围和微波遥感反演雪深带来很大不确定性。

（1）森林积雪遥感反演

针对常用的归一化积雪指数（normalized difference snow index，NDSI）在有森林覆盖的地区往往低于积雪判别的阈值而导致低估森林区积雪范围的问题，首次提出了森林积雪归一化指数（normalized difference of forest snow index，NDFSI），并与以往的 NDSI 相结合，建立了森林地区积雪识别算法。利用高分辨率遥感数据对该结果进行评价，结果表明该算法可以有效提取森林地区积雪范围，特别是森林周边地区的积雪识别问题得以解决（图 1-17）。

(a)OLI影像　　　　　　　　　　　　　　(b)GF-1融合影像

(c)NDSI识别结果　　　　　　　　(d)NDSI和NDFSI结合识别结果

图 1-17　林地积雪识别结果

利用野外观测实验中获得的积雪剖面信息，结合多层积雪微波辐射传输模型和森林微波过程对东北森林的透过率进行优化，获得了东北森林区 18GHz 和 36GHz 水平和垂直极化的森林透过率，并与已有的透过率进行比较。我国东北森林区 18GHz 和 36GHz 水平和垂直极化的透过率分别为 0.895（18H）、0.821（18V）和 0.656（36H）、0.615（36V）。18GHz 透过率比其他研究中的透过率高，而 36GHz 透过率和国际相关研究结果相当（Che et al.，2016）。

获得透过率后，利用透过率消除森林的影响获得森林区积雪在 18GHz 和 36GHz 的亮度温度，然后利用基于先验信息的方法反演雪深。利用站点数据、野外观测数据对反演雪深进行验证，表明该反演方法能较好地反演森林区雪深变化。与国际流行的雪深产品进行对比，结果表明我们的反演算法对森林的校正有明显的改进效果（图 1-18）。

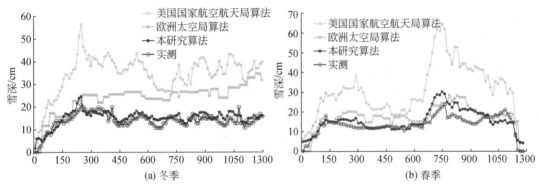

图 1-18　东北森林区雪深遥感反演结果与实测雪深对比

（2）山区积雪遥感反演

针对 MODIS（moderate resolution imaging spectroradiometer，中分辨率辐射扫描仪）逐日积雪覆盖率产品存在精度差、地域限制等问题，利用 MODIS 地表反射率产品，针对现行的基于凸面体理论提取多光谱遥感影像端元的局限性，确立将 N-FINDR 端元提取算法与正交子空间算法（OSP）相结合的投影思路，提出了一种改进的 N-FINDR 最大体积迭代端元提取算法。研究结果表明，基于先验知识提取的端元线性解混后，其积雪覆盖范围和积雪覆盖率明显比标准 MODIS 积雪覆盖率产品要高，并且在积雪边缘部分，通过基于先验知识提取的端元线性解混产品图，呈现出更好的覆盖率变化趋势，积雪破碎度并不明显；同时，在积雪边缘地区，新产品的覆盖范围比 MOD10A1 产品的更大更明显，能识别出比标准产品更多的积雪信息（图 1-19）。误差分析表明，海拔是误差的主要来源，坡向对产品的影响相对较小。同时，随着海拔、坡度的增加绝对误差呈先增大后减小的趋势。在不同地形条件下，新产品的绝对误差均小于标准产品，说明复杂地形积雪参数反演算法的改进是有效的。

利用地面综合观测、航空遥感反演的高分辨率雪深分布数据以及光学遥感积雪覆盖率产品，对山区斑状分布积雪遥感反演雪深进行了深入评估（Dai et al.，2017）。结果表明，不同微波波段的穿透深度差异和地表积雪分布不均匀是产生山区雪深反演较大误差的主要

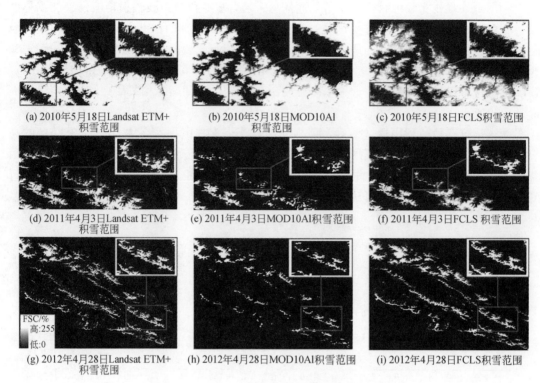

(a) 2010年5月18日Landsat ETM+ 积雪范围

(b) 2010年5月18日MOD10A1 积雪范围

(c) 2010年5月18日FCLS积雪范围

(d) 2011年4月3日Landsat ETM+ 积雪范围

(e) 2011年4月3日MOD10A1积雪范围

(f) 2011年4月3日FCLS 积雪范围

(g) 2012年4月28日Landsat ETM+ 积雪范围

(h) 2012年4月28日MOD10A1积雪范围

(i) 2012年4月28日FCLS积雪范围

图 1-19　MODIS 改进积雪范围比例算法精度分析

原因。在此基础上，我们发展了综合利用光学遥感积雪覆盖率和地表温度数据产品与被动微波遥感亮度温度数据融合的山区雪深反演算法。利用地面实测雪深数据验证，结果表明与已有算法相比，我们提出的山区雪深反演算法在积雪覆盖率高的地区差异不大，在斑状积雪地区有很大的改进（图 1-20）。

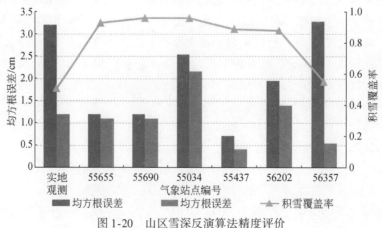

图 1-20　山区雪深反演算法精度评价

（3）去云算法

与高纬度地区积雪分布特征不同，我国西部地区，特别是青藏高原等山区，云覆盖严重影响积雪范围产品的可用性。以往的去云算法主要利用云移动的特点，通过多日积雪分布合成方法，获取最大积雪分布范围来去云。如果多日一直有云覆盖，再通过与粗分辨率微波遥感雪深产品融合得到无云覆盖的积雪范围产品。因为高原地区积雪消融速度快，积雪呈斑状分布特征，多日合成数据会夸大积雪范围，粗分辨率微波遥感雪深产品不能反映出积雪斑状分布特征。

在已有相关研究成果的基础上，我们提出了基于地形相似性的去云算法，发展了一套基于光学积雪遥感的去云算法。该算法利用 MODIS 逐日积雪产品（MOD10A1、MYD10A1），结合山区数字高程模型，通过地形相似性确定一个区域内积雪分布高程下限，从而改进以往只依靠多日积雪数据合成的方法，通过空间换取时间的方法提高数据，得到高时间分辨率的 MODIS 每日无云积雪数据（图 1-21），解决了多日最大合成数据高估积雪的问题（图 1-22）。

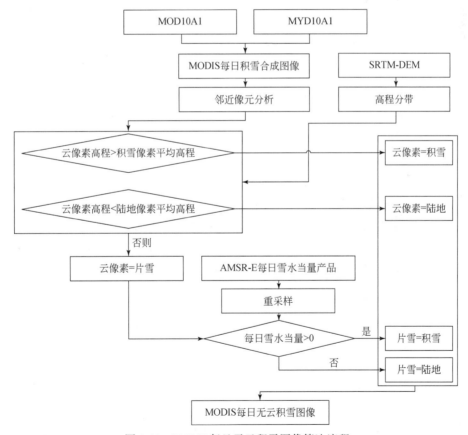

图 1-21　MODIS 每日无云积雪图像算法流程

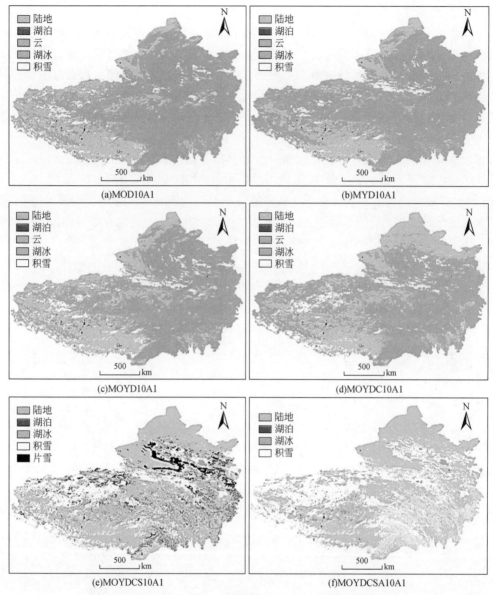

图 1-22　2011 年 2 月 18 日青藏高原 MODIS 去云积雪图像合成

1.2.4　北半球积雪范围变化

已有研究表明，青藏高原地区在 1957～1992 年积雪呈普遍增加趋势（李培基，1996；Qin，2006）；1981～1999 年青藏高原冬春季积雪日数（SCD）在 20 世纪 80 年代增加，从 90 年代开始呈减少趋势（高荣等，2003）；2000～2010 年青藏高原稳定积雪区在逐渐扩大，常年积雪区范围在不断缩小，且趋势显著。表 1-2 利用 MODIS 逐日无云积雪产品分析了 2003～2010 年青藏高原不同海拔带积雪覆盖范围（snow cover area，SCA）的变化趋势，结果表明，随着海拔的升高，7 个不同海拔带的 SCA 增加，海拔<4500m 的 6 个海拔带的 SCA 在 2003～2010 年几乎是呈波动增加的趋势，但是当海拔>4500m 时，其 SCA 呈逐年递减的趋势。

表 1-2　2003～2010 年青藏高原不同海拔带 SCA 动态变化　　　　（单位:%）

海拔	2003 年	2004 年	2005 年	2006 年	2007 年	2008 年	2009 年	2010 年
<2000m	3.34	3.33	4.15	4.30	4.02	4.81	4.90	4.78
2000～2500m	8.70	8.62	10.39	10.18	10.27	10.66	10.41	10.64
2500～3000m	15.45	15.72	15.62	15.87	15.82	15.76	15.70	15.99
3000～3500m	18.66	20.08	20.06	20.28	20.83	20.96	22.07	21.99
3500～4000m	17.78	20.53	19.91	20.86	18.52	22.15	22.93	24.09
4000～4500m	15.90	17.64	18.84	19.75	21.04	21.06	22.41	23.29
>4500m	34.90	33.76	34.55	34.37	34.30	32.33	31.62	30.39

图 1-23 展示了 2000 年 12 月～2014 年 11 月中国区域 14 年的年平均积雪日数的空间分布状况。从图中可以看到，瞬时积雪区（SCD≤10 天）主要发生在中国的华东、华南大部

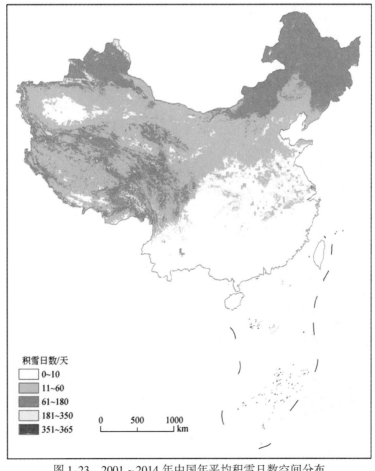

图 1-23　2001～2014 年中国年平均积雪日数空间分布

分地区，以及新疆塔里木盆地、内蒙古巴丹吉林沙漠区和青藏高原柴达木盆地；不稳定积雪区（10 天<SCD≤60 天）主要分布在中国横断山—秦岭—太行山—长白山以北的大部分区域，以及华北平原和华南部分丘陵地区偏北部及西部绝大部分地区；稳定积雪区（SCD>60 天）主要分布在东北—内蒙古、新疆北部及青藏高原高海拔山区。

图 1-24 统计了 2001～2014 年的中国平均积雪范围及变化。结果表明，我国在 2001～2014 年年平均积雪范围占总面积的 11.3%。这 14 年来，年平均积雪范围变化略有波动，但未见明显的增加或减少趋势。我国冬季的平均积雪范围约占国土总面积的 27.0%，春季的平均积雪范围约占国土总面积的 10.7%，秋季的平均积雪范围约占国土总面积的 6.8%，夏季的平均积雪范围约占国土总面积的 1.2%。我国冬季的平均积雪范围呈现略微的减少趋势，夏季的平均积雪范围呈现较为明显的减少趋势，而春季和秋季的平均积雪范围则呈现略微增加的趋势（图 1-25）（Huang et al., 2016）。

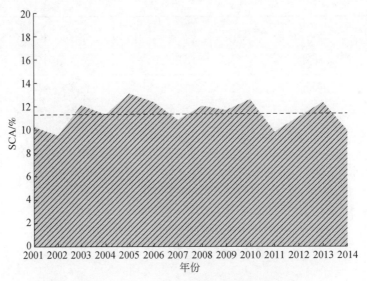

图 1-24　2001～2014 年中国平均积雪范围年际变化

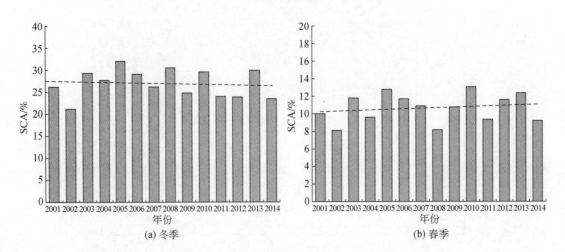

(a) 冬季　　　　　　　　　　　　　　　　(b) 春季

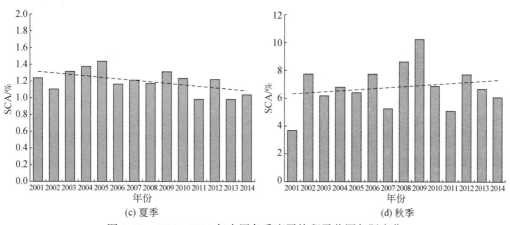

图 1-25　2001～2014 年中国各季度平均积雪范围年际变化

图 1-26 为北半球 2000～2015 年逐年最大积雪范围、平均积雪范围和最小积雪范围变化。可以清楚地看出，北半球最大积雪范围在 2007 年骤然减小，在 2008 年达到峰值后又波动下降；北半球最小积雪范围变化趋势相对比较平稳。我们尤其关注北半球最小积雪范围的变化，因为这一部分基本上属于格陵兰岛的永久积雪，永久积雪作为冰川的补给区，动态监测北半球永久积雪范围变化对全球气候及水文变化有着至关重要的作用。从图 1-26 可知，2000～2015 年北半球最大积雪范围和最小积雪范围均表现出减小趋势，趋势倾向率分别为 $-0.058\%/a$ 和 $-0.045\%/a$。我们统计了每年的平均积雪范围作为当年的积雪范围，得到 2000～2015 年的积雪资料，进而分析北半球积雪范围年际变化特征。从图 1-26 中可以看出，自 2000 年以来，北半球平均积雪范围年际变化呈现明显的波动下降趋势，趋势倾向率达到 $-0.067\%/a$。

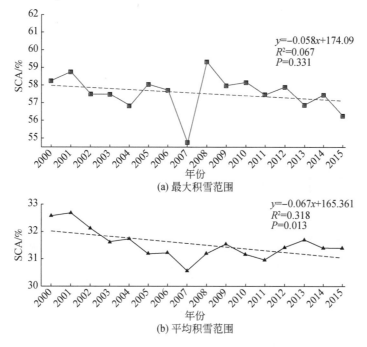

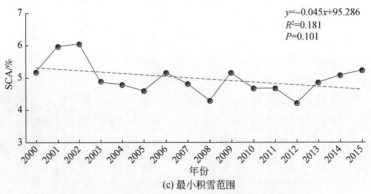

(c) 最小积雪范围

图1-26　2000~2015年北半球逐年积雪范围变化

北半球积雪具有明显的季节性变化特征。分别对北半球秋季、冬季、春季和夏季的积雪范围及变化进行统计（图1-27）发现，冬季积雪范围所占比例最大，是全年积雪的主

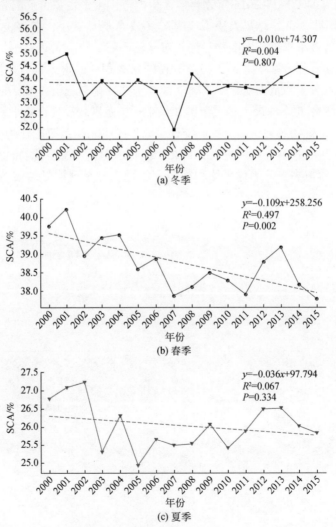

(a) 冬季

(b) 春季

(c) 夏季

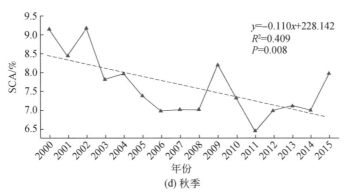

图 1-27　2000～2015 年北半球冬季、春季、夏季、秋季积雪范围年际变化

要时期，其次是春季和秋季，而夏季积雪范围所占比例最小。统计结果表明，自 21 世纪初以来，北半球春季、夏季和秋季积雪范围在减小，其中，春季和夏季积雪范围减小幅度较大，趋势倾向率分别为 -0.109%/a 和 -0.110%/a，秋季积雪范围轻微减小，趋势倾向率仅为 -0.036%/a。而在全球气候明显变暖的背景下，北半球冬季积雪范围却并没有表现出明显的变化趋势。

1.2.5　北半球雪深变化

全球长时间序列雪深度数据集提供了 1987 年 9 月 1 日～2014 年 8 月 31 日全球范围的逐日积雪深度分布数据，数据的空间分布率为 25km。用于反演该积雪深度数据集的原始数据来自美国国家雪冰数据中心（NSIDC）的 SSM/I（1987～2007 年）和 SSMI/S（2008～2014 年）。雪深反演算法是基于积雪特性先验信息雪深反演方法，并引入森林覆盖率，降低森林对微波的阻挡（Che et al., 2016）。本节旨在利用该数据集对北半球 1988～2014 年积雪深度变化进行时空分析。需要说明的是，在分析中，完整的积雪年定义为前一年的 9 月 1 日至当年的 8 月 31 日（如 1988 年定义为 1987 年 9 月 1 日～1988 年 8 月 31 日）。此外，区域平均值均是北半球陆地像元（格陵兰岛除外）面积加权之后的结果。

1988～2014 年北半球陆地平均积雪深度的空间分布如图 1-28 所示。北半球的陆地积

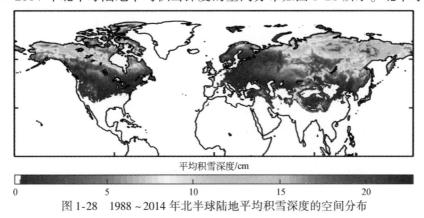

平均积雪深度/cm

0　　　　　5　　　　　10　　　　　15　　　　　20

图 1-28　1988～2014 年北半球陆地平均积雪深度的空间分布

雪主要分布在中高纬度地区。其中，北美洲积雪深度数值较大的区域位于格陵兰岛的北部、加拿大北部的各群岛以及加拿大北部、美国阿拉斯加等纬度较高的地区。同时，加拿大的大部分地区、美国的中西边部、落基山脉等地区都有积雪存在。对于欧亚大陆来说，积雪深度数值最大的区域位于俄罗斯中部的广大地区。我国青藏高原虽然位于北半球的中纬度地区，但因独特的地理及地势条件，其西北边缘、东南部分地区也具有较大的积雪深度数值。除此之外，欧亚大陆的积雪还存在于欧洲北部、俄罗斯的大部分地区以及蒙古、哈萨克斯坦北部等地区。

1988～2014年北半球的逐月平均积雪深度存在明显的差异（图1-29）。从整个北半球来看，积雪深度从9月至次年2月一直呈现增长趋势，次年3～8月呈现递减趋势，全年积雪深度呈现明显且较为对称的"单峰"趋势。9月、次年7月及8月的平均积雪深度不足0.1cm，与此同时，次年2月及3月的平均积雪深度则超过5cm。1月平均积雪深度增加最为明显，同时次年5月平均积雪深度减小最多。

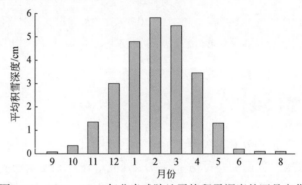

图1-29　1988～2014年北半球陆地平均积雪深度的逐月变化

1988～2014年北半球、欧亚大陆、北美洲平均积雪深度的逐渐变化如图1-30所示。三个地区的年际变化趋势比较相似，三个地区的雪深总体都有上升趋势，但均未达到显著。北半球的平均积雪深度为2.16cm，其中，欧亚大陆的平均积雪深度明显高于北美洲。

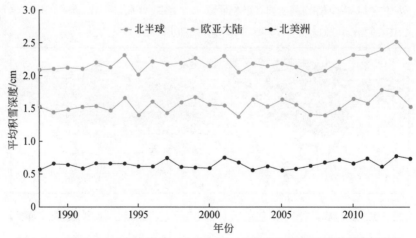

图1-30　1988～2014年北半球、欧亚大陆、北美洲平均积雪深度的逐年变化

1.2.6　核心结论与认识

国际上已有的雪深和雪水当量产品在中国出现严重的高估，主要是因为积雪特性估计不准确。通过大量地面积雪调查，获取积雪特性的时空变化，以此作为先验信息，发展了基于查找表的微波积雪深度遥感算法。特别是，微波积雪深度遥感算法在山区和林区遇到精度差的问题，我们在大量野外观测、模型模拟与分析基础上，提出了基于归一化积雪指数和森林积雪指数的光学遥感积雪范围算法、提出了光学遥感与微波遥感相结合的山区斑状积雪遥感算法，通过验证表明：我们的遥感算法的精度在山区和林区复杂条件下有显著的提高。

通过收集国内外积雪观测数据以及遥感反演积雪数据形成了多尺度积雪综合数据集，并据此分析近 50 年来北半球多尺度积雪深度、积雪时间、雪水当量、积雪密度及积雪分类的空间分布及变化特征，结果显示欧亚大陆积雪物理属性的空间分布具有显著纬度地带性，青藏高原积雪深度分布具有明显海拔地带性。1966~2012 年，欧亚大陆积雪深度总体呈现增加趋势；积雪首日延后，积雪终日提前，积雪期显著缩减，但积雪日数变化并不明显；积雪密度具有显著月际和季节变化特征，年际变化总体呈减少趋势；在区域变化趋势的空间分布上，50°N~60°N 区域的积雪变化最显著；与降水相比，欧亚大陆积雪变化受气温影响更明显。特别是，通过对不同强度降雪进行分析，发现欧亚大陆小雪降雪量在显著减少，中雪和大雪在 2000 年以后均呈显著减少趋势，暴雪年降雪量自 1980 年以后显著减少，但 1990 年以后整体呈增加趋势。

1.3　格陵兰和南极冰盖物质平衡：
基于模拟与遥感新算法的结果

1.3.1　基于模式的南极冰盖表面物质平衡

（1）南极冰盖表面物质平衡及各分量空间分布

南极冰盖表面物质平衡是由降水、表面蒸发、风吹雪引起的升华和积雪沉积/侵蚀及表面雪融化共同决定的。南极冰盖沿海地区，由于冷暖气流交汇，降水量较多。南极大陆上空常年为高压冷气团控制，从海洋上吹来的暖湿气流基本无法进入南极内陆，而且在寒冷冰原上空的冷空气异常干燥，含有的水蒸气极少，所以越往南极内陆，降水量越少。正是这样的大尺度降水模式决定了南极冰盖表面物质平衡从沿海向内陆呈明显下降趋势的特点（图 1-31）。由于南极极低的气温，表面雪融化是微量的，然而受全球气候变暖影响，不能排除未来表面融化显著的可能性。强烈的冷空气从南极大陆高原沿着大陆冰面陡坡急剧下滑，形成下降风，将迎风坡雪表面吹蚀为呈波状起伏的风蚀，被吹起的雪部分升华，剩余的雪在背风坡回落形成沉积。南极冰盖尺度上，风吹雪驱动的沉积/吹蚀对整个南极冰盖表面物质平衡的影响是小的，但是局地尺度上不可忽视，可以去除局地所有的降雪形成蓝冰区。降雪季节性变化较大，主要的消融过程是风吹雪的升华作用，发生在下降风作用区和海岸区域，导致表面物质损失约占南极冰盖年降水的8%。同时，风吹雪过程可以和大气层相互作用，影响大气层底部的湿度并减少南极表面的升华作用，使得大气接近饱和地区的降雪量减少。

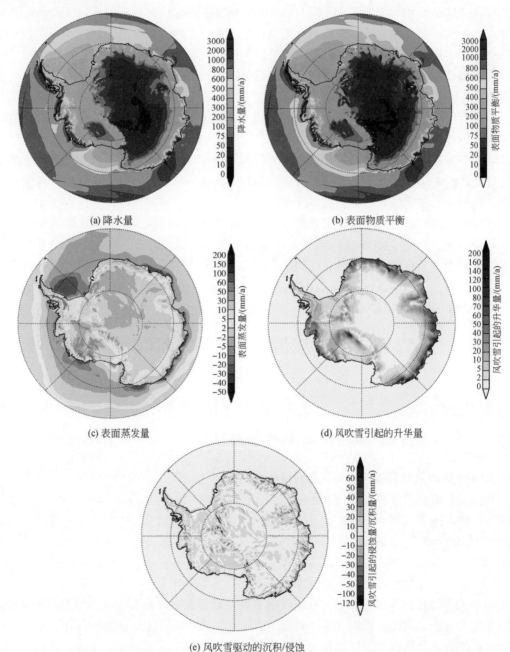

(a) 降水量　　　　　　　　　　　　(b) 表面物质平衡

(c) 表面蒸发量　　　　　　　　　　(d) 风吹雪引起的升华量

(e) 风吹雪驱动的沉积/侵蚀

图 1-31　区域气候模式 RACMO2.3 的南极冰盖表面平衡及影响表面物质平衡的各要素空间分布

（2）过去 50 年来南极冰盖表面物质平衡变化不显著

区域气候模式空间分辨率更高，在刻画南极冰盖表面物质平衡空间变化规律方面更具优势。但在区域较大的情况下，长时间积分计算累积的系统误差使区域气候模式的环流模拟容易出现较大偏差，到目前为止没有一个区域气候模式能很好地再现表面物质积累率年际变化。再分析资料也是全面客观认识南极冰盖表面物质平衡时空变化的重要数据。广泛使用的再分析资料有欧洲中期数值预报中心（ECMWF）更新的再分析资料（ERA-Interim）、美国国家航空航天局（NASA）的再分析资料（MERRA）、日本气象厅（JMA）55 年再分析资料（JRA-55）、美国国家环境预测中心（NCEP）再分析资料（CFSR）等。通过与表面物质平衡实测对比分析发现，观测系统改变会引入非真实的变化趋势，系统误差会放大这种不真实的变化趋势。例如，ERA-40 在 20 世纪 70 年代后融合了更多的遥感卫星资料，导致南极降水资料在 1979 年之前和之后存在较大的数量上的差异（表现为降水跳跃式增加）（Bromwich and Wang，2008）。与 ERA-40 相比，JRA-55 尽管采用了更先进的 4D-VAR 数据同化系统，却仍然深受同化观测资料的种类和数量的影响，JRA-55 南极降水在 1979 年后发生了跳跃式增加。此外，20 世纪 90 年代末，大量新的降水有关遥感数据应用到该同化系统，使其降水在 1999 以后显著增加（Wang Y T et al.，2016）。综合比较分析认为：ERA-Interim 最真实地再现了 1979 年以来的南极冰盖表面物质平衡年际变化（图 1-32）（Wang Y T et al.，2016）。尽管南极冰盖表面物质平衡年际变化较大，过去 50 年来表面物质平衡总体变化不显著。

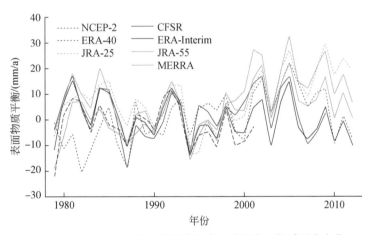

图 1-32　1979~2012 年再分析资料南极冰盖表面物质平衡变化

（3）过去 150 年来南极冰盖表面物质平衡显著增加

通过敏感性试验和交叉验证定量评估主成分分析法、典型相关分析法、类克里格（Monaghan et al.，2006）及光谱优化网格方法（the spectral optimal gridding method）等重建方法的标准误差、均方根误差以及误差减少量。统计量表明：光谱优化网格方法精度最高，在此基础上，以 ERA-Interim 再分析资料为背景场，基于 29 个具有年分辨率的长时间序列表面物质平衡数据，利用光谱优化网格方法对 1850 年以来的南极冰盖表面物质平衡进行了重建，重建结果可以有效地再现南极冰盖表面物质平衡的时空变化特征，其多年平均表面物质平衡很好地再现了其海拔控制的经向变化特征，而且 1955 年的南极冰盖表面物质平衡变化与 Monghan 等（2006）的重建结果一致。回归分析和滑动平均分析表明，1850~2010 年，南极冰盖表面物质平衡呈显著增加趋势（图 1-33）。

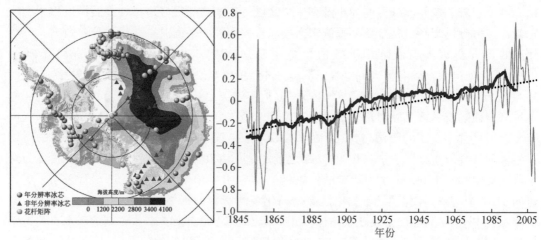

图 1-33 冰芯钻取点及花杆矩阵测量点空间分布和重建的 1850~2010 年南极冰盖表面物质平衡变化

1.3.2 基于卫星测高的冰盖物质平衡

卫星测高是高精度长时段估算冰盖高程的唯一手段，该方法的关键在于如何精确确定冰盖表面的高程变化，从而估算冰盖体积变化和物质平衡。一般采用交叉点分析与重复轨道分析算法，由测高卫星解算冰盖表面高程变化。其中，目前比较常见的交叉点分析有 ORM、FHM 和 FFM，下面对三者进行对比。

图 1-34 给出了坐标为 70.5°S，65°E 的 2°×1°结果时间序列，图 1-34 还给出了下三角的时间序列结果，从图 1-34 中可以看出，三种算法均给出了比较强的季节性变化，振幅达 50cm。ORM 总共有 16 个点数据空白，FHM 减小到 3 个，且 FHM 精度比 ORM 要低。FFM 的数据空白点为 1。采用最小二乘算法，求得高程变化率 ORN、FHM、FHM_L 和 FFM 分别为 9.61±0.24cm/a、8.92±0.56cm/a、6.22±0.05cm/a 和 6.88±0.02cm/a。上三角和下三角的精度分别为 0.56m/a 和 0.50cm/a，FFM 精度最佳。

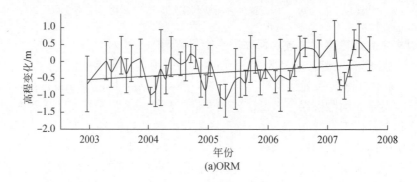

(a)ORM

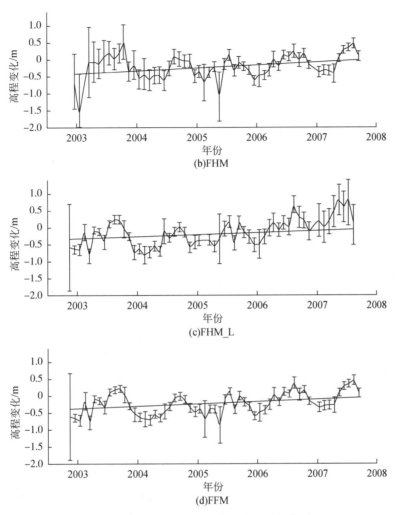

图 1-34 不同算法对应的高程变化时间序列

基于重复轨道分析算法，采用选定的最佳波形重定算法，利用 ERS-1、ERS-2、Envisat 和 CryoSat-2 数据，分别计算得到 1992～1996 年、1995～2003 年、2002～2012 年和 2010～2016 年的南极冰盖表面高程变化率，结果如图 1-35 所示。对比 4 个不同时间段的高程变化，可以看到部分流域（如阿蒙森海附近）保持稳定变化，其他流域（如南极半岛）则存在明显的变化，这反映出不同时间段的气候变化对高程变化产生了影响。

基于重复轨道分析算法，采用选定的最佳波形重定算法，分别利用 ERS-1、ERS-2、Envisat 和 CryoSat-2 数据，计算得到 1992～1996 年、1995～2003 年、2002～2012 年和 2010～2016 年格陵兰冰盖表面高程变化率（图 1-36）。高程下降发生在西海岸、东北和东南沿海，西海岸的 Jakobshavn Isbræ（JI）高程减少一直扩展到内陆，而东北的 Zacharias Isstrømen 高程减少率超过了 1.3m/a。高程增加出现在东部和东北，达到了 1m/a。

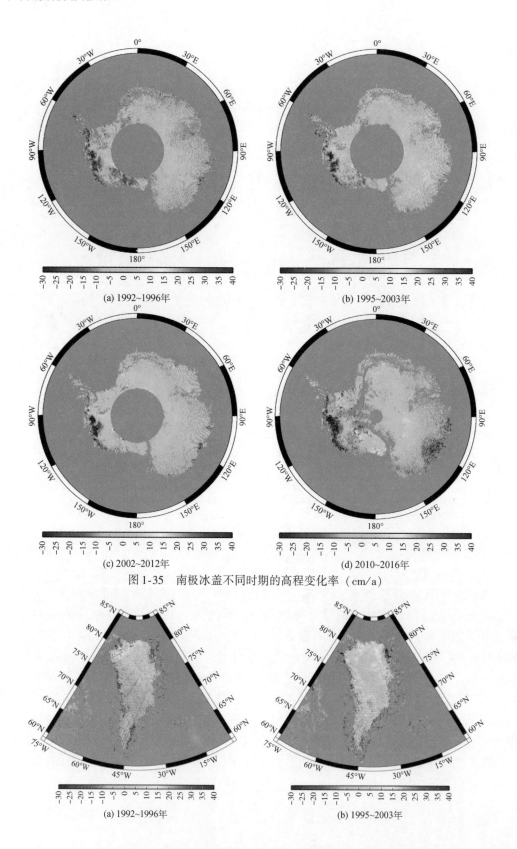

(a) 1992~1996年

(b) 1995~2003年

(c) 2002~2012年

(d) 2010~2016年

图 1-35　南极冰盖不同时期的高程变化率（cm/a）

(a) 1992~1996年

(b) 1995~2003年

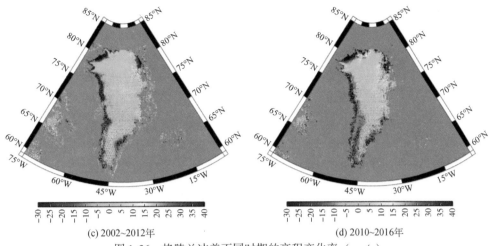

(c) 2002~2012年　　　　　　　　　　(d) 2010~2016年

图 1-36　格陵兰冰盖不同时期的高程变化率（cm/a）

选用不同卫星测高的相同有效数据，消除不同卫星之间的系统偏差，分别获得了
1992 ~ 2016 年、1992 ~ 2012 年格陵兰冰盖和南极冰盖的体积变化时间序列（图 1-37），不

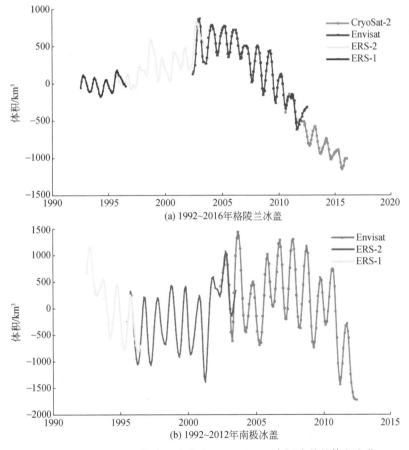

图 1-37　1992 ~ 2016 格陵兰冰盖和 1992 ~ 2012 南极冰盖的体积变化

同时间段冰盖体积变化表现不同，如 1992～2003 年格陵兰冰盖体积增加，随后减少；南极冰盖则呈现出周期性变化特点。利用最小二乘算法，分时段估算了两极冰盖的体积变化率。格陵兰冰盖 1992～2003 年体积变化率为 57km³/a，2004～2016 年体积变化率为 −150km³/a，1992～2016 年这 25 年总计减少了约 1266km³，年均减少 −50.6km³/a，假定格陵兰冰盖体积变化主要由冰变化 $\rho_i = 917$kg/m³，则 1992～2002 年格陵兰冰盖物质损失达 46.4Gt/a。1992～1996 年、1995～2003 年和 2002～2012 年的体积变化率分别为 −94km³/a、140km³/a 和 −300km³/a，1992～2012 年的体积变化率为 −22.1km³/a，假定南极冰盖体积变化主要由冰变化引起，则 1992～2002 年南极冰盖物质损失达 20.3Gt/a。

1.3.3 基于卫星重力 GRACE 的冰盖物质平衡

采用 GRACE CSR RL05 二级产品，采用 300km 高斯滤波，计算得到了 2002～2016 年的南极冰盖和格陵兰冰盖的物质平衡，结果如图 1-38 所示。从图 1-38 中可以看出，两极冰盖均呈现出物质消融状态，格陵兰冰盖 2002～2015 年总趋势为 −230Gt/a，且其随时间变化，其中 2002～2005 年为 −150Gt/a，2006～2012 年为 −192Gt/a，2013～2016 年为 −250Gt/a，同时段的测高结果分别为 34.4km³/a、−197.7km³/a 和 −170km³/a，显然两种结果反映出不同的物理过程。格陵兰冰盖 2002～2015 年总趋势为 −150Gt/a，其主要贡献来自于冰川均衡调整 105.3Gt/a，其中 2002～2005 年、2006～2012 年和 2013～2016 年分别为 −90Gt/a、−260Gt/a 和 −250Gt/a。从格陵兰冰盖物质平衡和南极冰盖物质平衡结果看，自 2006 年以来，两极冰盖存在加速消融的现象。

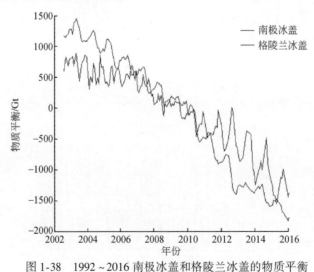

图 1-38　1992～2016 南极冰盖和格陵兰冰盖的物质平衡

1.3.4 核心结论与认识

南极降水模式决定了南极半岛和冰盖边缘区域表面物质平衡值较高，内陆区域表面物质平衡值较低的分布特征。而降水量的不同时间尺度变化直接影响了对应时间尺度上的南极冰盖表面物质平衡变化状态，模型分析表明 50 年和 150 年尺度南极冰盖表面物质平衡表现出不同的时空分布变化特征，而观测手段表明近 10 年尺度的南极冰盖表面物质平衡的时空分布呈现变化。

卫星观测手段是监测冰盖物质平衡状态的重要手段，通过对数据处理手段的研究，可以提高其结果的精度和分辨率，而不同的卫星观测手段在不同信号的灵敏度和分辨率存在明显差异。气候模式是探讨物质平衡变化机理不可或缺的手段，但是气候模式需要实测结果校准。如何将时间和空间方面均存在尺度差异的实测资料与气候模式有机结合，以弄清不同尺度上冰盖物质平衡演化机理以及在此基础上的冰盖物质平衡未来变化预估将是研究的重要发展方向。

1.4　青藏高原多年冻土：退化过程与机理

1.4.1　青藏高原多年冻土分布与制图

青藏高原是中低纬度海拔最高、面积最大的多年冻土区。青藏高原多年冻土的分布制图一直是多年冻土研究的基础。伴随着资料的积累、研究手段的丰富，青藏高原多年冻土分布制图也在不断更新中。本次青藏高原多年冻土分布制图是在大量野外工作基础上，结合 MODIS 数据资料对青藏高原多年冻土的分布进行模拟，并采用典型调查区及调查线路的野外调查资料进行验证后的多年冻土分布图（图 1-39）。

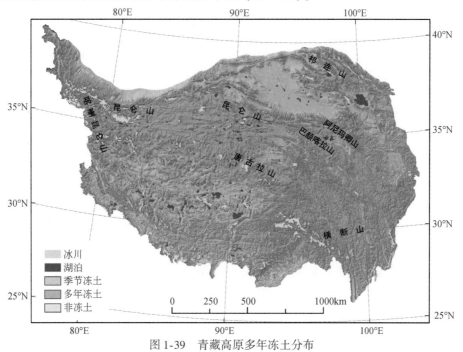

图 1-39　青藏高原多年冻土分布

与以往青藏高原多年冻土分布研究相比，本次提出的多年冻土分布图中多年冻土分布面积最小（表1-3），调查区资料的验证结果表明，本次提出的多年冻土分布模拟结果精度最高。

表1-3　不同图件中青藏高原多年冻土分布面积

图件	制图方法	多年冻土面积 /10^4km^2	数据来源
《中国冻土分布图》（1：2500万）	区域统计调查	150.0	周幼吾和郭东信，1982
《中国冻土分布图》（1：400万）	冻土平面区划	150.0	徐敩祖和郭东信，1982
《中国冰雪冻土图》（1：400万）	区域统计调查	150.0	施雅风和米德生，1988
《青藏高原冻土图》（1：300万）	历史资料分析	141.0	李树德等，1996
《中国冻土区划及类型图》（1：1000万）	区域统计调查	150.0	周幼吾等，2000
《中国冻土区划及类型图》（1：1000万）	年均地温模型	119.5	南卓铜等，2002；王涛等，2006；Ran et al.，2012
《青藏高原多年冻土分布》	本研究	106.4	Zou et al.，2016

本次青藏高原多年冻土分布制图表明，青藏高原多年冻土和季节冻土的面积分别为 $106.4×10^4$km^2 和 $145.6×10^4$km^2（不包括冰川和湖泊面积），分别占青藏高原总面积的 40.2% 和 56.0%。多年冻土的分布以羌塘高原为中心向周边展开，羌塘高原北部和昆仑山区是多年冻土最发育的地区，多年冻土基本呈连续或大片分布。随地面海拔降低，地温向周边地区逐渐升高，过渡为岛状多年冻土区。由青藏公路穿过的惊仙谷北口往南直至唐古拉山南边的安多附近，地段内除局部有大河融区和构造地热融区外，多年冻土基本连续分布。连续多年冻土带由此向西、西北方向延伸，直至喀喇昆仑山。由安多往南至藏南谷地为岛状冻土带。在青藏公路以东地区，地势自西向东降低，但由于存在阿尼玛卿山、巴颜喀拉山和果洛山等海拔5000m以上的山峰，片状、岛状多年冻土与季节冻土并存，在横断山区为岛状山地多年冻土区（图1-39）。

1.4.2　青藏高原多年冻土特征及变化

（1）多年冻土温度及变化

在青藏高原地区，多年冻土的发育主要受三维地带性因素控制，其中以受海拔影响最为显著，其次是纬度。局地因素在小区域影响着多年冻土的发育特征。因此，青藏高原多年冻土的温度一般也遵从类似的规律。基于青藏高原地区192个多年冻土钻孔资料进行整理和分析，对影响多年冻土地温的纬度、经度和海拔进行多元线性回归分析，得到的回归关系式如下（秦艳慧等，2015）

$$MAGT = 73.844\,77 - 0.931\,62×La - 0.154\,37×Lo - 0.006\,02×H \tag{1-1}$$

式中，MAGT 为多年冻土年均地温（℃）（主要取钻孔10~15m深度的低温代表年均地温）；La 为纬度；Lo 为经度；H 为海拔（m）。对式（1-1）进行 F 检验，$F = 53.94$，远大

于临界值 $F_{0.05}$（2.73）<3.15，回归关系显著。回归预测值与实测值的相关系数 r 为 0.68，在 95% 置信水平下，远大于临界值 0.19。利用这一回归关系式，对青藏高原多年冻土分布进行进一步的地温划分，得到青藏高原地多年冻土年均地温分布图（图 1-40）。

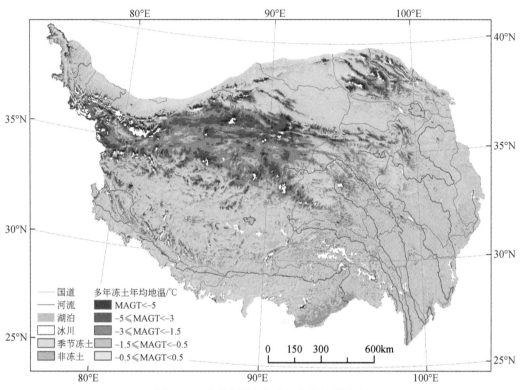

图 1-40　青藏高原多年冻土年均地温分布

依据多年冻土地温稳定性分类将青藏高原冻土分为极稳定型（MAGT<-5.0℃）、稳定型（-5.0℃≤MAGT<-3.0℃）、亚稳定型（-3.0℃≤MAGT<-1.5℃）、过渡型（-1.5℃≤MAGT<-0.5℃）、不稳定型（-0.5℃≤MAGT<0.5℃）和季节冻土（MAGT≥0.5℃）等几种类型。其中，极稳定型多年冻土主要分布在喀喇昆仑山、阿尔金山；稳定型多年冻土主要分布在可可西里无人区、唐古拉山—桃儿九山、风火山；亚稳定型多年冻土主要分布在昆仑山垭口、可可西里低山丘陵；过渡型多年冻土分布在楚玛尔河高平原、北麓河盆地、开心岭；不稳定型多年冻土主要分布在西大滩谷地、沱沱河盆地、通天河盆地、布曲河谷地、温泉盆地、安多盆地、申格里贡山及以南地区。多年冻土主要分布在羌塘高原地区、阿尔金山—祁连山山地，片状或岛状冻土分布在祁连山区、昆仑山高山、青南山原。极稳定型多年冻土、稳定型多年冻土、亚稳定型多年冻土、过渡型多年冻土、不稳定型多年冻土面积分别为 $0.059×10^6$ km²、$0.195×10^6$ km²、$0.308×10^6$ km²、$0.224×10^6$ km²、$0.229×10^6$ km²。其中，占整个青藏高原面积最大的是亚稳定型多年冻土（30.4%），最小的是极稳定型多年冻土（5.8%）。

现有多年冻土地温监测资料表明，绝大多数多年冻土地温曲线均呈现为向正温方向倾斜的弓形状态，表明至少近几十年来多年冻土处于升温状态（吴吉春等，2009）。青藏高原上高山地区（如昆仑山、风火山、唐古拉山）多年冻土厚度大于100m，年均地温在-3.0℃左右，处于升温阶段，多年冻土厚度可能变化不大，地温升高速率很快；中低山地区（如五道梁、开心岭等）多年冻土厚度为40~80m，年均地温在-1.0℃左右，处于0梯度初始阶段，地温仍然有明显升高，厚度很快减小；高平原河谷、盆地等区域多年冻土厚度为20~60m，年均地温在-0.5℃左右甚至更高，已经进入0梯度阶段，能够升温的空间不大，主要表现为厚度减小；多年冻土边缘部分在退缩，已经处于消失阶段，如楚马尔河东岸，受河流融区的影响，多年冻土顶部已经出现不衔接，多年冻土年均地温接近0℃（图1-41）。

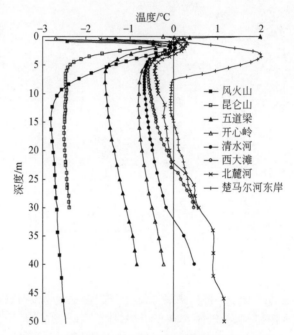

图1-41 典型场点的多年冻土地温曲线及阶段划分

多年冻土地温监测数据也表明了多年冻土温度的持续升高。青藏公路沿线监测场地2004~2014年的地温监测结果分析表明，15m深度处的多年冻土地温均呈升高趋势，升温率介于0.002~0.031℃/a（图1-42），平均升温率约为0.014℃/a。

风火山冻土监测站2个多年冻土测温孔的监测资料表明（蔡汉成等，2016），多年冻土地温从1982年至今逐步升高。阳坡孔15m深度多年冻土地温从1982年的-2.3℃升高至1999年的-2.1℃，升温率约为0.012℃/a，到2007年，地温已经升至-1.6℃，这期间升温速率达到了0.06℃/a。阴坡孔15m深度多年冻土年地温由1964年的-3.3℃升高到2014年的-2.72℃，50年升高了0.58℃，升温率约为0.012℃/a。

国道214沿线2003~2015年的监测数据表明，近10年来国道214沿线多年冻土地温也表现出明显的升温趋势。国道214沿线监测场地15m深度处多年冻土地温升温率介于

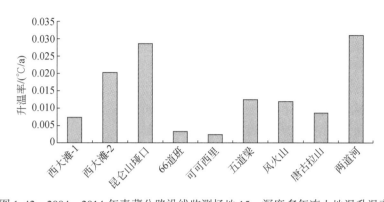

图 1-42　2004 ~ 2014 年青藏公路沿线监测场地 15m 深度多年冻土地温升温率

0.003 ~ 0.016℃/a，平均升温率约为 0.01℃/a。可见，国道 214 沿线多年冻土地温升温率完全在青藏公路沿线多年冻土地温升温率范围之内，平均升温率也基本接近。目前基本确认近期青藏高原多年冻土地温升温率多介于 0.002 ~ 0.030℃/a，一般不超过 0.030℃/a（图 1-43）。

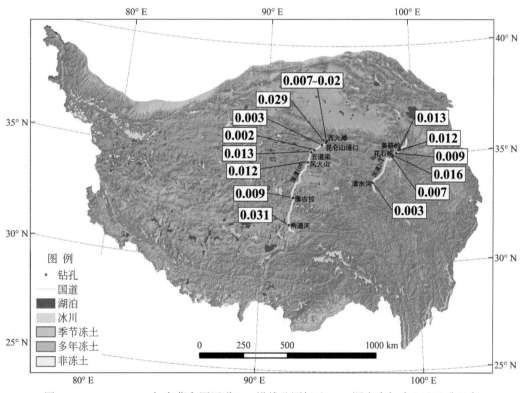

图 1-43　2003 ~ 2015 年青藏高原国道 214 沿线监测场地 15m 深度多年冻土地温升温率
图中升温率单位为℃/a

与环北极地区的高纬度多年冻土相比，青藏高原的多年冻土具有温度高、厚度薄的显著特点。观测表明高纬度多年冻土的地温升温率显著高于青藏高原（Romanovsky et al.，2010），其主要原因是青藏高原的多年冻土地温多接近于0℃。在这种热状态下，冻土中的未冻水含量对温度的变化极为敏感，温度越接近冻结温度，未冻水含量增加量越显著。因此，在气候变暖的背景下，多年冻土层吸收的热量会很大程度上以冰水相变热消耗，而温度升高趋势变弱。天山乌鲁木齐河源多年冻土钻孔的测温资料同样揭示了多年冻土地温的升高（Liu et al.，2017），15m深度多年冻土地温1992～2011年的平均升温率约为0.28℃/a，而2003～2011年的升温率达到0.033℃/a。该钻孔多年冻土地温的高升温率与钻孔位置处于基岩风化地层，含冰量较低，且多年冻土地温为−1.0℃左右，在此温度附近，冻结基岩风化层中未冻水含量较小，因此冰水相变对多年冻土温度升高的影响较小。

（2）活动层厚度及变化

在完成青藏高原多年冻土分布图基础上，以最新制作的青藏高原多年冻土区土壤类型图（李旺平等，2015）、青藏高原多年冻土区植被类型（Wang Z W et al.，2016）为依据获取水热参数，利用Stefan方程对青藏高原多年冻土活动层厚度空间分布进行了模拟（图1-44）。

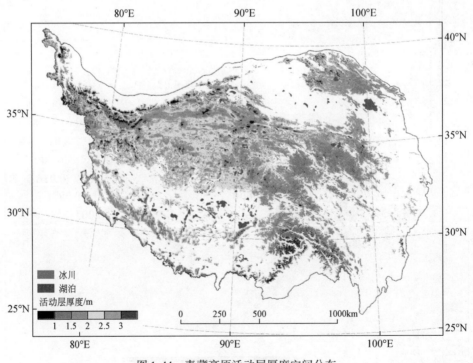

图1-44 青藏高原活动层厚度空间分布

统计结果表明，青藏高原多年冻土活动层厚度平均值为1.9m，其中90%集中在0.9～2.7m。从地理位置上来看，青藏高原东部地区的多年冻土活动层厚度整体较薄，且多年冻土活动层厚度变化范围小。西部地区的多年冻土活动层厚度异质性较大，山区薄平原厚、腹地薄边缘厚。高山区多年冻土活动层厚度一般小于 2m，甚至在冰川作用区可能低于 1m。山间平原多年冻土活动层厚度一般超过 2m，多年冻土分布的南北边缘地区活动层厚度一般大于 2.5m，甚至达到 3m；最大值出现在柴达木盆地周边地区、连续多年冻土区南缘以及岛状多年冻土区。对不同植被类型分区统计，高寒沼泽草甸、高寒草甸、高寒草原、高寒荒漠和裸地区域的多年冻土活动层厚度平均值分别为 1.3m（±0.3m）、1.7m（±0.4m）、2.1m（±0.4m）、2.3m（±0.5m）和 1.8m（±0.6m）。

多年冻土区活动层处于地表层，其厚度对气候变化会做出迅速的响应，最易观测到的冻土退化形式。在升温背景下，青藏高原多年冻土活动层厚度发生显著的变化。在 20 世纪 80 年代及 90 年代，青藏公路沿线天然地表下活动层厚度普遍增加，增加量从几厘米到 1m，最大可达 2m（吴青柏和童长江，1995）。

1998 年以来青藏公路沿线天然地表下 10 个监测场点的活动层厚度监测表明，多年冻土活动层厚度均呈现增加趋势 ［图 1-45（a）］，活动层厚度增加 9～78cm；沿线监测点活动层增厚速率为 0.5～9.2cm/a，平均增厚速率为 2.8cm/a ［图 1-45（b）］。唐古拉山监测点

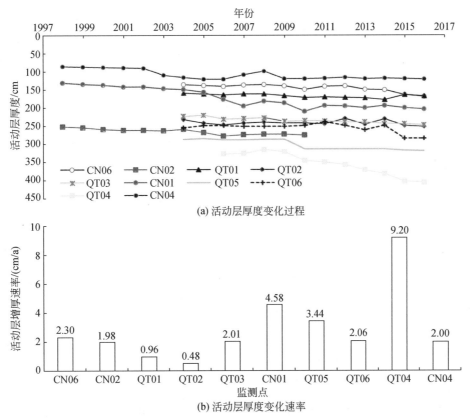

图 1-45 青藏公路沿线活动层厚度变化过程

监测点位置：CN06-昆仑山垭口；CN02-索南达杰保护站；QT01-可可西里；QT02、QT03-北麓河

CN01-风火山；QT05-开心岭；QT06-通天河南岸；QT04-唐古拉山；CN04-两道河

（QT04）活动层厚度在 2006~2016 年增加了 78cm，活动层增厚速率达到了 9.2cm/a。唐古拉山监测点地处山坡，活动层为粗颗粒土，多年冻土上限附近含冰量低，因此，活动层厚度变化更为剧烈，目前活动层厚度已经超过 4m。与此相对应，监测点所在山坡近年来地表植被退化显著。不包括唐古拉山监测点，则青藏公路沿线多年冻土活动层厚度平均增厚速率为 2.2cm/a。

利用冻融指数模型和数理统计方法，对 1981~1997 年青藏公路沿线活动层厚度进行了估算（Li et al., 2012；李韧等，2012）。在全球气候变化背景下，1981~2016 年青藏高原腹地气温的升温率达 0.68℃/10a。受气温变化的影响，青藏公路沿线的活动层厚度呈明显增加趋势，36 年间活动层厚度平均增厚速率为 1.9cm/a。可见，活动层厚度的增厚速率在 20 世纪 80 年代及 90 年代增加速率并不快，而在 20 世纪末以来活动层厚度增加最为显著。

从目前的观测资料看，全球各处的多年冻土区均表现出活动层厚度增加的趋势。1959~1990 年俄罗斯北极地区 37 个台站的活动层厚度增加了 22cm，增厚速率约为 0.6cm/a（Romanovsky et al., 2007），而 1983~2004 年在蒙古库苏古尔山区观测到一些区域多年冻土活动层增厚速率达 4.0cm/a（Sharkhuu et al., 2007）。

（3）多年冻土厚度

青藏高原多年冻土的平均厚度区域差异较大，目前实测的多年冻土的最大厚度约为 128m，出现在西藏那曲唐古拉山区的瓦里百里塘盆地，但根据年均地温和地温梯度估算的最大多年冻土厚度达到了 312m，出现在风火山地区。

青藏公路沿线是青藏高原地区钻孔最为密集的区域。根据地温监测资料分析，多年冻土厚度在 10~312m。沿线的透底钻孔显示，青藏公路沿线高平原、盆地和谷地的多年冻土厚度通常小于 55m。综合透底钻孔和非透底钻孔地温监测结果显示，昆仑山地区多年冻土厚度在 14~75m 变化，向南到可可西里地区冻土厚度增加到近 120m，到了北麓河地区，多年冻土厚度减小到 50m（金会军等，2006）。北麓河南部的风火山海拔较高，多年冻土厚度为 212m，继续向南，多年冻土厚度减小，为 10~100m。

黄河源区及源区内青康公路沿线多年冻土厚度普遍小于 40m，实测最大冻土厚度为 74m，位于查拉坪（罗栋梁等，2012）。布青山脉东支冻土厚度在 35~60m，而海拔 4350m 以下的鄂陵湖、扎陵湖以北山前缓坡带的高山草原和稀疏化草原地带的冻土层厚度普遍小于 20m。海拔 4400m 以上的布青山南坡山前缓坡一带，冻土层厚度一般在 20m 以上。鄂陵湖和扎陵湖以北、海拔在 4500m 以上的布青山的冻土层厚度在 40m 以上。鄂陵湖和扎陵湖等较大水体，卡日曲、棒喀曲、勒那曲等黄河支流河床及河漫滩处的冻土厚度大部分小于 20m（Jin et al., 2006；金会军等，2010；罗栋梁等，2012）。

祁连山地区实测到的多年冻土最大厚度为 139.3m，位于洪水坝盆地山麓丘陵带，海拔 4033m。江仓、木里盆地海拔为 3700~400m，多年冻土厚度为 50~95m。热水盆地海拔约为 3600m，多年冻土层平均厚度不超过 20m，最大厚度为 30m（除山顶）。祁连山区岛状多年冻土区多年冻土厚度一般为 25~35m，个别地段为 3~13m。

（4）多年冻土中的地下冰

青藏高原地下冰分布主要受岩性、水分、地温等局部因素控制，但仍有一定的区域性和地带性规律（赵林等，2010）。这种地域性分异规律主要表现为地下冰分布随地貌单元和地形部位不同而呈现的变化规律，即低山丘陵区和局部湖相地层区地下冰最发育，中高山区次之，河谷平原区最少；在垂向上的分布规律为地下冰含量从浅层向深层逐渐减少（周幼吾等，2000）。地下冰形成以后受重复分凝、冰的自净等作用的改造，含冰量、地下冰构造等均发生变化，在多年冻土上限附近由于土壤的冻结分凝作用而富含地下冰，在细颗粒土中的体积含冰量可以达 50% 以上（Cheng，1983；程国栋，1982）。

过去几十年，在青藏公路/铁路沿线地区进行了多次勘测和调查，完成了上千个钻孔，获取了大量的多年冻土含水量及冻土物理性质试验数据。选取位于多年冻土区并且具有完整钻孔记录资料的 164 个钻孔，利用其容重和含水量资料，分析地下冰在水平方向和垂直方向的分布情况。在水平方向上，地下冰含量与地层沉积类型紧密相关，在各种沉积地层中，冰水沉积地层的含冰量最大，其次是寒冻风化残积地层和湖泊沉积地层，冲洪积地层和碎屑岩类最小。在垂直方向上，地下冰含量随深度变化也有所不同。在青藏高原多年冻土区的主要沉积地层中，除冰水沉积外，其他各种沉积地层中冻土含冰量在 5~10m 深度处最大，而在 10m 以下深度处，除冰水沉积外，其他沉积地层间含水量差别相对较小。

结合最新的青藏高原多年冻土分布图和厚度分布图，估算的青藏高原多年冻土总地下冰含量约为 $12.7 \times 10^3 \text{km}^3 \text{w. e.}$。

1.4.3 青藏高原多年冻土变化预估

(1) 21 世纪青藏高原多年冻土面积及活动层深度变化预估

使用 CMIP3 中 EACH 和 HadCM3 模式，基于 Kudryvatsev 方法预估了 A2 情景下 2050 年青藏高原的冻土面积（王澄海等，2014）。随着耦合模式比较计划的发展，进一步使用 CMIP5 模式数据预估了青藏高原多年冻土面积在 21 纪初期（2016~2035 年，EP）、中期（2046~2065 年，MP）、末期（2080~2099 年，LP）的变化。模式模拟值均采用多模式集合平均的结果，将各模式统一插值到 1°×1° 的格点上。

图 1-46 给出了 21 世纪不同时期不同排放情景下青藏高原多年冻土空间分布的变化。相对于 1986~2005 年，青藏高原多年冻土从多年冻土边缘地区开始退化，在 21 世纪初期和中期退化强度较弱。在 RCP8.5 情景下，多年冻土从 21 世纪初期到末期退化逐渐加强，尤其在 21 世纪末期，青藏高原多年冻土将减少 1/3。

图 1-47 给出了 21 世纪不同时期不同排放情景下青藏高原持续存在多年冻土区域活动层深度的变化。相对于 1986~2005 年，21 世纪 3 个时期 3 种排放情景下青藏高原大部分区域活动层深度增加，仅在青藏高原西部略微减少。由于青藏高原腹地年平均地温低于 -2℃，属于低温多年冻土区，其变化较边缘地区更为显著（IPCC，2013）。在 21 世纪初期，青藏高原多年冻土活动层深度在 3 种排放情景下（RCP2.6、RCP4.5、RCP8.5）的变化较为接近；21 世纪中期以及末期，青藏高原多年冻土区域的活动层深度随辐射强迫的增大逐渐加深。到 21 世纪末期，活动层深度变化最显著的区域的活动层加深了 0.8m（RCP8.5）。

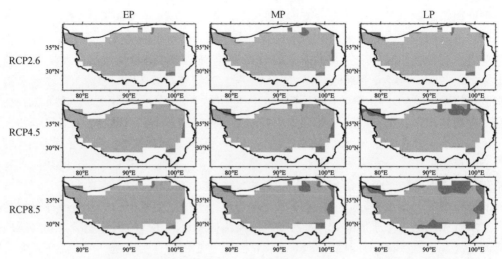

图 1-46　CMIP5 多模式集合预估的 21 世纪青藏高原多年冻土的空间分布的变化

蓝色为 1986~2005 年多年冻土分布范围；橘色为 21 世纪不同时期不同排放情景下多年冻土分布范围

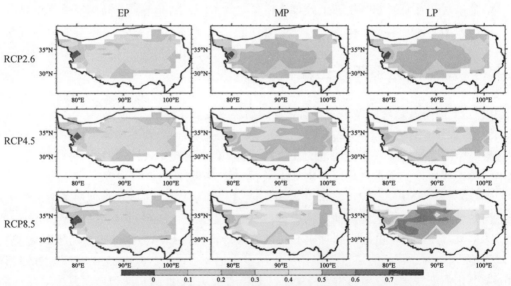

图 1-47　21 世纪不同时期不同排放情景下青藏高原连续多年冻土区活动层

深度相对于 1986~2005 年的空间变化

　　Sazonova 等（2004）在活动层厚度和温度模拟的基础上，预测了东西伯利亚多年冻土活动层的变化，结果表明，到 2099 年，西伯利亚多年冻土活动层年平均温度将上升 2~6℃，活动层厚度将增加 0.5~2m。

（2）全球升温达到 1.5℃ 和 2℃ 时青藏高原多年冻土分布范围变化预估

　　采用 17 个 CMIP5 模式的模拟结果，基于 Kudryavtsev 方法预估了青藏高原多年冻土分布范围在 RCP2.6、RCP4.5 和 RCP8.5 情景下全球升温达到 1.5℃ 和 2℃ 时相对于 1986~2005 年的变化（图 1-48）。

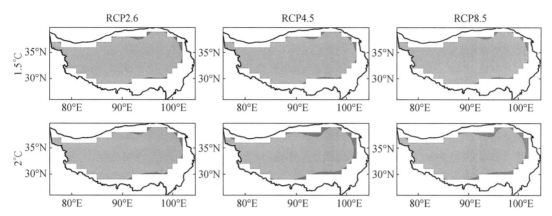

图 1-48　全球升温 1.5℃ 与 2℃ 时青藏高原多年冻土分布范围相对于 1986～2005 年的变化

蓝色为 1986～2005 年的多年冻土分布范围；橘色为达到某升温阈值时的多年冻土分布范围

全球升温达到 1.5℃ 时，青藏高原东南部及东北部多年冻土略微减少，多年冻土分布范围在各排放情景下分别减少 $0.15×10^6\,km^2$（7.28%）、$0.18×10^6\,km^2$（8.74%）和 $0.17×10^6\,km^2$（8.25%）；全球升温 2℃ 时，多年冻土分布范围在 RCP4.5 和 RCP8.5 情景下分别减少 $0.27×10^6\,km^2$（13.11%）和 $0.28×10^6\,km^2$（13.59%）。在 RCP2.6 情景下，全球平均温度不会超过 2℃，2100 年的青藏高原多年冻土分布范围较 1986～2005 年将减少 $0.17×10^6\,km^2$（8.25%）。

由于高原复杂的下垫面性质，大多数 CMIP5 模式模拟的青藏高原地区的气温较观测值偏低 2℃ 以上，分辨率较低的模式无法准确模拟出青藏高原复杂的地形特点，导致气温模拟的偏差较大，各模式模拟的结果也出现很大差异。因此，Kudryavtsev 方法预估的青藏高原多年冻土的分布范围较之前的研究偏大（周幼吾和郭东信，1982）。

由于多年冻土预估采用 CMIP5 模式输出结果，因此，所得到的青藏高原多年冻土分布范围与基于调查、分析等方法得到的结果相差甚远。但是作为宏观上把握多年冻土变化幅度的手段，其结果对于从整体上认识多年冻土的变化仍具有较好的参考价值。

1.4.4　核心结论与认识

最新的青藏高原多年冻土分布图显示，青藏高原多年冻土的面积为 $106.4×10^4\,km^2$（不包括冰川和湖泊面积），占青藏高原面积的 40.2%。自 20 世纪 80 年代开始制作的各时期青藏高原多年冻土分布范围之间的差异主要归因于制图方法和数据资料的发展与更新。青藏高原多年冻土地温较高，多年冻土厚度相对较薄，绝大多数区域多年冻土厚度不足 100m。青藏高原多年冻土中地下冰含量与地层沉积类型紧密相关，在各种沉积地层中，冰水沉积地层中的含冰量最大，其次是寒冻风化残积地层和湖泊沉积地层，冲洪积地层和碎屑岩类最小。除冰水沉积外沉积地层中冻土含冰量一般在 5～10m 深度处最大。估算青藏高原多年冻土总地下冰含量约为 $12.7×10^3\,km^3$ w. e.。

青藏高原绝大多数多年冻土地温曲线均呈现为向正温方向倾斜的弓形状态，表明至少近几十年来多年冻土处于升温状态。近几十年以来，15m 深度处多年冻土地温升温率大多介于 0.002 ~ 0.030℃/a，一般不超过 0.030℃/a。升温速率明显低于环北极多年冻土区，其原因主要是青藏高原多年冻土温度较高，升温过程中伴随的冰水相变耗热延滞了冻土的升温。

青藏高原多年冻土活动层的厚度呈现增加趋势，增厚速率一般介于 0.48 ~ 9.2cm/a，平均增厚速率为 2.2cm/a，绝大多数多年冻土区域活动层增厚速率不超过 5.0cm/a。活动层厚度的增加速率在 20 世纪 80 年代及 90 年代增加速率并不快，而 20 世纪末以来活动层厚度增加最为显著。与环北极多年冻土区相比，青藏高原多年冻土活动层增厚速率更快。

模式计算表明，相对于 1986 ~ 2005 年，青藏高原多年冻土从多年冻土边缘地区开始退化，在 21 世纪初期和中期退化强度较弱，末期退化较为显著。到 21 世纪末期，活动层深度变化最显著的区域加深 0.8m（RCP8.5）。全球升温达到 1.5℃时，高原东南部及东北部多年冻土略微减少。在 RCP2.6、RCP4.5 及 RCP8.5 三种排放情景下，高原多年冻土面积分别减少 $0.15×10^6 km^2$（7.28%）、$0.18×10^6 km^2$（8.74%）和 $0.17×10^6 km^2$（8.25%）；全球升温 2℃时，多年冻土面积在 RCP4.5 和 RCP8.5 情景下分别减少 $0.27×10^6 km^2$（13.11%）和 $28.0.28×10^6 km^2$（13.59%）。

1.5 海冰变化：序列重建与特征分析

1.5.1 南大洋各扇区海冰范围的序列重建

南极海冰的观测历史很短，缺乏长期变化基本事实与特征认识。因此，利用各类可靠代用指标反演长期变化序列是一项重要而有难度的任务。基于南极各个扇区（图1-49）高分辨率的 MSA 代用指标重建了过去百年尺度的不同扇区冬季最大海冰范围（SIE）时间序列，补充了 Ross 海历史海冰变化的空缺，建立了空间连续性较高的环南极 SIE 序列（图1-50）。

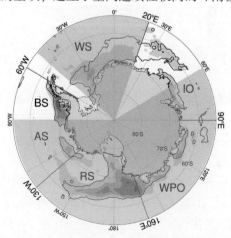

图 1-49 利用代用指标建立南极海冰范围覆盖的南极扇区

初步的重建结果显示，在过去近 300 年，太平洋和 Ross 海 SIE 呈显著增加趋势，其中 Ross 海变化最显著的是在 Ross 海中部地区，太平洋和 Ross 海分别以每 10 年 0.06 个纬度和 0.03 个纬度向北扩张，东印度洋 SIE 无明显变化趋势，Amundsen 海和 Weddell 海虽呈相反的变化趋势，但变化趋势并未通过信度检验。将重建的百年尺度 SIE 序列与过去约 300 年的南半球环状模（SAM）序列比较，可以看出在 1950 年开始 SAM 向正位相转变，Ross 海中西部 SIE 呈显著大幅度增加趋势，而太平洋地区 SIE 退缩，其他地区无显著变化。这表明 Ross 海和太平洋扇区海冰在 20 世纪 50 年代左右出现的异常变化很有可能与人类活动引起的大气环流的变化有关，SAM 异常变化对海冰影响的关键区域在 Ross 海和太平洋区域，且区域差异显著。

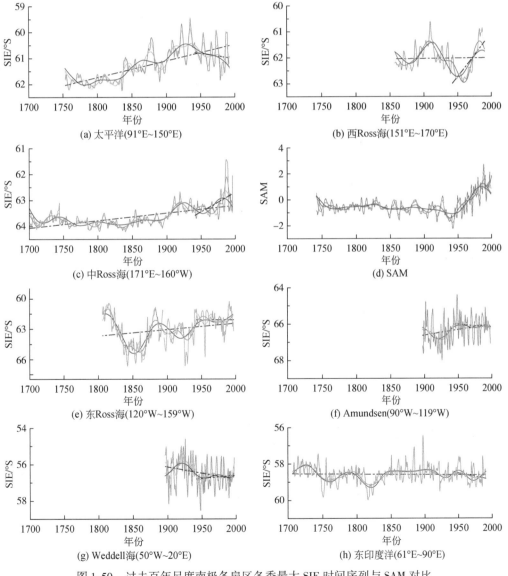

图 1-50　过去百年尺度南极各扇区冬季最大 SIE 时间序列与 SAM 对比

1.5.2 北极 **Kara** 海和 **Barents** 海海冰范围重建

研究表明，北极 Kara 海和 Barents 海的海冰是影响中国冬春季气候的重要因子。例如，已有研究表明，秋季 Kara 海和 Barents 海 SIE 与欧亚大陆冬季极端天气气候事件有显著的联系，为了研究这种联系在历史气候时期是否稳定，首先需要恢复该区域的历史 SIE 变化序列。为此，本研究重点对这一海域的海冰变化开展了长期序列变化的重建工作。收集了 Kara 海和 Barents 海周边现有的高分辨率代用资料，筛选出相关性超过 95% 置信度的树轮和冰芯资料，重建了 1289～1993 年 8～10 月 Kara 海和 Barents 海的 SIE。代用资料和海冰观测序列的比对区间为 1956～1993 年，其中海冰观测序列融合了卫星观测资料及俄罗斯临海的海冰资料。重建方法选用了主成分回归的方法，运用主成分分析去除代用资料的冗余信息，经与海冰观测序列进行校准，建立回归方程，重建 SIE 序列。结果显示，13 世纪末到 18 世纪末，该区域 8～10 月的 SIE 处于一个相对高值期。自 18 世纪末以来，海冰显著减少，并在 20 世纪初开始加速减少，在 20 世纪 40 年代及 50 年代，SIE 达到一个低值期并开始出现一定的增长，增长大约持续到 20 世纪 70 年代，随后又进入快速减少的时期，且减少的速率是前所未有的（图 1-51）。

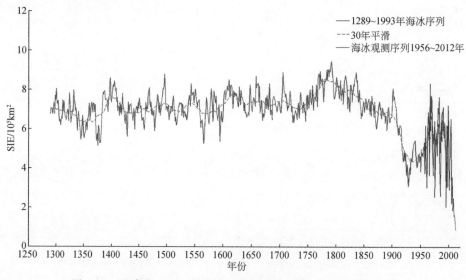

图 1-51　重建的 8～10 月北极 Kara 海及 Barents 海 SIE 变化序列

1.5.3 基于卫星遥感数据的北极海冰变化特征

在遥感数据中，微波遥感数据具有不受昼夜限制、受云雾影响较小以及时空连续性较好等特点，已成为极区海冰监测的重要手段。目前使用较广泛的微波数据主要有 SSM/I（special sensor microwave imager，特殊传感器微波图像仪）和 AMSR（advanced microwave scanning radiometer，微波扫描辐射计）。前者时间序列较长，分辨率较低，多用于海冰变化及气候研究，后者分辨率较高，时间序列较短，多用于刻画海冰分布的具体特征。美国国家冰雪数据中心（NSIDC）还发布了多种多源数据的格点化数据用于极区海冰的研究。基于卫星遥感数据，我们综合给出了 1979～2015 年北极海冰各参量的变化趋势及 1980 年和 2010 年海冰密集度（SIC）和冰速场的空间分布（图 1-52）。

1）多年变化趋势。北极冬季海冰范围（SIA）（以 3 月为例）的变化趋势为 $-2.6\times10^4\text{km}^2/\text{a}$，其中一年冰范围为增加趋势，变化率为 $6.2\times10^4\text{km}^2/\text{a}$，多年冰减少，变化率为 $-7.0\times10^4\text{km}^2/\text{a}$。夏季（以 9 月为例）SIA 减小较冬季明显，变化率为 $-7.8\times10^4\text{km}^2/\text{a}$，其中一年冰范围略增加，变化率为 $1.9\times10^4\text{km}^2/\text{a}$，多年冰减少，变化率为 $-7.3\times10^4\text{km}^2/\text{a}$。可见，虽然对多年冰来说，冬季和夏季减少的趋势相近，但由于冬季一年冰增加的趋势较夏季大 3 倍以上，夏季总体 SIA 的减小趋势为冬季的 3 倍。冬季和夏季的北极平均冰速都呈增加的趋势，变化率分别为 $4.0\times10^{-2}\text{km/(d}\cdot\text{a)}$ 和 $3.0\times10^{-2}\text{km/(d}\cdot\text{a)}$。融池覆盖率的时间序列较短，2002～2011 年春季（以 6 月为例）北极区域平均融池覆盖率增加趋势不显著。冬季 SIC 减少的趋势在大西洋扇区更明显，夏季 SIC 减少的趋势在太平洋扇区更为明显（Wei and Su，2014）。Kwok 和 Rothrock（2009）的分析结果显示，北极冬季海冰厚度从 1980 年的 3.64m 减小至 2008 年的 1.89m。在 ICESat 卫星（覆盖至 86°N）服役的六年里，海冰厚度最快每年减少 0.2m，多年冰厚度减少了 0.6m，一年冰厚度的变化可以忽略不计。

2）年代际变化特征。从 1980 年和 2010 年 3 月及 9 月的 SIC 及冰速场（图 1-52 左右两端子图）来看，SIC 分布的变化主要体现在夏季（9 月），除北极加拿大群岛以北以多年冰为主的区域外，北冰洋 SIC 整体减小。冬季和夏季冰速都明显增加，冬季更为显著，波弗特流涡加强，流涡中心位置更靠近格陵兰岛以北，弗拉姆海峡冰输出显著增加；夏季穿极流区域冰速明显增加。在年代际尺度上，北极 SIE 呈"负-正-负"位相演变，1988 年之前为负位相，1990～2004 年为正位相，2004～2017 年为负位相。Polyakov 等（2003）利用历史资料构造 1900～2000 年一个世纪的 SIA 时间序列，分析研究了 Kara 海、拉普捷夫海、东西伯利亚海和楚科奇海的 SIA，发现 SIA 的变化主要由低频振荡（50～80 年）和 10 年的振荡控制；低频影响由 Kara 海向东减弱，楚科奇海主要受 10 年周期的振荡影响。

3）年际变化特征。2007 年和 2012 年的 9 月 SIA 极低值引起了科学界广泛的重视。由图 1-52 也可以看出，海冰各参量都具有明显的年际变化。其中，融池的年际变化比趋势要显著得多。2002～2010 年北极季节性海冰变化的 EOF 前两模态主要体现为 2005 年和 2007 年的季节性海冰距平。北极季节性海冰在研究时段最主要的变化发生在北极太平洋扇区，在 2007 年，冬季季节性海冰距平发生位相转变，2007～2010 年一直维持正位相。太平洋扇区表面温度最大异常也发生在 2007 年，大气环流在 2007 年之后呈现的波弗特海区异常高压有利于夏季太平洋扇区海冰的减少，而西风急流的减弱有利于夏季波弗特海区异常高压的维持，结合夏季海冰速度，顺时针的冰速分布有利于海冰离开太平洋扇区，因而会导致冬季太平洋扇区海冰转为正距平并且从 2007 年一直维持到 2010 年（郝光华等，2015）。

总之，卫星遥感数据分析结果显示，在北极变暖的背景下，北极 SIC、SIE/SIA、冰厚和多年冰都有不同程度的减小，一年冰比例和总体冰速增加。

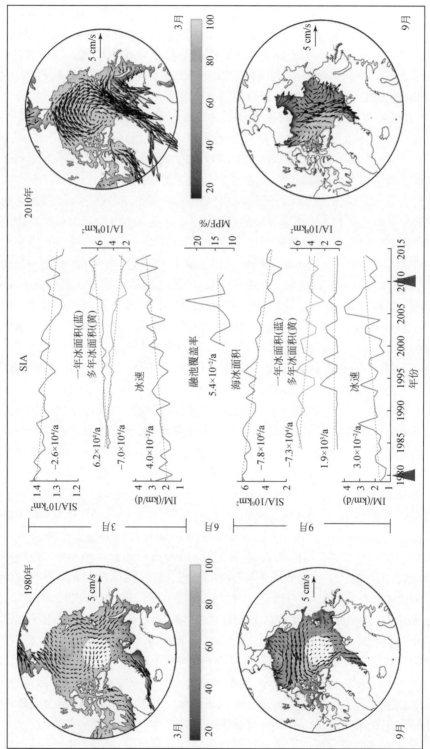

图 1-52 北极海冰快速变化观测事实

1.5.4 核心结论与认识

近 300 年南太平洋和 Ross 海扇区 SIE 呈显著增加趋势，其中 Ross 海变化最显著的是在 Ross 海中部地区，经向上南太平洋和罗斯海分别以 $0.06°/10a$、$0.03°/10a$ 的速率向北扩张；20 世纪 50 年代左右出现的海冰异常变化很有可能与人类活动引起的大气环流的变化有关，SAM 异常对海冰影响显著，关键区域位于 Ross 海和太平洋扇区。

北极 Kara 海和 Barents 海区海冰是影响中国冬春季气候的重要因子，但该海区 SIE 重建为空白。长序列重建资料（1289～1993 年）表明：13 世纪末到 18 世纪末，该区域 8～10 月的 SIE 处于一个相对高值期。从 18 世纪末以来，海冰显著减少，并在 20 世纪初开始加速减少，在 20 世纪 40～50 年代，SIE 达到一个低值期并开始出现一定的增长，增长大约持续到 20 世纪 70 年代，随后又进入快速减少时期，且减少的速率是前所未有的。

卫星遥感数据分析结果显示，北极 SIC、SIE/SIA、冰厚和多年冰都有不同程度的减小，一年冰比例和总体冰速增加。

展望未来，需要加强如下工作：一是加深理解南极海冰变化的驱动机制。二是提升北极海冰数值预测模型的模拟性能，多数模拟都显示在 21 世纪至少将会出现夏季无冰的北极。除了全球变暖的热力融化，海冰的动力作用也具有一定影响。海冰冰厚越薄、多年冰向一年冰的转换也使得冰速明显增加。冰速的增加无疑也会改变 SIC 分布的格局，从而改变北极的气-冰-海耦合系统的能量分配。三是推进两极海冰变化的经济社会影响评估，尤其是北极海冰大幅度退缩、甚至出现夏季无冰海洋后对北半球的自然系统及经济社会系统的影响。

1.6 全球冰冻圈变化："变暖"的冰与增加的影响

纵观全球冰冻圈变化，一方面，冰冻圈各要素显著而不断加速的变化已经成为全球变暖最清晰、最有力的证据，受到广泛关注。政府间气候变化专门委员会（Intergovemmental Panel on Climate Change，ICPP）第五次评估报告对全球冰冻圈变化的系统评估认为，尽管冰冻圈各分量及区域间存在着差异，但以冰量损失为标志的冰冻圈变化已是不争的事实（Vaughan et al.，2013）。另一方面，随着气候的变暖，冰冻圈各要素内部正在悄然发生着一些异乎寻常的变化，这就是冰冻圈自身正在"变暖"。在全球气候变暖影响下，冰冻圈各要素内部的热状况已经发生了什么变化，而这种变化对未来冰冻圈的变化又会产生什么影响，这不仅关乎对冰冻圈变化过程的准确认识，更重要的是这种变化可能产生的突变性结果和灾变性后果。尽管这方面的观测与研究还十分有限，但部分观测事实表明，在过去气候持续变暖影响下，冰冻圈内部正在升温，"变热"的冰冻圈导致冰冻圈自身不稳定性增加是越来越值得关注的问题。因此，这一小节，在系统梳理冰冻圈内部变暖事实的基础上，对冰冻圈变暖带来的自身不稳定性及其影响进行总结，并根据定量分析给出全球变暖对中国冰冻圈变化的影响程度。

1.6.1 冰冻圈内部变暖的事实

(1) 不断上升的冰内温度

全球范围内冰内温度变化观测资料很少，就仅有的资料来看，过去几十年，伴随着全球变暖，从青藏高原西端的天山腹地和北侧的祁连山地区，到南侧的喜马拉雅山，在青藏高原广泛范围内，冰内温度显示出上升的强劲趋势，表明中低纬度山地冰川正在变暖（图1-53，表1-4）。而从全球来看，从北美洲到南美洲，从中国到欧洲，冰川内部温度的上升趋于显著，且表现出20世纪90年代以后加速的态势。20世纪80年代以来，10~20m深度冰温上升速率为0.04~0.16/a。

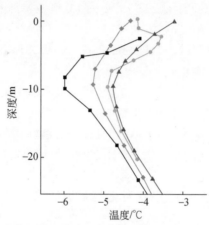

图1-53　乌鲁木齐河源1号冰川冰温度剖面（据 Li Z Q et al., 2011）

表1-4　全球若干冰川冰内温度变化（Ding et al., submitted）

地区	冰川	观测时间	海拔/m	深度/m	升温率/(℃/a)
中国	天山乌鲁木齐河源1号冰川	1965~1986年	3840	10	变化不明显
		1986~2012年			0.054
	祁连山老虎沟12号冰川	1976~2010年*	4550	7	0.038
	珠穆朗玛峰绒布冰川	1968~2002年	6325~6518	20~25	0.041**
美国	阿拉斯加 McCall 冰川	1972~1995年	消融区	10	0.043
欧洲	阿尔卑斯山勃朗峰地区	1994~2005年	4250	40	0.09
		1994~2011年		20	0.15
	阿尔卑斯山 Colle Gnifetti 冰川	1982~1991年	4452	40	0.4~1.2
		1991~2000年		20	0.0
		2000~2008年			0.05
					0.16
南美	安第斯山 Illimani 冰川	1960~1999年		20	0.04

*2010年冰温数据由祁连山冰川与环境观测试验站提供；**根据温度梯度推算到相同高度估算数值

（2）持续变暖的多年冻土

过去几十年全球不同地区、不同类型的多年冻土温度普遍上升，多年冻土正在"变暖"（图 1-54）。总体上表现为温度较低的冻土的升温率明显高于温度较高的冻土；受融化潜热影响，温度接近 0℃尤其是富冰多年冻土的升温率要小得多；冻土变化具有显著的区域差异，如加拿大西部冻土的温度变化与阿拉斯加冻土的相似，表现出近几十年持续的升温，而加拿大北极东部和高北极冻土的变暖又与北欧地区尤其是斯瓦尔巴地区冻土的类似，近期升温显著，阿尔卑斯山、中亚和青藏高原冻土升温幅度较为一致；20 世纪 00 年代中期冻土的升温率达到最大值，之后的几年升温率有所下降，但最近几年又有明显的加速升温趋势（Noetzli and Voelksch，2014；Ednie and Smith，2015）。尽管多年冻土温度变化受多种因素影响（如积雪、朝向、坡度、植被盖度及土壤特性等）而表现出不同的变化特点，升温率有所差异，有些地区甚至出现降温（Romanovsky et al.，2007；Wu et al.，2012；Arzhanov and Mokhov，2013），但总体上过去几十年伴随着全球气温的上升，上述不同地区展现出的冻土温度升高并非个别现象，而是全球性的冻土变暖过程。根据已有冻土温度变化数据，估计过去 30 年北半球多年冻土 10～30m 深度内温度上升 1.5℃（±1℃）是比较合理的估值。

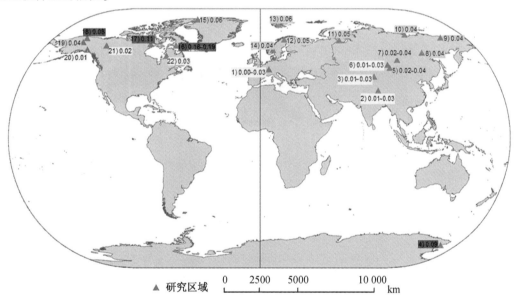

图 1-54　全球不同地区多年冻土升温率（Ding et al.，2019）

1）欧洲阿尔卑斯（15～20m，1990～2010 年）；2）中国天山（10～15m，1974～2009 年）；3）中国青藏高原（6m，1996～2010 年）；4）南极意大利站（0.3m，1997～2009 年）；5）蒙古国 Hangai & Hentei 山（15m，1998～2009 年）；6）蒙古国库苏古尔山（10～15m，1998～2009 年）；7）俄罗斯贝加尔湖地区（20m，1988～2009 年）；8）俄罗斯雅库茨克（15m，1961～1996 年）；9）俄罗斯 Duvanny Yar（15m，2007～2012 年）；10）俄罗斯西西伯利亚（10m，1977～2009 年）；11）俄罗斯 Bykovsky 半岛（15m，2007～2012 年）；12）瑞典阿比斯库（12m，1980～2009 年）；13）斯瓦尔巴（20m，1998～2009 年）；14）斯堪的纳维亚 Juv～P31（10m，2000～2010 年）；15）加拿大 CFS Alert（15m，1978～2010 年）；16）加拿大伊魁特（5m，1988～2004 年）；17）加拿大 Umiujaq（20m，1998～2006 年）；18）美国戴德霍斯（20m，1978～2012 年）；19）美国奥德曼（15m，1984～2012 年）；20）美国格尔卡拉（15m，1984～2012 年）；21）加拿大诺曼韦尔斯（12m，1984～2010 年）；22）加拿大贝克湖（3m，1975～2006 年）。单位：℃/a

1.6.2 冰冻圈变暖对自身稳定性的影响

(1) 冰川温度升高导致冰川不稳定性显著增加

冰川变化的研究表明，20 世纪后半叶虽然全球冰川物质平衡趋于向负平衡发展，但与全球温升率相比，负平衡增长的幅度并没有想象的巨大，也就是说，气候变暖对冰川物质平衡的影响还没有完全显现出来（Leclercq et al.，2011；Marzeion et al.，2012）。相关的模拟结果（Marzeion et al.，2014a，2014b）也表明，整个 20 世纪全球冰川物质损失只有25%左右归因于人类排放引起的全球升温，但 1991～2010 年全球冰川物质损失的近 70%是由温室气体升温引起的。这些结果说明，冰川对气候变化存在着滞后响应，滞后的时间不仅与全球大气升温的强度和速率有关，而且与冰川内部的热力和动力过程紧密相连，"变热"的冰川影响着冰川热力和动力响应过程。阿尔卑斯山、天山以及其他众多地区的研究表明（Ding et al.，2019），目前的冰川热状况已经远远偏离了稳定状态，即使未来不再升温，冰川仍将持续退缩。天山乌鲁木齐河源 1 号冰川模拟表明，即使在维持现有气候条件不变的状态下，冰川要达到稳定状态自然还需要 170 年左右（图 1-55）（李忠勤，2011），目前气候变暖对冰川内部热力和动力的影响已经远远超出了预期。

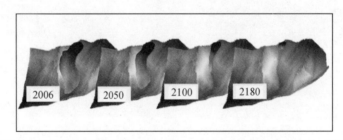

图 1-55　气候状况不变情况下模拟的天山乌鲁木齐河源 1 号冰川未来变化（李忠勤，2011）
冰川将于 2180 年左右才能达到稳定状态，届时面积与体积只占目前规模的 4% 与 1%，
蓝色的为冰川

冰温的升高减弱了冰川的内在稳定性，冰川的活跃程度明显增加。最近一些以前被认为冰川不甚活跃、近百年没有发生冰川跃动的地区，也出现了跃动的现象（Shanggaun et al.，2016）。随着冰川变暖，冰面湖增加，冰裂隙增加，冰内水文过程活跃进一步促进冰温的升高，湖泊排水系统导致夏季冰盖流速加快，引发格陵兰冰盖和南极冰盖局部地区流动加强（Sundal et al.，2009；Selmes et al.，2011；MacGregor et al.，2013；Stevens et al.，2015）。由于冰内温度上升，冰面与冰内的温度梯度减小，热量下传能力减弱，大量热量将消耗于表面消融，进而加速冰面的减薄。近 30 年格陵兰边缘外溢冰川表面减薄了一倍以上，从北极到中低纬度山地，从南极到北极，冰面加速减薄的实例不胜枚举。从冰内含水层的发现（王宁练等，2013）到积累区粒雪盆内冰面湖的出现（李忠勤，2005），均表明气候变暖的影响已经波及从表面到冰内的整个冰川体，那些原来处于冰川上部较冷的冰体已经受到显著影响，由于冰川原有热力和动力平衡被打破，其对外部扰动的响应将十分

敏感和快速。

（2） 多年冻土的变暖是冻土整体退化的重要标志

冻土温度的普遍上升，是多年冻土全面退化的一个显著信号。总结目前冻土变化过程，多年冻土在受到气温变暖影响时，表现为整体升温、冻土垂直温度梯度减小、冻土融化等几个阶段 （图 1-56）。因此，不同类型多年冻土受气候变暖影响，其退化的表现存在很大差异。对于低温多年冻土，主要表现为快速的升温，其热力特性由稳定向不稳定转变，活动层此时往往变化不大。而对于高温多年冻土，冻土温度的整体上升较为缓慢，冻土的退化主要表现为活动层的加深 （Nelson et al., 2001）。在这些地区，观测和模拟结果均表明，过去 30 年活动层厚度明显增加，尤其是 2000 年以后增加更加显著 （Park et al., 2016），这是全球范围多年冻土进入融化退化阶段的重要标志，是冻土实质性萎缩的重要表现。

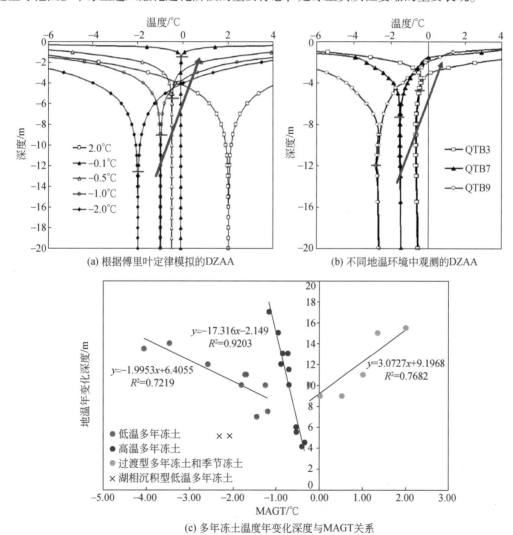

(a) 根据傅里叶定律模拟的DZAA

(b) 不同地温环境中观测的DZAA

(c) 多年冻土温度年变化深度与MAGT关系

图 1-56　青藏公路沿线不同地温条件下多年冻土温度年变化深度 （DZAA）
QTB3 在清水河，QTB7 和 QTB9 在可可西里

尽管多年冻土退化与其热力状况有密切关系，但由于受土壤组成、地形、植被、积雪等多种因素影响，多年冻土变化十分复杂。统计全球冻土活动层变化速率（RALC）与10~20m处多年冻土年平均地温（MAGT）关系（图 1-57），发现低温冻土和高温冻土与活动层变化没有明显的线性关系。由于统计的时段存在着较大差异，可能会导致很大的误差存在，但可以看到目前 RALC 较大的情况仅出现在高温冻土区，而在低温冻土区并没有出现活动层快速变化的情况。如果将数据按冻土温度一定间隔分级，并取其对应的 RALC 和 MAGT 平均值，则会出现随着冻土温度上升，活动层厚度变化速率明显上升的趋势[图 1-57（b）]，并且在 MAGT 为 -2℃左右时，RALC 随着 MAGT 上升变化较缓慢，而在 MAGT 大于 -2℃的高温冻土区间，RALC 随着 MAGT 的上升迅速增加，这种情况反映了在全球范围内冻土温度与活动层变化之间的趋势性联系。也就是说，目前全球多年冻土的变暖是否会导致冻土的显著退化，主要取决于冻土升温的幅度及冻土的热状况，由低温冻土向高温冻土转变，是多年冻土全面退化的前兆性标志。

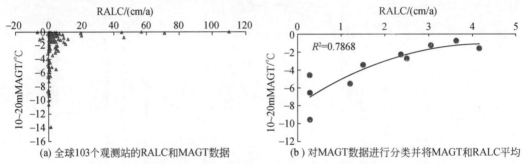

(a) 全球103个观测站的RALC和MAGT数据　　(b) 对MAGT数据进行分类并将MAGT和RALC平均

图 1-57　全球冻土 RALC 与多年冻土 MAGT 的关系（Ding et al.，2019）

（3）冰冻圈其他要素不稳定性显明增加

随着气候变暖，雪内融水的增加可能导致雪内温度热量交换增加，积雪稳定性下降，雪崩活动指数增加（Baggi and Schweizer，2009）。冰冻圈热稳定性受到影响的另一重要方面是山区雨雪比例的变化，同一海拔带雨/雪比例增加，固态降水高度向高海拔推移，随着雨雪比例的变化，山区雨-雪混合型水文事件发生的频率受到显著影响，中、低山区雨-雪型洪水发生的频率下降，而高山区则增加（Surfleet and Tullos，2013）。雨-雪混合型洪水向高山区推进不仅影响山区水文过程，也将影响洪水灾害的程度。因为雨-雪混合型洪水在高山区形成，一是传播距离增加，水的势能将会增加，出山洪水的危害程度将会增加；二是如果高山区雨-雪混合型洪水再叠加中、低山区降雨洪水，叠加后的洪峰流量将会大大增加，洪水威胁加剧。海冰内部温度随着气候变化是如何变化的目前缺乏资料不甚了解，但海冰表面温度与海冰范围变化存在着密切联系（Kang et al.，2014），同时积雪温度改变也显著影响着海冰变化（Lecomte and Toyota，2015）。海冰多年冰覆盖范围的减少、一年冰的增加、海冰厚度的减小（Kwok et al.，2013；Renner et al.，2014），均是海冰稳定性整体下降的重要标志。

通过上面的分析不难看出，全球范围内冰冻圈变化不仅表现在冰川退缩、冰盖融化加

速、积雪和海冰范围减小、多年冻土活动层加深、季节冻土冻结深度减小、淡水冰结冰期
缩短等这些外部或可见的现象（Vaughan et al., 2013），整个冰冻圈内部在悄然升温，大
范围、全球性的冰内温度升高、多年冻土变暖的事实暗示冰冻圈正在"变热"。"变热"
的冰冻圈会导致冰冻圈内部不稳定性增加，更趋于向快速退化方向发展，预示着未来冰冻
圈的变化将更加快速、强烈，冰冻圈变化的影响将在众多方面突破阈值影响到气候、生
态、水文及地表环境等广泛领域，部分影响已经显现。

1.6.3 中国冰冻圈对全球变暖的响应程度

在全球尺度上中国冰冻圈变化程度总体相对较低。冰冻圈加速变化及冰冻圈内部的整
体变暖不是个别现象和区域现象，而是全球范围内具有宏观尺度、全局性、指示性的大趋
势。尽管如此，区域的显著差异及局地性的异常现象也是这一大趋势下的正常表现。在这
种全球性冰冻圈显著变化背景下，中国冰冻圈变化与全球相比变化的程度、幅度及趋势又
如何？这也是十分受关注的问题。对全球过去几十年不同地区冰川变化结果进行统计，冰
川面积变化的速率和幅度存在明显地带性规律。总的特点是北美洲、南美洲与欧洲的中纬
度地区退缩强烈，高纬度地区退缩不明显，青藏高原退缩较小（图 1-58）。可见，在全球
尺度上，中国冰川面积变化速率整体处于较低水平。但值得关注的是，在南半球与北半球
的高纬度地区，冰川物质亏损速率却较大，表明在高纬度地区，由于冰川面积较大，冰川
物质加速的负平衡主要以冰川减薄为主，而中低纬度地区由于冰川规模较小，冰川物质损
失和面积减小均已显示出整体变化特征。与全球冻土变化相比，青藏高原多年冻土升温率
也处于相对较低水平（图 1-54）。

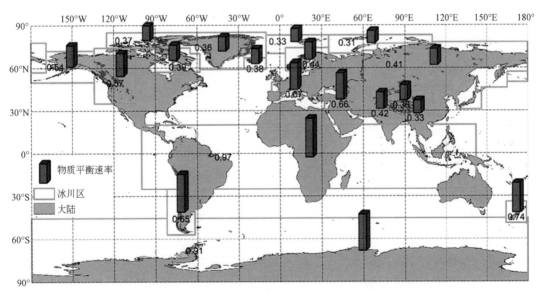

图 1-58 全球不同地区冰川面积和物质平衡的变化速率
数字代表物质平衡速率（m w.e./a）所有区域均处于物质亏损状态

定量研究表明，中国冰川对气候变暖的响应程度尚处于较低水平。通过冰川对气候变化影响程度的研究表明（陈虹举等，2017），中国冰川变化对气温变化的响应程度相对较低，极低与低度响应区的面积占55.7%，但局部地区冰川变化的响应程度高，高度及以上响应区面积占16.6%，可见，中国西部冰川变化对夏季气温变化的响应程度表现为总体较低、局部较高的总态势（表1-5）。在空间上，冰川变化对夏季平均气温变化的响应程度大致呈环状分布格局，在昆仑山以南，唐古拉山一线以北的高原腹地地区，为极低响应区，以此地区为中心，响应程度向外缘呈逐级增高趋势，其中，阿尔泰山、天山中部、祁连山东部、喜马拉雅山西段与东段地区冰川变化对夏季平均气温变化的响应程度为极高响应与高度响应，这与中国冰川面积变化的空间分布格局一致（Ding et al.，2006）。

表1-5　冰川变化对夏季平均气温变化响应程度的评价结果统计

响应程度	分级	响应值	面积比例/%	特征描述
极低响应	I	<0.48	26.1	呈面状集中分布于昆仑山以南的青藏高原腹地
低度响应	II	0.48~0.78	29.7	分布范围广，大致呈环状分布于极低度响应区的外缘地区，具体为天山山脉东、中段，帕米尔高原，祁连山中部以及青藏高原和横断山中部
中度响应	III	0.78~1.08	15.3	主要分布于冈底斯山与念青唐古拉山一线、横断山东部、祁连山中东部以及天山山脉的中西部
高度响应	IV	1.08~1.38	15.4	呈斑块状分布于阿尔泰山、天山中部、祁连山东部以及喜马拉雅山西段与东段地区
极高响应	V	>1.38	1.2	主要分布于阿尔泰山、天山中部以及喜马拉雅山局部地区，分布范围小

资料来源：陈虹举等，2017

冰川对气温和降水变化的响应程度与冰川性质，也就是冰川类型有关。从不同类型冰川对气候变化的响应程度来看（表1-6），海洋性冰川对气温的响应程度以中度响应为主，中度响应区面积占海洋性冰川总面积的比例高达76.0%，极大陆性冰川对气温的响应以极低响应为主，极低响应区面积占极大陆性冰川总面积的62.9%。值得关注的是，这两类冰川均没有出现极高响应，表明目前的升温对中国这两类冰川的影响还没有达到极端情况。而介于这两类冰川之间的大陆性冰川，其响应程度以介于中等响应与极低响应和极高响应之间的低度响应和高度响应为主，分别占大陆性冰川总面积的48.9%和32.1%，显示出这类冰川的过渡特性，这类冰川已经出现对升温的极高响应。由于大陆性冰川的过渡特性，其对气候的响应程度也较好地反映出目前中国冰川变化对气候变化响应的整体状况。由表1-6可以推测，在大陆性冰川中，偏向极大陆性冰川物理特性的一部分冰川，较多已经由极低响应向低度响应过渡，而具有部分海洋性冰川属性的冰川，更多由中度响应向高度响应过渡，甚至出现极高响应，表明这类冰川对目前的气候变化是最敏感的，因为其兼有海洋性和极大陆性冰川物理特性，其过渡性特点导致其在气候变化影响较大情况下容易突破临界，由一种响应程度向另一种响应程度过渡。

表 1-6　不同类型冰川变化对夏季气温变化响应程度的结果统计　　　（单位:%）

冰川类型	各响应程度面积比例				
	极低响应	低度响应	中度响应	高度响应	极高响应
海洋性	0.7	18.2	76.0	5.7	—
极大陆性	62.9	16.2	17.2	3.7	—
大陆性	2.5	48.9	13.9	32.1	3.0

资料来源：陈虹举等，2017

1.6.4　核心结论与认识

1）随着冰冻圈整体的"变暖"，冰冻圈稳定性势必逐渐减弱，"变暖"的冰冻圈将会发生加速变化，可能会影响到水文、生态、气候、地表环境等诸多领域，进而影响到区域可持续发展。以上只对冰冻圈"变暖"及其自身稳定性的影响进行了讨论，而对其他领域的影响没有涉及。毫无疑问，"变暖"的冰冻圈对其他圈层的影响是更值得关注的课题，需要在未来加强研究。

2）就目前全球冰冻圈变化来看，冰冻圈整体的退化是毋庸置疑事实，但变化的差异性也十分显著。这种差异性在宏观上主要与冰冻圈各要素自身的热状况有密切关系，热状况的差异导致了稳定性的不同，从而显示出不同的变化特征。例如，尽管全球冰川物质平衡呈现出广泛的亏损，尤其是最近十几年，冰川物质加速向负平衡发展，但冰川面积变化表现为中低纬度地区高海拔边缘山区大于内陆山地，高纬度地区明显小于中低纬度地区（Vaughan et al. 2013）。也就是说，高纬度地区冰川变化以物质损失为主，低纬度地区呈面积减小与物质损失双重变化。这是因为中低纬度地区相较高纬度地区，冰川温度较高、冷储小、热稳定性差，冰川对气候变暖的响应时间较短，冰川面积萎缩显著。由于冰川内部热状况的差异导致冰川对气候变暖响应的滞后性（Leclercq et al., 2011；Marzeion et al., 2012，2014a，2014b），预示着高纬度地区冰川面积广泛的变化可能是未来全球冰川发生重大变化的一个信号，冰川内部热状况是十分重要的指标。冻土变化有着类似的情况，如前所述，高温冻土与低温冻土对气候变暖的响应是不同的，因而，导致的冻土退化过程也具有显著差异。

3）由于资料所限，冰冻圈其他要素如积雪、海冰、冰盖等内部热状况可能均已发生变化，整个冰冻圈"变暖"是可能的，未来持续加速"变暖"是可预期的。而冰冻圈"变暖"的后果目前还是不清楚的，冰冻圈"变暖"是否存在着冰冻圈快速变化的阈限？冰冻圈各要素对气候响应的时空差异巨大，即使存在这样的阈限，也各自有各自的表现形式。另外，冰冻圈"变暖"对气候、生态、水文、地表环境及人类可持续发展带来什么影响，以及如何应对这样的影响？这也是未来冰冻圈科学研究中所面临的重大科学问题。

第2章　冰冻圈变化模拟和预估

2.1　山地冰川模式研发：动力过程模拟与关键控制因子

2.1.1　冰川动力响应过程

　　冰川是气候的产物，在气候变化背景下，冰川对气候响应十分敏感。冰川对气候变化的响应包括两个过程：第一个过程是由冰川表面能量变化引发的冰川物质平衡（由积累和消融引起的物质收支）变化，即物质/能量平衡过程。物质平衡变化是冰川对气候变化即时的响应（实际上是气候对冰川的直接影响，表现为物质收支的盈亏过程）。第二个过程是由冰川物质平衡和冰川流变参数（如冰川温度和冰川底部状态参数等）变化共同引发的冰川几何形态（如面积、长度、厚度、体积等）变化，由于这一过程与冰川运动密切相关（这一过程是对物质盈亏的响应，是动力响应过程），因此被称为冰川动力学过程。冰川几何形态的变化是冰川对气候变化滞后的、叠加的响应（图2-1）。

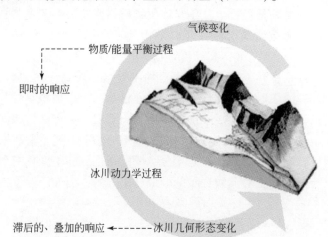

图 2-1　冰川对气候变化响应示意图

　　事实上，当冰川由一种形态变化成为另一种形态时，其物质平衡和几何形态均发生了改变，只有通过对物质/能量平衡和冰川动力学两个过程的模拟研究，才可以完整表述冰川的变化，缺一不可。过去的研究，大量聚焦于冰川的物质平衡过程，因为物质平衡模式具有模拟计算冰川积累和消融量的功能，并能被耦合至水文模型中，以解决冰川径流问题。然而，多数物质平衡过程模拟将冰川的几何形态假定为常数，并未考虑其动态变化，即便有考虑，也是将其以经验参数的形式引入，因而从理论上不能用来模拟预测冰川的长期变化。

用以描述冰川动力学过程的动力学模式是基于物质、能量和动量守恒而建立的物理学模式，由冰川变化的物理机制入手，以物质平衡模式的结果为驱动，依靠先进的数值模拟方法，从力学和热学范畴来描述和模拟预测冰川的变化。通过冰川动力学模式和冰川物质平衡模式的耦合研究，以实现气候变化—冰川物质平衡变化—冰川动力学响应—冰川形态变化—冰川融水资源变化（体积变化）的完整推算。冰川动力学模式是本书研究的重点。

为了模拟预测山地冰川变化过程，揭示其控制机理，设计出以下路线图（图 2-2）。与以往的研究相比，该研究路线图具有以下 4 个方面的特点：一是以冰川动力学模式为核心。通过建立普适化冰川动力学模式，对冰川几何形态变化进行模拟预测，并揭示冰川变化的过程、机理和控制要素。二是将不同类型和不同特征的冰川进行参数化表述，用以模式输入，以避免以往研究对其的地理分类研究，这使工作量大为减少。三是通过物质平衡模式和动力学模式的耦合，实现将物质平衡作为动力学模式的驱动参量，这有利于两种模式的平行研究和实现动力学模式与气象要素的分离。四是通过参照冰川和同区域多条冰川的尺度转化，实现区域尺度冰川变化的模拟研究，为大区域冰川变化及影响奠定评估基础。

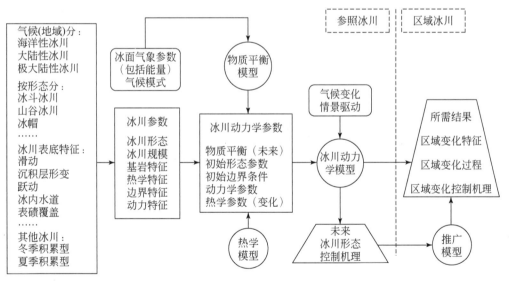

图 2-2　山地冰川变化过程和控制机理研究路线

2.1.2　冰川物质平衡模拟

冰川物质平衡系由冰川表面能量变化引发的冰川物质收支的变化，是冰川变化的关键过程之一。物质平衡变化是冰川几何形态变化（冰川动力学过程）的主要驱动之一，在冰川动力学过程模拟研究中必不可少。冰川物质平衡观测与模拟是必不可少的，有关冰川物质平衡观测与模拟请参见相关内容。

1. 物质平衡模型

冰川物质平衡取决于冰川区能量状况，因而可以通过构建基于能量平衡方程的模型，来模拟计算物质平衡，这种模式被称为冰川物质平衡模式。物质平衡模式的类型有许多种，包括全分量能量平衡模型、简化能量平衡模型和度日模型等。

全分量能量平衡模型是完全基于物理原理的冰川消融（或物质平衡）模型。该模型通过计算冰川表面能量收支，依据相变原理及热传导原理，获得表面消融量及内部能量变化（冰温变化）数据。结构复杂的全分量能量平衡模型有较为苛刻的数据要求，往往在实际应用中存在较大困难，一般需要针对实际情况，对其中的一些分量进行简化，于是衍生了一个实用性简化方案，即简化能量平衡模型（Oerlemans，2010），主要是将与气（冰）温或其梯度相关的长波辐射与感热项合并，而短波辐射的变化主要受太阳与研究点的距离和角度、局部地形、大气杂质及水汽含量等因素影响，可根据这些影响因素对短波辐射进行计算。简化能量平衡模型不需过多野外观测，只要求参照冰川的物质平衡与气象要素观测序列长于一个完整物质平衡年，非常适合单条冰川和山区流域尺度分布式物质平衡模拟研究。同时，模型结构较为简单，因其中所有待定参数都与气温无紧密联系，这从理论上避免了未来气温升高对模拟效果产生的不良影响，是开展物质平衡预测较好的工具。

度日模型是应用最为广泛的一种方法。从物理意义上讲，度日模型将冰川表面能量平衡方程式中所有收支项整合为一个温度的函数（正积温的线性函数），因而它是能量平衡模型的最简化形式。度日因子（degree-day factor，DDF）是指一定时期内冰川消融量与同一时期正积温的比值，反映的是单位正积温产生的冰雪消融量。在冰川学中，度日模型是温度指标模型（temperature index models，TIM）的一种，属于半物理半经验模型。度日模型的主体结构由两个极为简单的模块组成，分别计算冰雪消融与积累量，对应的输入参数也仅有温度与降水两种。十余年来，随着计算机、气象观测及遥感技术的发展，能量平衡模型的研究对象逐渐由点向面过渡，度日模型在冰雪消融模拟研究中的适用性随之遭到质疑，争论主要集中于两个问题：①将能量平衡方程中所有分量简化为气温的函数不够合理，如在较长时间尺度上（数十年至数百年）假设净辐射与气温相关毫无理论依据；②模型中 DDF 都取常数（无完备的参数化方案），但 DDF 已被证明受气温、湿度及局部地形影响显著。各种气候模型结果都显示，未来数十年中气候要素必然发生不同程度的改变，这种情况下度日模型能否运用于未来冰雪消融的预测有待商榷。

2. 冰川物质平衡模拟：天山乌源 1 号冰川案例解析

（1）度日模型

使用的模型为经典度日模型，在模拟计算过程中，模型参数通过最小二乘法来率定（Braithwaite，2002），其中需要率定的参数主要有冰和雪的 DDF 及降水量垂直梯度参数 K。表2-1给出了模型中的固定参数，模型最终采用的冰和雪的 DDF 分别为 8.9mm w. e. / (d·℃)

和 2.7mm w. e. /(d · ℃)，降水梯度参数 K 随海拔演化的最优化分布如图 2-3 所示。对于研究时段内的每个物质平衡年，模型性能的优劣通过消融花杆年物质平衡的模拟值与测量值的相关系数来评价。

表 2-1　经典度日模型中的固定参数

模型参数	参数取值	单位
气温垂直递减率	0.006	℃/m
气温标准偏差	4.0	℃
雪的密度	375	kg/m³
冰的密度	870	kg/m³
雨雪分割临界温度	0	℃
融水存储和重冻结的比例	0.58	—
大西沟气象站海拔	3539	m

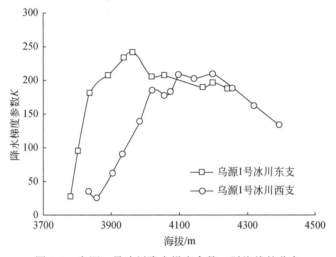

图 2-3　乌源 1 号冰川降水梯度参数 K 随海拔的分布

基于大西沟气象站的气温和降水观测数据，模拟了乌源 1 号冰川 1987/1988 ~ 2007/2008 年物质平衡的变化状况（Wu et al., 2011）。图 2-4 是乌源 1 号冰川在 1987/1988 ~ 2007/2008 年单点年物质平衡模拟值与测量值的对比情况。其中，图 2-4（a）和（b）分别代表乌源 1 号冰川东支、西支的结果。从图 2-4 可以看出，物质平衡的模拟值与测量值吻合良好，二者相关系数达到 0.96，表明模拟结果可以解释实测数据 92% 的变化。此外，对于每个物质平衡年，单点年物质平衡的模拟值与测量值之间的相关系数均在 0.95 以上，也表明物质平衡的模拟值与测量值具有很好的一致性。

为了解更多细节，分别挑选研究时段内模拟效果较好的年份与较差的年份进行分析。图 2-5（a）和（b）分别给出了乌源 1 号冰川东支和西支 1993/1994 年单点物质平衡模拟

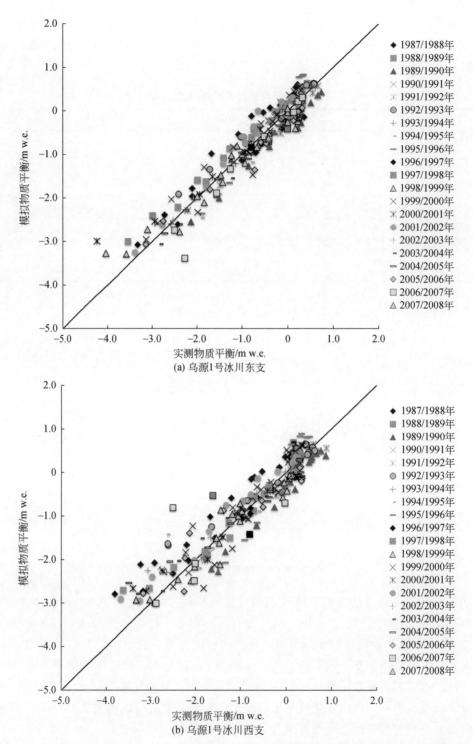

图 2-4 乌源 1 号冰川 1987/1988 ~ 2007/2008 年消融花杆的年物质平衡的模拟值与测量值对比

值与测量值的对比情况；图 2-5（c）和（d）分别给出了 2005/2006 年的单点物质平衡模拟值与测量值的对比情况。可以看出，1993/1994 年的模拟效果较好，而 2005/2006 年的模拟效果较差。图 2-5 中模拟值与测量值的差异主要出现在冰川高海拔地区和冰川末端。对于冰川高海拔地区，误差出现的原因很可能是实测数据较少导致参数率定后代表性较弱，而对于冰川末端的小范围区域，误差产生的原因主要是冰川表面被以"冰尘"为表现形式的吸光性物质覆盖（许慧等，2013；Takeuchi and Li，2008；Li Z Q et al.，2011），其反照率与冰川其他部分有差异。

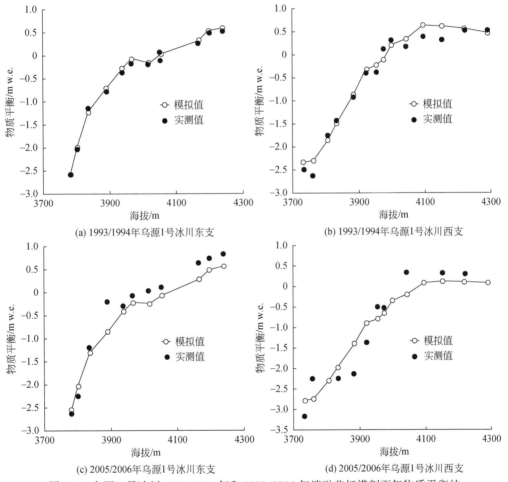

图 2-5　乌源 1 号冰川 1993/1994 年和 2005/2006 年消融花杆横剖面年物质平衡的
模拟值与测量值随海拔演化

1993/1994 年与 2005/2006 年的西支消融花杆横剖面的数量有差异主要是由于这两年的消融花杆分布不同

图 2-6 给出了研究时段内乌源 1 号冰川年物质平衡的模拟值和测量值的逐年演化，其中（a）和（b）分别是乌源 1 号冰川东支、西支的演化结果。可以看到模拟数据能够很好地反映冰川物质平衡的年际变化。图 2-6 中乌源 1 号冰川东支、西支的年物质平衡随着年份的增加均有趋向负平衡的趋势，在 1987/1988 ~ 1995/1996 年，两支冰川的年物质平

衡值在正、负平衡之间变化，在 1996/1997～2007/2008 年，两支冰川的年物质平衡一直保持负平衡。

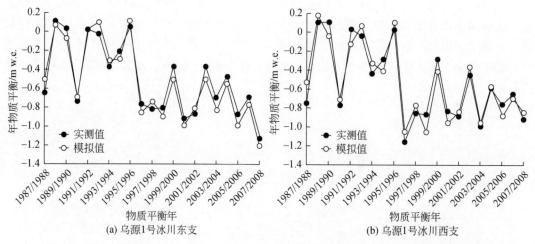

图 2-6　乌源 1 号冰川 1987/1988～2007/2008 年年物质平衡的模拟值与测量值随时间演化

　　研究冰川物质平衡静态敏感性，对于评估全球气候变暖所引起的未来海平面上升具有十分重要的意义，并且是度量由气候变化所引起的冰川物质平衡变化的水文效应的常用方法（Aðalgeirsdóttir et al.，2006）。在模拟预测未来冰川的物质平衡或者形态变化之前，首先要确定根据当前气候条件率定的模型参数是否可以用来预估未来不同气候条件下的冰川变化。一般冰川表面的温度和降水量都随高程有规律地变化，加之冰川首末端高差较大，因此气象参数也将在比较大的范围内变化。未来一段时期，气候条件虽发生改变，但很可能不会超出目前在冰川表面上已观察到的量值，除非气候变化剧烈到使局地气候条件发生根本性改变。对乌源 1 号冰川东支来说，首末端高差为 500m，相当于表面温度变化幅度为 3℃左右，西支的情况类似。因此，有理由相信在未来气温上升幅度不明显大于 3℃的情况下，目前确定的参数值对预估未来气候条件下冰川的变化仍有意义。物质平衡静态敏感性的定义是冰川物质平衡改变量和温度变化量的比值。

　　通常情况下，物质平衡的静态敏感性通过假定气温升高 1℃、降水量增加 5% 或降水量不增加来计算（Oerlemans et al.，1998a；Aðalgeirsdóttir et al.，2006）。上述两种假设都被采用，并假定气温升高幅度无季节性差异。结果表明，乌源 1 号冰川东支在气温升高 1℃、降水量增加 5% 或者不变的气候情景下，其物质平衡的静态敏感性值分别为 -0.80m w.e./（a·℃）和 -0.87m w.e./（a·℃）；乌源 1 号冰川西支在这两种气候情景下，其物质平衡的静态敏感性值分别为 -0.68m w.e./（a·℃）和 -0.74m w.e./（a·℃）（表 2-2）。其中，在气温升高 1℃、降水未增加的气候情景下，乌源 1 号冰川的物质平衡静态敏感性值与全球其他冰川的值具有可比性。已有研究表明，冰川物质平衡静态敏感性值的范围为 -2.01～-0.10m w.e./（a·℃）（Jóhannesson，1995；Oerlemans et al.，1998a；Hock，2005；Aðalgeirsdóttir et al.，2006），大陆性冰川物质平衡静态敏感性低于海洋性冰川，如加拿大 Devon 冰帽的物质平衡静态敏感性值为 -0.10m w.e./（a·℃）（Hock，2005），冰岛 Hofsjökull 冰帽的物质平衡静态敏感性值为 -0.58 m w.e./(a · ℃) (Aðalgeirsdóttir et al., 2006);海洋性冰川,如冰岛境内的 Dyngjujökull 冰帽和 Southern Vatinajökull 冰帽的物质平衡静态敏感性值分别为 -2.01m w.e./(a · ℃) 和 -1.13m w.e./(a · ℃) (Aðalgeirsdóttir et al., 2006; Hock, 2005)。与世界其他冰川相比,乌源 1 号冰川的物质平衡静态敏感性介于大陆性冰川与海洋性冰川之间。

表 2-2　乌源 1 号冰川在气温升高 1℃、降水量增加 5%
或降水量不增加的气候情景下物质平衡静态敏感性值

乌源 1 号冰川	$S_{\triangle P=0}$	单位	$S_{\triangle P=5\%}$	单位
东支	-0.87	m w.e./(a · ℃)	-0.80	m w.e./(a · ℃)
西支	-0.74	m w.e./(a · ℃)	-0.68	m w.e./(a · ℃)

对乌源 1 号冰川说来,目前情况下冰川顶末端的气温变化大于 21 世纪 CO_2 导致的气温变化,并且冰川区气温年际变化的幅度与未来 50～100 年气候变暖幅度基本一致,可以推断由当前气候条件下所确定的 DDM 及其参数可以用于未来几十年乌源 1 号冰川物质平衡变化的预测。不同的冰川具有不同的几何形态和规模,所处气候背景各异,且响应气候变化的方式不同 (Kuhn et al., 1985),所以在乌源 1 号冰川上应用的模型及其参数也许不能直接应用于其他冰川,但可以为其他冰川未来物质平衡变化模拟提供方法和理论上的参考。

(2) 简化能量平衡模型模拟与验证

选用 1988～1998 年单点年物质平衡观测数据进行模型参数率定。气象数据采用大西沟气象站观测数据。

原模型对反照率在冰川上的分布没有规定,本书设定了 3 种方案:方案 (1) 常数,不随海拔变化;方案 (2) 平衡线以上为常数,平衡线以下随海拔降低线性减小,平衡线位置固定;方案 (3) 同方案 (2),但平衡线位置随时间发生变化。采用 3 种方案对各项参数进行率定,详见李忠勤等 (2018) 的论述。将率定的参数值引入简化能量平衡模型,对1999～2009 年的物质平衡进行模拟验证,结果如图 2-7 所示。可以看到 3 种方案都可以很好地反映乌源 1 号冰川的物质平衡实际分布状况,拟合优度 R^2 介于 0.91～0.96,区别在于方案 (3) 对末端消融的模拟效果更优,可设定为首选方案。

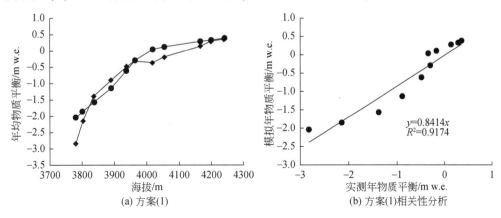

(a) 方案(1)　　　　　　　　(b) 方案(1)相关性分析

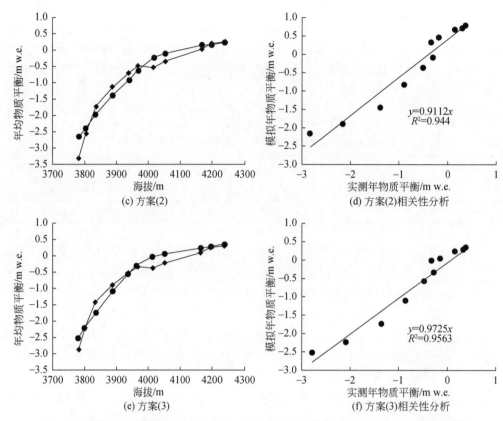

图 2-7　利用三种方案模拟 1999～2008 年乌源 1 号冰川的物质平衡并与实测数据比较

2.1.3　冰川变化预估和控制因素

冰川动力学模型是基于冰川流变定律、质量和动量守恒方程建立的物理模型，是国际上公认的模拟预测冰川对气候变化响应的主要工具。冰川动力学模型以冰川的物质平衡、形态参数、流变参数为输入，不仅能够模拟冰川过去的变化过程，而且可以预测冰川在给定未来气候情景下的动态响应。

主要通过冰川动力模式与物质平衡模型的耦合，对中国境内天山乌鲁木齐河源 1 号冰川、天山托木尔峰青冰滩 72 号冰川、天山哈密庙尔沟冰帽和祁连山十一冰川 4 条参照冰川开展模拟预测研究，并结合国际上其他区域的研究成果，分析山地冰川未来变化过程及主要控制因素。

研究所用的模型为高阶冰流模型和浅冰近似冰流模型（SIA）。在对 Navier-Stokes 方程简化中，高阶冰流模型仅仅忽略了垂向阻滞力，因此几乎无地形约束，能够处理边界层压力导致的底部滑动和冰内温度的影响，适用于山地冰川的模拟预测，但模型没有解析解，对参数的要求较高。

1. 预测结果与讨论

为使预测结果具有可比性，将引入的 IPCC 第五次评估报告（AR5）中的排放情景作为模式驱动。另外，"假定气温降水不发生变化"以及"局地实测升温趋势"也被作为两种气候情景引入模型当中，模拟预测部分冰川的未来变化。依照国内外相关研究常用方法，设定 3 种未来降水变化情景：①温度上升的同时降水保持恒定；②年均气温每升高1℃，降水量相应增加5%；③年均气温每升高1℃，降水量相应增加10%。通过引入上述情景，分析降水变化对未来冰川变化的贡献。

图 2-8 所示为 RCP4.5 情景下乌源 1 号冰川未来标准化面积、体积和长度变化预测结果。

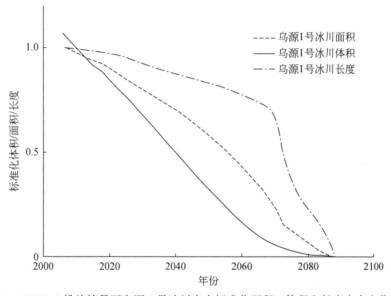

图 2-8 RCP4.5 排放情景下乌源 1 号冰川未来标准化面积、体积和长度未来变化过程

从图 2-8 中可以看出，冰川的面积、体积和长度均在 2090 年左右降为零，表示届时冰川消融殆尽。然而，3 个参数的变化过程显著不同。冰川体积的减少最快，未来 20～30 年将线性减小到原来量值的一半，在 2070 年之后减小速率放缓直至冰川接近消失。冰川面积的变化情况与体积相似，但最初几十年间面积减小速率明显小于体积。冰川长度的变化速率在接近 2070 年时出现了一个变化斜率上的"拐点"，由缓慢转为迅速，届时冰川末端位于海拔 3880m 处。拐点的出现很可能与冰量空间分布及局部地形有关——3880m 以下区域冰川较厚，消融导致冰川厚度迅速减薄而非末端退缩；3880m 以上基岩坡度突然增大，相同消融速率下末端快速退缩。海拔 3880m 处是物质损耗以厚度减薄为主向以末端退缩为主的转折点。这一现象也表明，冰川的变化过程与冰川冰量的分布有很大关系。

另外，假定气温和降水保持不变，RCP6.0、RCP8.5，以及根据冰川附近大西沟气象站不同时期实测气温资料外延构建的两种升温情景，即 DXG1（DXG1959～2004）和

DXG2（DXG1980～2004）都被作为气候驱动引入模型（名称中数字代表资料的观测时段）。结果表明（图2-9和图2-14），最初几十年，冰川面积、体积和长度的减小速率基本相同，受升温情景差异的影响较弱。随着时间推移，不同情景中各种参数的减小速率出现差异。升温速率较高的情景下，各种参数的减小速率明显提高。在升温速率最高的DXG2情景下，冰川消亡的时间最短（约50年）。其他升温情景下，冰川消亡时间接近，为80年以上。乌源1号冰川在百年尺度内完全消失说明该冰川对气候变化非常敏感。

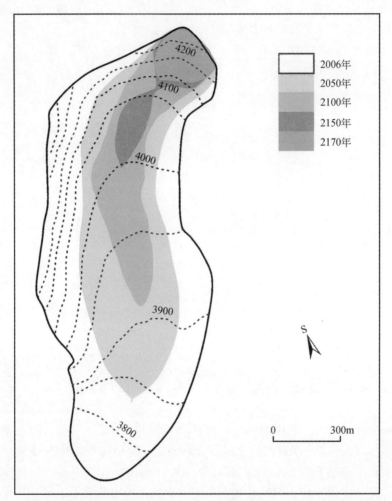

图2-9　假定气候要素不发生变化乌源1号冰川（东支）未来几何形态变化过程

　　气候条件不变的情景在冰川变化研究中有重要物理含义，作这种假设是为了研究冰川怎样通过调整自身几何形态来完成对某种气候状态的响应。乌源1号冰川的研究结果充分说明，即便气候条件维持现状不再发生变化，冰川现存规模仍然不适应当前的气候状况，将继续退缩，直至达到平衡，届时冰川较目前的规模小得多。这一结论适合大多数山地冰川。

　　图2-10所示为RCP4.5情景下托木尔青冰滩72号冰川标准化面积、体积和长度未来

变化过程预测结果。图4-8显示了该冰川轮廓变化情况。从中看出,该冰川在2100年仍然存在,各种形态参数中缩减幅度最大的是体积,其次是面积和长度,分别为现有量值的25.8%、54%和60%。

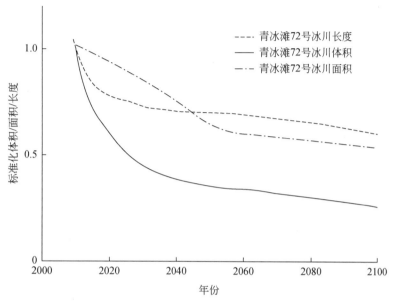

图2-10 RCP4.5情景下托木尔青冰滩72号冰川标准化面积、体积和长度未来变化过程

图2-11为在RCP4.5情景下庙尔沟冰帽标准化面积、长度和体积未来变化过程的预测结果。从图2-9可以看出,到21世纪末,冰川尽管变得很小,但仍有保留,面积、体积和长度分别为2010年的16%、13%和35%。其中面积和体积的变化趋势十分相似,在

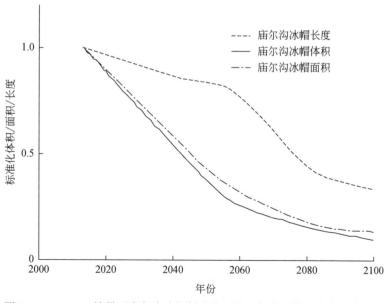

图2-11 RCP4.5情景下庙尔沟冰帽标准化面积、长度和体积未来变化过程

2060年之前减小十分迅速，之后到2080年有所减缓，2080年之后则更为缓慢，这期间体积的变化比面积要快。如果将庙尔沟冰帽西面冰舌末端到顶部最高处的长度定义为冰帽长度（最大长度），则长度在2060年出现点一个变化拐点，由前期较慢变化开始加速，2080年后开始减缓。从整个变化曲线上看，2060年和2080年应该是变化的两个拐点。

从图2-12可以看出十一冰川未来变化情景，与长度、面积相比，体积减小最为迅速，未来6～8年将线性减小到原来量值的一半，之后减小速率逐渐减慢直到冰川消失。面积与体积的情况类似，缩减速率在最初12～15年较低，而后增大。长度变化较为复杂，其速率经历了减缓、加快、再缓慢而后又加速等多个过程，反映了冰川变化在"退缩"与"减薄"两种形式之间交替，这主要与冰川的冰量分布有关。东支末端厚度较大，最初的10年冰川主要以"减薄"为主，长度变化不大，而后随着厚度改变而迅速"退缩"。2024年和2035年是冰川变化的两个拐点。

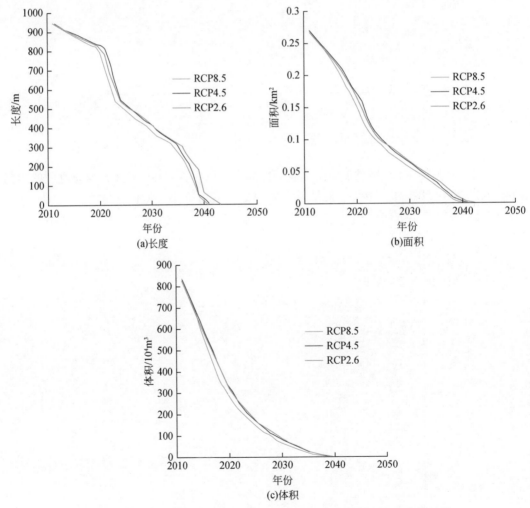

图2-12　不同气候情景下十一冰川西支长度、面积和体积未来变化过程

2. 冰川未来变化过程及其控制因素

(1) 变化过程

从 4 条参照冰川的研究结果来看,在 RCP4.5 情景下,乌源 1 号冰川在 2090 年、祁连山十一冰川在 2045 年前消融殆尽。托木尔青冰滩 72 号冰川和哈密庙尔沟冰帽在 21 世纪末则不会消失,但规模会小很多。到 2100 年,庙尔沟冰帽的面积和体积分别为现阶段的 16% 和 13%;青冰滩 72 号冰川的面积和体积为现阶段的 54% 和 25.8%。

冰川几何形态要素包括冰川面积、长度和厚度等。图 2-13 给出了 4 条参照冰川体积、面积和长度的未来变化过程。从图 2-13 可以看出,这 3 个参数的变化过程有明显差异。根据冰川物理学原理,冰川规模减小的表现形式主要有两种:一种是以面积和长度为主的变化;另一种是以厚度为主的变化。前者通常发生在冰川厚度较薄区域,被称为以"退缩"为主的冰川变化,后者则发生在厚度较厚区域,被称为以"减薄"为主的冰川变化。两种形式在冰川变化过程中交替作用,贯穿始终。

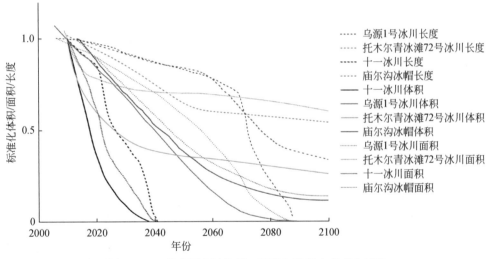

图 2-13 4 条参照冰川体积、面积和长度未来变化过程

(2) 变化过程的控制因素

冰川体积(规模)受所处的水热条件和地形因子控制。对于同一条冰川,其体积的大小很大程度上取决于冰川的物质平衡状况。冰川体积变化过程与物质平衡过程有关,只有当已有物质平衡变化规律被打破,才能引起冰川体积变化过程的改变,形成变化过程中的拐点。

冰川"退缩"和"减薄"两种变化形式,决定了冰川面积和长度的变化过程。而这两种变化形式,与冰川冰量的分布相关。冰川的冰量分布是由冰川的表面形态(包括面积)和底部地形共同决定的,也可以用厚度来表示。当气温升高,冰川融化加剧,首先变化的是冰川的冰舌,如果冰舌很厚,冰川便以"减薄"变化为特征,此时的面积和长度都不会有大幅变化。当厚度减薄到一定程度,面积和末端的长度开始迅速变化,形成"退缩"变化过程。而如果一开始冰舌厚度就很薄,冰川则以"退缩"变化为主。随着冰舌的不断升高，两种变化形式或许会交替出现，便形成面积和长度变化的拐点。例如，托木尔青冰滩72号冰川冰舌部分曾经被很厚的表碛所覆盖，而表碛对冰舌具有保护作用，尤其是末端。由此可以推测，青冰滩72号冰川在响应气候变暖的早期，由于冰舌下部被保护，冰川以"减薄"过程为主；直至2008年，原来被表碛覆盖的冰舌部分要么消融殆尽，要么脱离冰川成为死冰，剩下的冰舌已经变得很薄，这时冰川对气候的响应便是以"退缩"为主；未来当现存冰舌消失殆尽，变化过程将再次发生改变，与我们的预测结果相吻合。乌源1号冰川海拔3880m以下处于"U"形山谷之中，易于冰量集中，因此其末端在退缩至这一高度之前，长度的变化率不会很高，这一点已为1959年以来的观测记录和对未来的预测所证实。

总之，冰川体积变化的控制要素主要是冰川的物质平衡，当已有物质平衡变化规律被打破，便会引起冰川体积变化速率发生突变，形成变化过程中的拐点。冰川冰量分布（厚度）是冰川面积和长度变化过程的主要控制要素，决定了冰川以"退缩"或"减薄"的形式变化。

3. 不同气候情景和降水变化对冰川的影响

为了揭示冰川各个参数对不同气候情景响应情况，我们以乌源1号冰川的研究为例进行阐述。图2-14给出了乌源1号冰川在多种气候情景下，长度、面积、体积和冰川径流

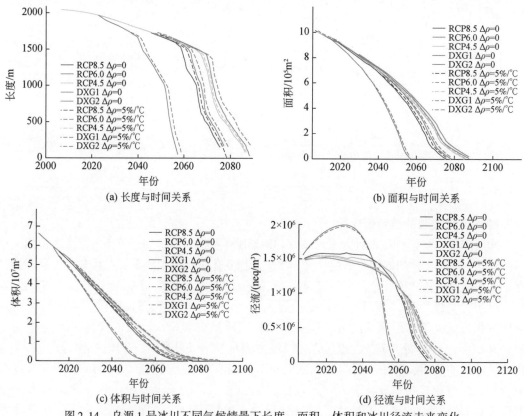

图2-14　乌源1号冰川不同气候情景下长度、面积、体积和冰川径流未来变化

未来变化预测结果。可以看出，在不同的气候情景下，冰川面积、长度和体积变化曲线的形状并未发生大的改变，表明冰川变化的过程基本没有变化，改变的是各参量变化的速率和到达各自变化拐点的时间。

然而，不同气候情景下冰川融水径流变化存在显著差异。图 2-14 显示，在 RCP4.5、RCP6.0 和 RCP8.5 排放情景下，冰川径流将会稳定至 2050 年，之后快速下降；而在急速升温的大西沟升温情景（DXG2）下，融水径流出现上升趋势，并在 2030 年出现拐点后迅速下降。简单来说，冰川融水很大程度上反映的是冰川体积的变化量，融水的产生是以消耗固态冰体为代价的，而冰川体积变化量与有效产流面积及表面物质平衡（消融强度）有关。在强烈升温情景下，消融强度急剧增大，导致融水径流呈上升趋势；同时，随着冰川规模变小造成产流面积不断减小，冰川融水也会随之减小。二者平衡之后到达拐点，随之径流快速减少。

从图 2-14 可以看出，降水增加对 1 号冰川未来变化的影响同样很有限。仅当冰川末端海拔变得很高、规模很小的阶段，降水的作用才有所体现。产生这一结果的主要原因是中国的冰川大都处在大陆性季风气候区，降水有 70% ~ 90% 集中于气温高于 0℃ 的消融季，降水中有相当一部分为液态，且气温越高固态降水所占比例越小，所以降水增加，对这类以夏季或春秋季为积累期的冰川来说，作用有限，保护性不强。

4. 全球不同山地冰川变化模拟比较

图 2-15 给出了在 RCP4.5 情景下，各参照冰川的标准化体积在 2010 ~ 2100 年变化过程。从图 2-15 可以看出：①无论参照面积大小，海拔高低，其体积在未来均呈减少趋势。其原因如下：一方面，目前的冰川规模并未与气候条件相适应，即气候条件无法维持现在的冰川规模，因而冰川会不断缩小。另一方面，冰川还要继续对新的升温做出响应。②尽

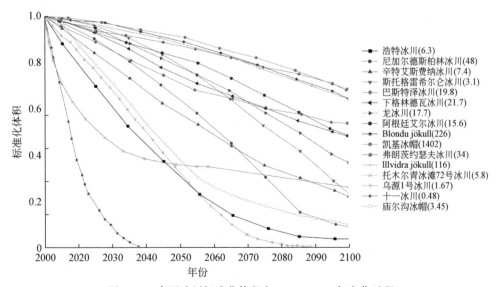

图 2-15　参照冰川标准化体积在 2010 ~ 2100 年变化过程

管体积在不断减少，但变化过程各异，有的先慢后快，有的先快后慢。各参照冰川所处的区域尺度和冰川尺度的水热条件和地形条件不同，造成冰川物质平衡上的差异，进而导致体积变化过程的差异。研究表明，不同冰川的面积和长度的变化过程差异性更大。

由图2-15可以看出，由于不同冰川物质状况不同，造成冰川体积变化率也不同，在RCP4.5情景下，到2100年，各条冰川剩余体积在0~70%变化，差异很大，很难建立一套普适的公式来计算体积变化，进而推算冰川的消亡时间。但是，通过分析，我们得到如下统计规律。

一是面积大的冰川消失得慢，面积小的冰川消失得快。面积小于2km²的冰川很可能在21世纪末消融殆尽。图2-15中小于2km²的冰川有两条，消失的时间分别在2014年和2090年左右；小于10km²的冰川在21世纪末剩余冰量不会高于30%，图2-15中共有7条。在这16条冰川中，仅有1条冰川的规律与其他冰川有所不同，即位于挪威的尼加尔德斯伯林冰川（Nigardsbreen）。该冰川面积48km²，到2100年时仅有10%左右的冰量剩余，与其他类似大小的冰川相比，其体积减小快很多。研究表明，这一现象的产生与该冰川形态特征有很大关系。该冰川最高海拔为1952m，最低海拔为330m，冰川的平衡线高度较低，只有1550m，平衡线处的年均温较高，约为-3℃。该冰川为海洋性冰川，积累区宽阔平坦且面积较小，仅为10km²，消融区狭长且面积较大（长度超过10km），对气候变化的敏感性非常高。受地形影响，冰量主要分布在海拔1000m以下的山谷中，冰川上部和顶部的冰量很少。18世纪中叶以来，该冰川处在迅速缩小过程中，以末端厚度"减薄"为主要特征。到目前为止，冰川绝大部分的冰体处在平衡线以下，消融强烈，末端物质平衡值高达-8m w.e.，厚度很薄。未来将以冰舌快速退缩，体积迅速减少为特征。

二是对于面积在2~30km²的冰川来说，到21世纪末剩余的冰量与冰川面积呈正向线性关系（图2-16）。冰川面积越大，剩余的冰量越多，根据图2-16中公式，可以根据面积估算其2100年剩余冰量百分比，具有实际意义。

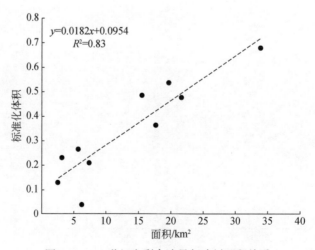

图2-16　21世纪末剩余冰量与冰川面积关系

2.1.4　冰川厚度模拟

(1) 厚度模拟

以冰川物理学理论为基础的冰川热-动力模式,不仅可以描述冰川的运动,预测冰川的未来变化,而且可以模拟研究冰川的各种现象和过程,这也是冰川动力学模式研究的重要内容。

分别采用塑性体法(SM)、改良的完整宽度法(EM-FW)与改良的有效宽度法(EM-EW)3 种方法模拟 5 条冰川的主流线冰厚,并将其结果与实测数据进行比较,其间用"平均偏差"(即平均绝对差)来评价模拟效果的优劣。

将率定的各项参数引入 SM、EM-FW 及 EM-EW 3 种方法来计算冰川主流线冰厚度。图 2-17 显示了依据模拟厚度及实测厚度重建的底面信息,可以看到 3 种方法的模拟效果都较好,不会错漏底面形态的变化信息。在青冰滩 72 号冰川上只用了两种方法,原因是冰舌处较为平坦,有效宽度与完整宽度相等。模拟与实测厚度的对比分析显示(图 2-18),3 种方法的模拟结果和实测数据都有较好的相关性,其中 SM 对实测数据的解释度为 88%,EM-FW 与 EM-EW 对实测数据的解释度也分别达到 88.2% 与 86.8%。

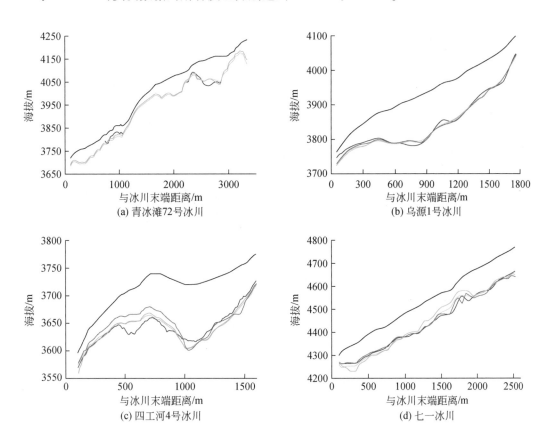

(a) 青冰滩72号冰川

(b) 乌源1号冰川

(c) 四工河4号冰川

(d) 七一冰川

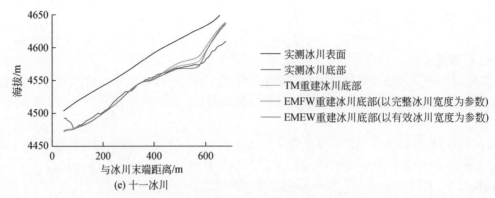

(e) 十一冰川

图 2-17　利用不同厚度模拟方法重建的冰川底部形态

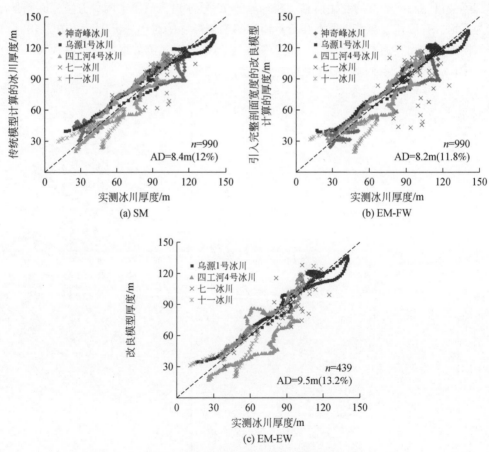

图 2-18　模拟与实测冰川厚度数据对比

n 为厚度数据点数；AD 为平均偏差

（2）模拟效果评价

从图 2-17、图 2-18 来看，3 种方法的模拟效果并无明显差别。表 2-3 中的数据似乎说明 EM 两种方法对应的平均偏差时高时低，而 EM-EW 在四工河 4 号冰川与十一冰川上的模拟效果更是远不及 SM。从所有冰川的总体情况来看，SM 造成的平均偏差为 12%，EM-FW 为 11.8%，EM-EW 为 13.2%。前两种相差无几，而 EM-EW 较差。然而，事实上 EM 两种方法在特定情况下将较 SM 优越，尤其是 EM-EW。

表 2-3　不同方法的冰川厚度模拟结果与实测冰川厚度数据的平均偏差

项目	模型	青冰滩 72 号冰川	乌源 1 号冰川	四工河 4 号冰川	七一冰川		十一冰川
					整体	冰舌	
n		251	162	371	48	28	158
长度/m		1000	1710	1540	2420	1380	630
平均偏差	SM	12.8 m (26.3%)	7.4 m (7.9%)	7.7 m (10.9%)	10.1 m (10.6%)	8.3 m (9.2%)	5.4 m (11.7%)
	EM-FW	9.4 m (19.2%)	6.6 m (7.1%)	7.7 m (10.8%)	19.0 m (18.2%)	4.8 m (5.3%)	7.8 m (16.8%)
	EM-EW	9.4 m (19.2%)	5.8 m (6.2%)	13.2 m (18.6%)	9.3 m (9.7%)	4.8 m (5.3%)	6.0 m (12.8%)

注：n 为用来对比的厚度点数；长度表示测厚剖面或插值恢复的厚度数据覆盖主流线的长度，括号中的百分数指平均偏差与厚度实测数据平均值的比值

EM 在青冰滩 72 号冰川、乌源 1 号冰川及七一冰川冰舌上的模拟效果要明显优于 SM，说明在这些地点将横剖面宽度引入厚度模拟计算很有必要。这 3 条冰川有以下共同点：①冰川（或冰舌）被严格限制在山谷当中，总体宽度和有效宽度很容易辨识；②总体宽度和有效宽度相等或相差无几。对青冰滩 72 号冰川与七一冰川的冰舌来说，陡峭的山壁将其束缚在狭窄的山谷当中，几乎所有部分都对整体应力状况有影响。乌源 1 号冰川是冰斗冰川，没有绵长的冰舌，但仍有陡峭的山壁围绕。这条冰川上 EM 与 SM 的模拟效果并不像在青冰滩 72 号冰川上那样差异明显，3 种方法的结果误差都仅有 6%～7%。

上述分析得出这样的启示：当冰川的有效宽度与总体宽度差别不大时，EM 能够获得可信的厚度模拟数据，而山壁陡峭且横断面宽度较小时，EM 的模拟效果远优于 SM。一个显著的例子是七一冰川冰舌上的模拟结果，EM 产生的误差仅略大于 SM 的一半。图 2-19 是利用 EM 对七一冰川横剖面厚度的模拟结果，可以看到厚度模拟结果与实测数据吻合非常好。虽然模型中假定横剖面为抛物线（关于主流线对称），但因该图的绘制方法是用实测冰川表面（不对称）减去模拟厚度获得底面轮廓，因此横剖面看起来并不对称。

（3）敏感性分析

在上述的讨论中已经发现 EM 对输入参数较为敏感，在此将就此问题展开敏感性分

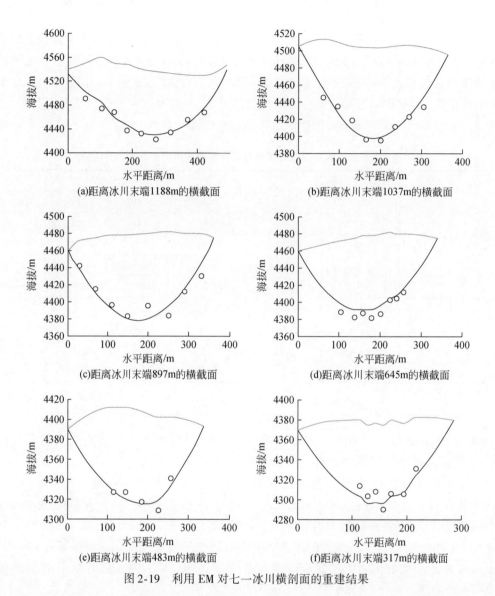

图 2-19　利用 EM 对七一冰川横剖面的重建结果

析，即分析各项参数（屈服应力 τ_y、坡度 α 及宽度 w）的微小变化对厚度模拟结果的影响。"敏感性"（Δh）定义为模拟结果改变量与原值的比值，表达为百分数。

表 2-4 为敏感性分析结果，可以看到模拟结果对 τ_y 与 α 的波动较为敏感。将 τ_y 改变 10% 或 α 改变 1° 将使 Δh 发生 10%～20% 的变化。从绝对量值上来说，τ_y 升高 10kPa，模拟厚度将相应增加 14.4%；α 升高 1° 厚度随之减少 12.2%，τ_y 升高 10kPa 与 α 升高 1.2° 引起的效果将相互抵消。相较而言，结果对宽度的敏感性要弱得多，后者增加 10% 仅引起前者 3.2% 的降低。

表 2-4　利用 EM-FW 及 EM-EW 所做参数敏感性分析结果

项目	$\Delta h/\%$										
	青冰滩 72 号冰川	乌源 1 号冰川		四工河 4 号冰川		七一冰川		十一冰川	
		EMFW	EMEW	EMFW	EMEW	EMFW	EMEW	EMFW	EMEW
$\Delta\tau_y = +10\%$	+13.1	+14.1	+15.5	+12.2	+14.6	+8.2	+26.6	+12.5	+13.5
$\Delta\alpha = +1°$	−15.4	−11.7	−12.7	−14.4	−16.1	−5.2	−17.6	−8.1	−8.8
$\Delta w = +10\%$	−2.4	−3.1	−4.1	−1.7	−3.1	−5.0	−5.1	−1.9	−2.7

2.1.5　核心结论与认识

1）山地冰川动力响应过程十分复杂，冰川物质平衡是联系气候与冰川内部动力响应过程的核心纽带。用改进的度日模型和简化的能量平衡模型均能较好地模拟冰川物质平衡，但参数的区域差异较大，需要至少周年的观测数据确定模型参数。

2）对冰川动力响应过程的模拟表明，冰川的面积、长度和体积变化存在显著差异，对乌源 1 号冰川模拟表明，冰川体积的减少最快，未来 20～30 年将线性减小到原来量值的一半，冰川面积的变化情况与体积相似，但最初几十年面积减小速率明显小于体积。冰川长度的变化速率在接近 2070 年时出现了一个变化斜率上的"拐点"，由缓慢转为迅速。冰川的变化过程，与冰川冰量的分布有很大关系，同时冰川的变化过程还与升温速率密切相关。

3）冰川体积变化的控制要素主要是冰川的物质平衡，当已有物质平衡变化规律被打破，便会引起冰川体积变化速率发生突变，形成变化过程中的"拐点"。冰川冰量分布（厚度）是冰川面积和长度变化过程的主要控制要素，决定了冰川以"退缩"或"减薄"的形式变化。

2.2　陆面过程模型中的冻土问题：参数化方案改进和过程模拟

通过对青藏高原多年冻土区活动层的水热变化机理的研究，改进了 CoLM（common land model），Noah 和 Coup Model 等陆面过程模式中的冻土参数化方案，利用改进的模式模拟了青藏高原多年冻土水热变化特征及其传输过程，并在观测的基础上，结合 Noah 模拟了青藏高原多年冻土分布特征。

2.2.1　CoLM 模型在高原多年冻土区的改进及模拟

以活动层水热监测为依据，引入冻结状态下土壤中的最大未冻水量 $W_{\text{lip,max}}$ 的参数化方案对 CoLM 的冻土冻融过程进行改进（Xiao et al.，2013）。改进前后模拟结果显示，原模型对于浅层土壤温度有着较好的模拟能力，但由于未考虑冻土的未冻水变化过程，严重低估了冻融过程中以及冬季土壤冻结状态下的土壤液态水含量，进而对较深层次土壤温度尤其是冻融过程的模拟出现了较大的偏差。改进后的模型以土壤温度和土壤基质势定义了冻结状况下土壤最大未冻水含量，使得模型对土壤含水量的模拟精度得到很大提升，对土壤温度的模拟从表层到较深层均表现出较好的效果（图 2-20 和图 2-21）。

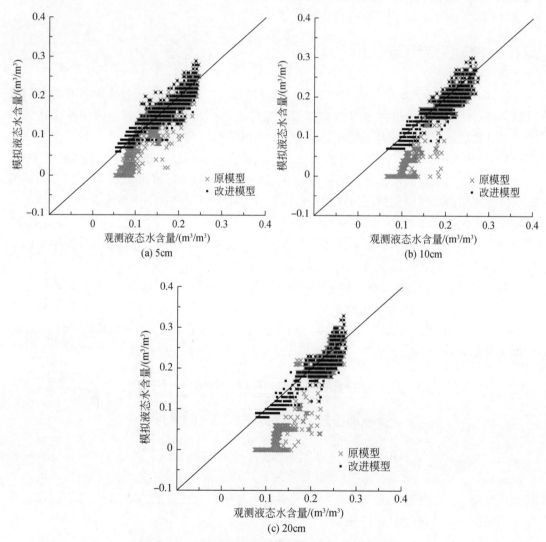

图 2-20　土壤液态水含量的模拟值和观测值的比较

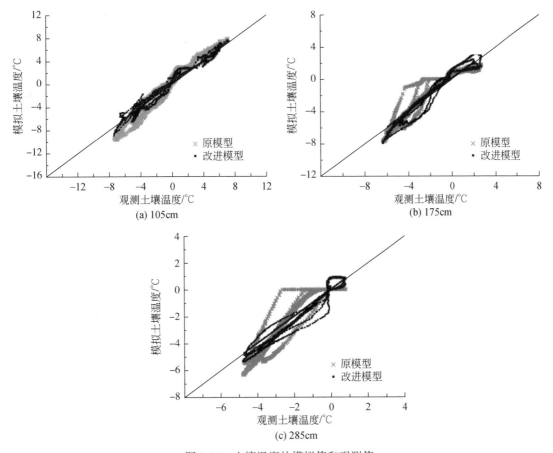

图 2-21 土壤温度的模拟值和观测值

2.2.2 Noah 模型的改进及模拟

从以下几个方面对 Noah 模型进行改进：首先引入应用于干旱和半干旱区的新地表热粗糙度方案和一种基于雪深校正冷季降水的方法；其次考虑砾石对土壤水热参数的影响，增加土壤模拟深度并引入土壤异质性；最后，采用土壤参数的率定算法计算敏感土壤参数（陈浩等，2013；Wu et al.，2017）。

结果显示，改进的 Noah 模型对唐古拉观测场表层和中间层土壤地温和液态水的动态模拟均较好（图 2-22）。表层和中间层温度模拟的 NSE（Nash-Sutcliffe efficiency coefficient，纳什效率系数）均在 0.8 以上，土壤水分模拟的 NSE 均在 0.5 以上，深层土壤地温的年平均值模拟也较好，与土壤地温的年平均值的误差在 0.2℃ 之内（表 2-5）。表层和中间层温度模拟的 NSE 均在 0.8 以上。模式模拟深度地温年变化深度以下，深层温度变化曲线基本为一条直线。深层地温模拟的 NSE 为负，但观测数据和模拟数据的地温年较差均不超过 0.1℃，模拟和观测的年平均温度之差在 0.2℃ 之内。

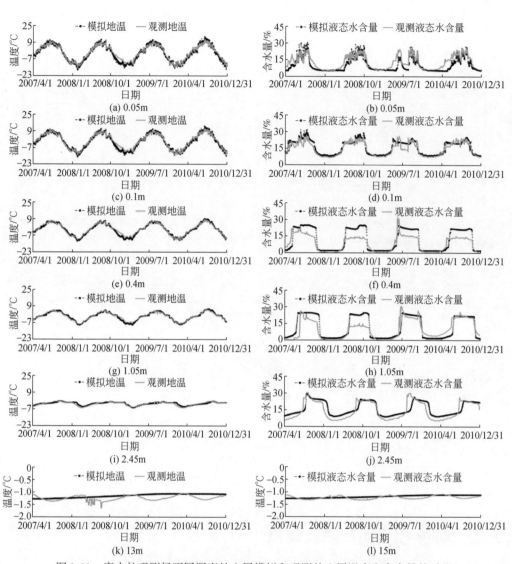

图 2-22 唐古拉观测场不同深度处土层模拟和观测的土层温度和含水量的对比

表 2-5 唐古拉观测场表层和中间层各深度处土层温度和含水量模拟的
纳什效率系数（NSE）和标准偏差（SEE）

类型	层号	深度/m	温度		含水量		土壤质地
			SEE	NSE	SEE	NSE	
表层	2	0.05	1.924	0.955	0.028	0.530	砂质壤土
表层	3	0.10	1.723	0.965	0.019	0.788	砂质壤土和砾石
中间层	5	0.40	1.711	0.966	0.042	0.521	砂质壤土和砾石
中间层	8	1.05	1.575	0.957	0.039	0.548	砂土和砾石
中间层	12	2.45	1.141	0.838	0.026	0.678	含水层和砾石

注：层号指从地表开始向下计数得到的土层编号

2.2.3　Couple 模型对多年冻土水热过程的模拟

把 Coup 模型的模拟深度扩展到 15m 以下,同时优化了模型的水热参数 (Hu et al., 2015,2016)。从图 2-23 可以看到,地表 0~70cm 土层温度的模拟值与观测值十分吻合; 从 105cm 深度以下,模拟值在最高温和最低温处出现了波动,土壤温度模拟值振幅较大。 各层温度的模拟结果与观测结果之间的相关系数大于0.9,平均值达0.97,相关系数接近1; 平均误差均小于1℃,平均值为0.59℃;均方根误差随着深度增加有所变大,平均值为

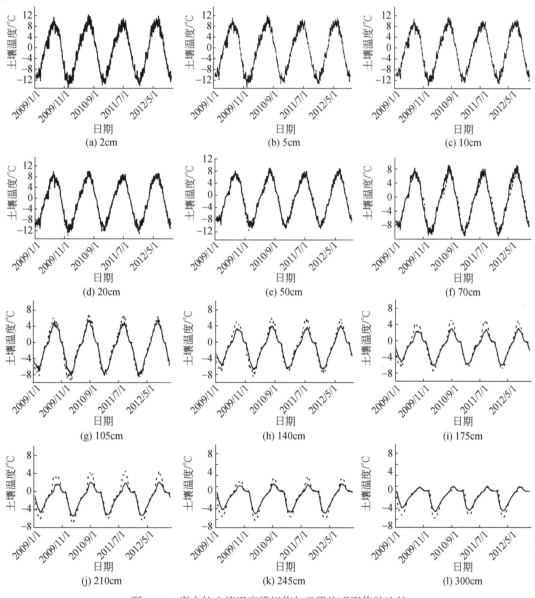

图 2-23　唐古拉土壤温度模拟值与日平均观测值的比较

0.71℃。总体而言，经过校正后的模型模拟土壤温度较为理想。模型对于水分的模拟结果与观测值基本一致（图2-24）。相关系数介于0.52~0.90，平均值为0.73；均方根误差介于3.32%~9.04%，平均值为5.85%；平均误差介于-5.12%~6.48%，平均值为-1.79%。相对于土壤温度模拟结果而言，水分模拟偏差稍大，但模拟的结果能基本反映实际情况。

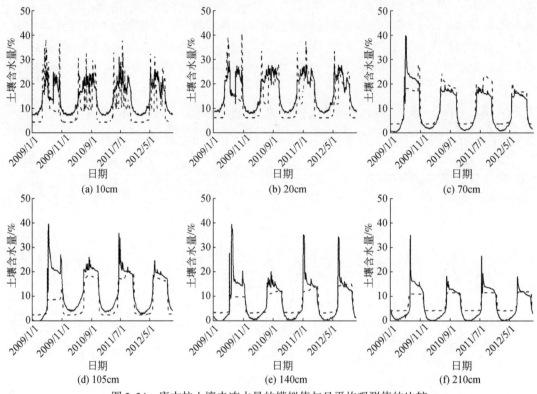

图2-24　唐古拉土壤未冻水量的模拟值与日平均观测值的比较

从图2-25可以看出，活动层土壤热通量传输过程有以下几个特点：土壤热通量在浅层年内波动较为剧烈，随着深度增加，变化趋于平稳；在9月底土壤开始冻结时，地表土壤热通量由正逐渐转负，显示土壤由从外界吸收热量转为释放热量，并且随着深度增加，释放能量的过程有所滞后；在5月初土壤开始融解时，地表土壤热通量由负逐渐转正，显示土壤由向外界释放热量转为吸收热量，而在这两个过程中都出现稳定且较小的土壤热通量，形成了一个相对稳定的接近零的土壤热通量；到10月底土壤冻结之后，完全冻结后土壤由于未冻水量变化不大，因而导热率差异不显著，此时土壤热通量的变化只与上下层的温度有关；到8月下旬土壤融化之后，自上而下的地热通量急剧变化。总体而言，土壤热通量的传输随着深度增加逐渐变小、变化趋于稳定，冬季冻结时土壤热通量较小，夏季融化期土壤热通量较大，土壤热通量呈现出正弦变化特点。

从图2-26可以看出，50cm土壤水分迁移的基本特点如下：开始冻结之前，土壤水迁移受蒸发和降水的影响变化复杂，开始冻结时，土壤水迁移曲线明显下降又迅速回升，说明这时的土壤水由下向上传输，且有一个急剧增加然后减少的过程，随后的冻结状态，土

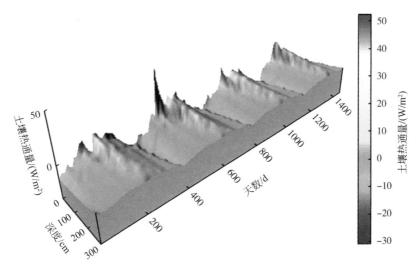

图 2-25　活动层土壤热通量传输过程

壤水基本处于零通量状态，只有很少时间可能受到降水和蒸发影响出现微小波动。4~5月，地表开始解冻，土壤上层水融化，液态含水量增加，导致有一个增加的向下传输过程。105cm 处的土壤水热传输在土壤开始冻结时，会从下一层吸水以达到土壤完全冻结，并且吸水的同时也会带来热量变化，致使向上的土壤热通量增加；冻结期，土壤水几乎不运动，处于零通量的状态，土壤热通量只与上下层的温度有关；开始融化时，上层土壤融化以后温度升高，产生了向下的地热通量，冻土融化时对土壤水分迁移没有显示地表处的变化，可能与土壤层较深、对蒸发等垂直方向上的水分运动不够敏感有关。土壤深度增加至 175cm、210cm、280cm 时有土壤水向下运动的曲线，说明该层虽然没有冻结，但是上层冻结层导致的土壤水运动可以影响至该层，但是影响很小。冻结状态时，土壤水几乎不运动，处于零通量的状态。

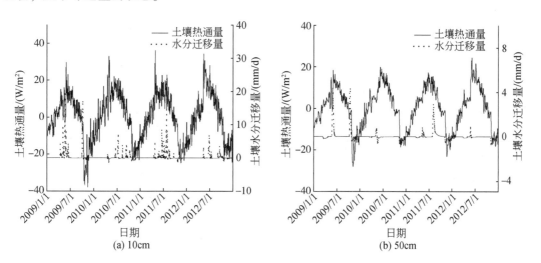

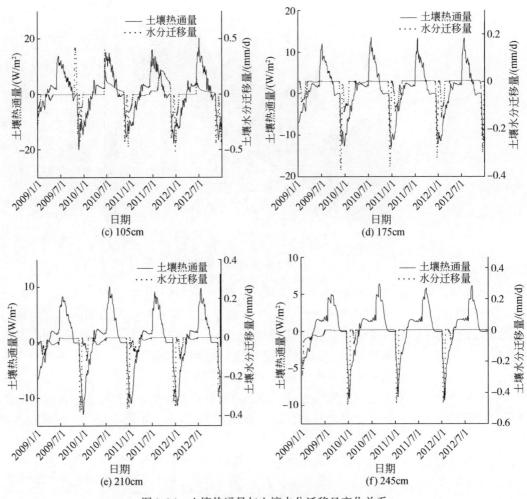

图 2-26 土壤热通量与土壤水分迁移日变化关系

2.2.4 青藏高原多年冻土分布模拟

利用改进的 Noah 模型（Chen H et al., 2015；Wu et al., 2018），提取中国区域高分辨率气象要素数据集 CMFD 中西昆仑地区的驱动数据，以 0.1°×0.1°（约 10km×10km）的分辨率模拟得到青藏高原青藏公路沿线、西昆仑和改则地区调查点的年平均地温分布，并以此为基础绘制青藏高原多年冻土分布图。模型模拟的三个调查区域活动层厚度（$n=54$）、年平均地温（$n=26$）和 10m（$n=28$）地温平均值分别为 2.98m、−0.79℃ 和 −1.31℃，相应的实测结果分别为 2.94m、−0.80℃ 和 −1.28℃，二者十分接近。各个点拟合的相关系数分别为 0.824、0.918 和 0.935，表明模型在青藏公路沿线、西昆仑和改则地区调查点上模拟的结果较为理想（图 2-27）。

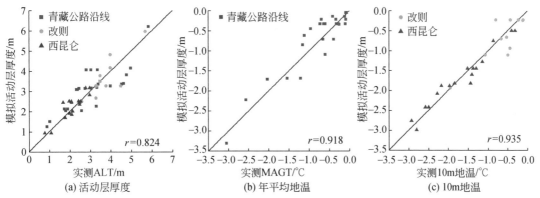

图 2-27　不同区域活动层厚度、年平均地温和 10m 地温模拟值和实测值对比

（Wu et al.，2018）

利于西昆仑、改则和温泉调查数据在区域上对模拟的多年冻土分布结果进行验证，三个区域多年冻土分布与实际调查的 Kappa 系数分别为 0.82、0.71 和 0.87，平均总体分类精度达到 0.923（图 2-28）。模拟的西昆仑、改则和温泉多年冻土分布面积占区域总面积的 93.4%、49.8% 和 67.9%，高于实际调查结果的 92.1%、46.7% 和 64%，但二者较为接近。

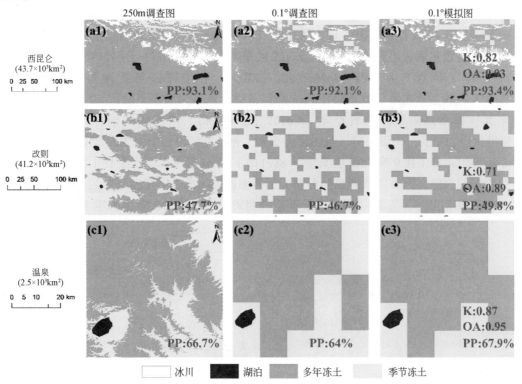

图 2-28　基于调查（250m，1°）和模拟（1°）的西昆仑、改则和温泉多年冻土分布

（Wu et al.，2018）

Noah 模型模拟的青藏高原多年冻土分布面积为 $1.113×10^6 km^2$（不包括冰川和湖泊）[图2-29（a）]，占青藏高原总面积的43.8%；季节冻土和非冻土面积为 $1.239×10^6 km^2$ 和 $0.106×10^6 km^2$，分别占青藏高原总面积的48.9%和4.2%（表2-6）。Noah 模拟结果与 QTP1996［图2-29（c）］青藏高原多年冻土分布面积图差别较大，但与 CHINA2005 ［图2-29（b）］的结果较为接近（表2-6）。从图2-29可以看出，3种多年冻土分布面积图空间格局具有相似的特征，连续高山冻土主要分布在青藏高原北部，岛状和零星多年冻土主要分布在南部和东部区域。然而，岛状多年冻土分布从东到西的特征具有明显的差异，QTP1996和CHINA2005分布面积图在改则区域高估了多年冻土分布面积，分别占总面积的44.4%和49.9%。另外，Noah 模拟的结果较为准确地分辨出了长江源和黄河源区多年冻土分布情况，而其他两个结果均没有反映出该区域的分布特征（图2-29），这也进一步体现了陆面过程模型能够较好地反映局地因素对多年冻土的影响。

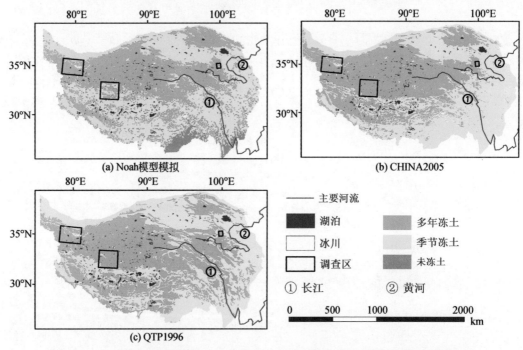

图 2-29　模拟的青藏高原多年冻土分布图、CHINA2005 多年冻土分布图和 QTP1996 多年冻土分布图（Wu et al.，2018）

表 2-6　青藏高原多年冻土分布面积不同结果对比

来源	多年冻土分布面积/$10^6 km^2$	季节冻土分布面积/$10^6 km^2$	非冻土分布面积/$10^6 km^2$	分辨率	方法
赵林等（2019）	1.113	1.239	0.106	0.1°	改进 Noah 模型
QTP1996	1.401	1.057		1:3 mile	经验模型
Li 和 Cheng（1999）	1.294	1.164		0.5°	纬度模型

来源	多年冻土 分布面积/10^6 km²	季节冻土 分布面积/10^6 km²	非冻土 分布面积/10^6 km²	分辨率	方法
CHINA2005	1.118	1.340		1∶4 mile	年平均地温模型
Guo 等（2012）	1.222	1.279	0.012	0.31°	CLM4
Guo 等（2013）	1.515	0.871	0.061	0.31°	CLM4

注：1 mile = 1.609 344km。

2.2.5 核心结论与认识

当前的陆面过程模型必须进行很好的适应性改进才能较好地模拟多年冻土水热传输过程，从而开展多年冻土分布及变化模拟研究。研究表明，改进后的模型在青藏公路沿线、西昆仑和改则地区调查点上模拟的多年冻土分布特征的验证结果较为理想。基于改进后的 Noah 模型模拟的青藏高原多年冻土分布面积为 1.113×10^6 km²（不包括冰川和湖泊），占青藏高原总面积的43.8%；季节冻土和非冻土面积为 1.239×10^6 km² 和 0.106×10^6 km²，分别占青藏高原总面积的48.9% 和 4.2%。

尽管如此，由于模型对多年冻土过程和机理描述得仍不够精确，相关参数的获取和计算也存在偏差，加之目前的观测和调查资料尚不能满足数值模拟的驱动、验证及参数获取的需求，因而目前的陆面过程模式仍不能很好地描述冻融过程中的水热耦合机理。需要在加强高原多年冻土区地表能水过程监测的基础上，深化地表能水过程和模式参数的观测研究，订正和完善模型的驱动数据，更新土壤基础数据库，优化和完善土壤及地表相关参数的参数化方案，进而把冻融过程耦合到陆面过程和区域气候模式中，以研究多年冻土及其变化的气候效应。

2.3 三维 Stokes 冰盖–冰架动力模拟：模型构建与模拟试验

2.3.1 海洋性冰盖模拟简介

在过去几十年间，因为不同的应用需求，不同的研究人员发展了不同复杂程度的冰盖动力学模式，如只保留水平速度的垂直梯度分量的浅冰近似模式和包含水平应力梯度的高阶模式（Blatter，1995；Pattyn，2003）等。不同类型的冰盖模式有各自的适用范围。像浅冰近似模式更适用于大尺度的冰盖模拟，对模拟精度的细节要求并不高。高阶模式可以更好地模拟地形起伏较剧烈区域的动力学特征，但对计算量提出了更高的需求。因此，如何更准确地模拟冰盖的流动，以及更精细化地把握不同冰盖模式的适用条件，是冰盖模拟问题和模式开发一直以来的难点和热点。

海洋性冰盖的基岩界面位于海平面以下，并通常包括漂浮的冰架（图 2-30）。因此，与陆地冰盖不同，海洋性冰盖包括接地线（冰盖与冰架的交界线），其动力特征更为复杂。在冰盖与冰架部分，冰的流动分别以垂向剪应力和水平拉应力为主。在接地线附近区域，两种不同的动力特征在非常狭小的水平范围内交汇并迅速转变，导致接地线复杂的力学行为。由于在接地线附近不同的应力大小相近，很难作确切的简化，因此各简化冰盖模式针对接地线和冰架的动力模拟都有一定不足和不确定之处。相反，完全 Stokes 模式因为保留了所有变量，理论上具备最佳的模拟精度。但完全 Stokes 模式计算过程构建和物理机制比较复杂，比较依赖于数值方法本身，在多大程度上适合实际的海洋性冰盖模拟问题也还需要进一步验证。

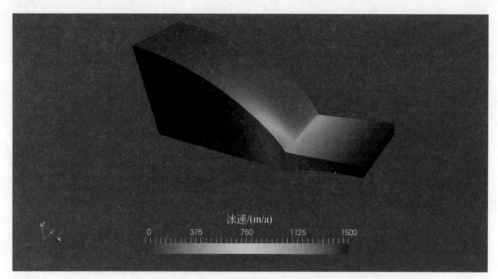

图 2-30　冰盖–冰架系统示意图（MISMIP3D 数值试验的诊断模拟结果）

最初，人们尝试过用不同的理论来解释冰的流动，如将冰作为弹塑性体或者线性的牛顿流体等。但直到 20 世纪 50 年代，经过大量实验，才普遍认为非线性黏性流体更能解释冰的运动（Blatter et al.，2010）。黏性流体常用 Navier-Stokes 方程来描述。由于冰川冰的流动非常缓慢，雷诺数很小，通常可以把 Navier-Stokes 方程中的惯性力忽略，即 Stokes 方程，来描述冰川冰的运动。因此，可以直接将冰川冰称作 Stokes 流体。但目前国际上为了强调与其他简化模式的不同，通常称之为完全 Stokes（full Stokes）模式，以示区别。

　　Stokes 冰盖模式是近年来国际冰盖模式对比计划的重要成员。与其他简化冰盖模式相比，Stokes 模式保留所有应力分量，因此常常被当作"标尺"来检验简化模式的可靠性。冰盖模式对比计划始于 20 世纪 90 年代的 ESMINT，但仅限于最简单的浅冰近似冰盖模式（Payne et al.，2000）。在 21 世纪初，高阶近似冰盖模式开始兴起，并开始广泛应用至山地冰川与极地冰盖的模拟当中。因此，在 2008 年，针对高阶模式的 ISMIP-HOM 对比计划首次包含了 Stokes 模式的模拟结果（Pattyn et al.，2008）。但该计划主要针对山地冰川的动力学模拟（事实上也可以扩展至大陆性冰盖）。Stokes 模式与高阶模式的模拟结果相比，还是有一定区别。随后,国际冰盖模拟社区将不同冰盖模式(包括浅冰近似模式、高阶近似模式和 Stokes 模式)应用至海洋性冰盖,首先考察在二维情形下接地线的运动特征,如接地线动力过程对外界条件变化的敏感性和滞后性以及在不同条件下的稳定状态等(Pattyn et al.,2012);随后将此对比试验进一步拓展至三维,在改变底部滑动参数分布等控制试验下测试不同冰盖模式接地线的运动特征(Pattyn et al.,2013)。在同样的物理过程和数据输入条件下,和简化冰盖模式不同,Stokes 模式的误差更多来源于其本身的数值实现方式。在现实的冰盖模拟过程中,Stokes 模式的适用性需要综合考虑多方面因素的影响。

除了应用在侧重于理论研究方面的冰盖对比计划之外,Stokes 模式已经应用于实际的冰盖研究当中,如最近有研究人员应用三维 Stokes 模式探讨了南极各流域冰架的稳定性(是否易退缩和崩塌)(Fürst et al.,2016)。为研究南极最大的海洋性冰川之一——松岛冰川的稳定性,Favier 等(2014)使用了包括三维 Stokes 模式的 3 种不同的冰盖模式,在相当大程度上使得模拟的结果更令人信服。除了研究冰盖的动力行为,Stokes 模式还能为古气候研究提供科学依据和技术支撑,如 Sun 等(2014)就利用了三维 Stokes 模式研究了南极 Dome A 地区冰底年龄,服务了目前我国正在进行的深冰芯钻探项目。Sato 等(2014)还使用 Stokes 模式模拟了雪冰不同深度处的不同年龄的冰层厚度,反演了雪冰中的积累率分布。

总之,随着计算技术的进步,三维 Stokes 冰盖模式在海洋性冰盖的动力学研究中起到了越来越重要的作用。三维 Stokes 模式天然具备其他模式所不具备的精度优势,对于目前国际社会所关心的百年尺度的海平面上升问题,可以提供更为准确的解答和预估,同时,在与其他圈层模式(大气模式、海洋模式)进行耦合之时,也能提供更为准确而可靠的物理过程机制的数值模拟能力。

2.3.2 模式的理论基础和数值方法

冰川冰的三维力学平衡方程为

$$\frac{\partial \sigma_{ij}}{\partial x_i} + \rho g_i = 0 \tag{2-1}$$

式中,i 和 j 的值分别取 0、1 和 2,代表 x、y 和 z 三个坐标轴;σ_{ij} 是应力张量;ρ 为密度。应力和应力偏量之间有如下关系

$$\sigma_{ij} = \tau_{ij} - pI \tag{2-2}$$

式中,p 是压力;I 是单位张量。同时,应力偏量(τ_{ij})和应变率(ε_{ij})之间存在如下关系

$$\tau_{ij} = 2\eta \varepsilon_{ij} \tag{2-3}$$

式中,冰的黏性系数(η)通过冰的本构关系(Glen 流动定律)来确定。而应变率是和冰流速(u)相关的

$$\varepsilon_{ij} = \frac{1}{2} \left(\frac{\partial u_i}{\partial x_j} + \frac{\partial u_j}{\partial x_i} \right) \tag{2-4}$$

因此,冰盖的动力学方程是关于流速(u,v,w)和冰压力(p)的方程,包含四个

未知量，如要解此问题还需额外一个关系式，即冰的不可压缩假设

$$\frac{\partial \boldsymbol{u}}{\partial x} + \frac{\partial v}{\partial y} + \frac{\partial w}{\partial z} = 0 \tag{2-5}$$

以上，并结合冰川流动的本构方程，可以构建合适的动力框架来计算冰川的流动。

为解决现实中的连续问题，通常用一种合适的离散方法将实际模拟区域划分为一系列单元，来近似原本的连续方程。常见的方法有 3 种：有限差分法、有限元法和有限体积法。其中，有限元法能很好地处理不规则区域，目前已经是非常成熟的数值模拟手段，并广泛应用在各个科学与工程领域当中。

有限元方法处理连续性微分方程的一个常用方法是将其转化为弱形式（weak form），通常有如下几个步骤：①在微分方程两边乘任意的测试函数；②在模拟空间区域内进行积分；③通过分部积分减少导数的阶数；④设置合适的边界条件。对于 Stokes 方程而言，其弱形式为

$$\int_{\Omega} \tau : \nabla \phi \mathrm{d}x - \int_{\Omega} p \nabla \cdot \phi \mathrm{d}x - \int_{\Gamma} \boldsymbol{n} \cdot \sigma \cdot \phi \mathrm{d}s = \rho \int_{\Omega} g \cdot \phi \mathrm{d}x \tag{2-6}$$

式中，ϕ 是测试函数；Ω 是积分空间区域；Γ 是边界面；n 是界面外法向矢量。在冰盖的上表面，一般设应力为零，即

$$\int_{\Gamma} n \cdot \sigma \cdot \phi \mathrm{d}s = 0 \tag{2-7}$$

而在冰盖下表面，即冰盖与基岩的交界面上，可以设置相应的底部滑动条件

$$\int_{\Gamma} n \cdot \sigma \cdot \phi \mathrm{d}s = \int_{\Gamma} f_s \cdot \phi \mathrm{d}s \tag{2-8}$$

式中，f_s 是某一种底部滑动定律。

对于冰架部分，其底部与末端和海洋接触，边界条件为冰的法向应力与水压力的平衡条件

$$\int_{\Gamma} n \cdot \sigma \cdot \phi \mathrm{d}s = \int_{\Gamma} p_w \cdot \phi \mathrm{d}s \tag{2-9}$$

式中，p_w 是海水压力。

2.3.3 两个 Stokes 冰盖模式针对海洋性冰盖的应用比较

检验 Stokes 冰盖模式本身的准确性是研究不同简化冰盖模式是否可靠的前提和基础。对于海洋性冰盖而言，并不存在理论上的精确解析解可供比较。因此，只能通过与另一种不同的 Stokes 冰盖模式进行对比。理论上，两种不同的 Stokes 冰盖模式，其物理机制都是相同的，不同之处在于构建模式框架时可能会采用不同的数值。以下我们详细讨论了我们发展的 Stokes 冰盖模式 FELIX-S 与 Elmer/Ice 之间的比较结果。表 2-7 是两个模式之间数值方法的比较。

表 2-7　FELIX-S 模式和 Elmer/Ice 模式细节对比

模式	离散方法	单元形状	单元类型	标记方法	表面高程计算方法	接地线判断
FELIX-S	有限元	四面体	P2-P1	单元面	有限元（三角形）	格点应力比较
Elmer/Ice	有限元	六面体	P1-P1	单元格点	有限元（四边形）	单元面平均值比较

首先，两个模式都采用了有限元离散方法，但单元形状各有不同。FELIX-S 和 Elmer/Ice 分别应用四面体单元和六面体单元。因此，在设定同样的格点坐标下，FELIX-S 会有更大的计算量。同时，两者的单元类型并不一致。FELIX-S 应用传统的 Taylor-Hood 单元类型，而 Elmer/Ice 则应用计算量相对更小的线性单元（需要稳定项）。另外，在随时间步积分运算时，需要更新冰盖的表面（冰-气界面和冰-海界面）高程，两个模式都是根据二维有限元法来算的，当然，与三维情况类似，分别使用了不同的单元类型（三角形和四边形）。比较重要的一点是，如何判断冰盖底部的点是否接地？

如图 2-31 所示，由于 FELIX-S 在标记底面不同位置是否接地的时候是对单元的面进行标记，而 Elmer/Ice 是对底面单元的格点进行标记。这就导致两者在处理接地线运动时会产生一定的区别。从图 2 中可以看出，即使对于两个模式来说接地的格点都是相同的，因为对接地线位置定义的不同，接地线的位置也不一样，如 FELIX-S 中的接地线是图 2-31（a）中黑线，而对于 Elmer/Ice 则是红线。同时，针对如何计算底部滑动系数，两个模式

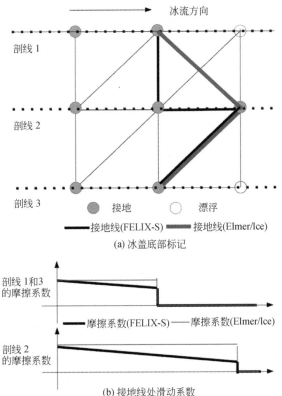

(a) 冰盖底部标记

(b) 接地线处滑动系数

图 2-31　FELIX-S 和 Elmer/Ice 底部标记和接地线处滑动系数变化示意图

也有一些差异。与 FELIX-S 不同，Elmer/Ice 不能直接计算单元内积分点处的滑动系数值，只能先计算单元格点处的值，然后插值到积分点处。这样，在接地线处的滑动系数就会有明显的区别。对于 FELIX-S 而言，其在接地线处某格点的滑动系数是该格点周围不同单元滑动系数的平均值，而周围必然有漂浮的单元（滑动系数为0），因此，相比于 Elmer/Ice，FELIX-S 在接地线处的滑动系数要相对小一些。随着滑动系数减小，冰盖的滑动速度会增大，经接地线流失的冰通量也会增大，接地线会更容易后退。这一点可以在图2-32和图2-33中明显看出。

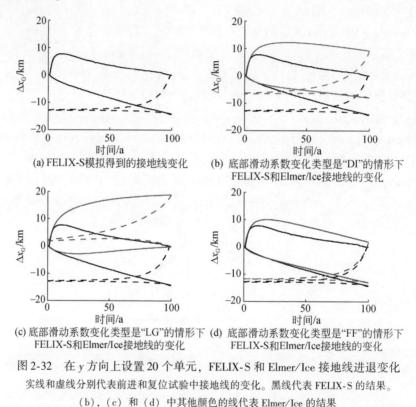

(a) FELIX-S模拟得到的接地线变化

(b) 底部滑动系数变化类型是"DI"的情形下 FELIX-S和Elmer/Ice接地线的变化

(c) 底部滑动系数变化类型是"LG"的情形下 FELIX-S和Elmer/Ice接地线的变化

(d) 底部滑动系数变化类型是"FF"的情形下 FELIX-S和Elmer/Ice接地线的变化

图2-32   在 y 方向上设置 20 个单元，FELIX-S 和 Elmer/Ice 接地线进退变化
实线和虚线分别代表前进和复位试验中接地线的变化。黑线代表 FELIX-S 的结果。
（b），（c）和（d）中其他颜色的线代表 Elmer/Ice 的结果

很显然，无论是图 2-32 还是图 2-33，FELIX-S 的接地线位置总是比 Elmer/Ice 退缩得要更快一些。而且，这种不一致会随着网格精度的增大而减小。FELIX-S 在 y 方向分别设置 20 个单元和 80 个单元，可以非常明显地看出两个模式之间的差别有很大的减小。这在一定程度上说明，模式的性能是依赖于网格精度的。一部分原因在于，在应用有限元法的过程中，当建立刚度系数矩阵时，矩阵系数依赖于单元内部的函数值，如形函数和滑动系数等，而这些系数显然依赖于单元的形状大小。因此，当逐渐增大网格精度时，由单元形状引起的数值误差会逐渐减小，从而显示出更好的一致性。需要指出的是，如果不考虑接地线的运动，即使用相同的底部标记（何处漂浮何处接地），FELIX-S 和 Elmer/Ice 之间的模拟结果是非常接近的，如图 2-34 所示。

这也说明，在冰盖运动过程中更合理地处理冰盖底部的标记是影响海洋性冰盖动力学

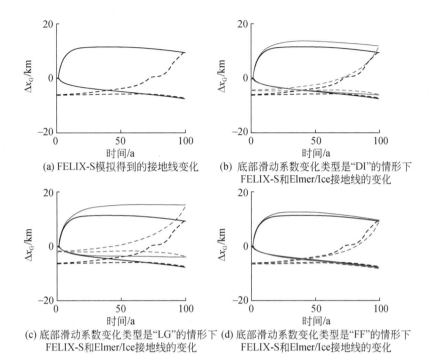

图 2-33　在 y 方向上设置 80 个单元，FELIX-S 和 Elmer/Ice 接地线进退变化

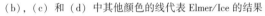

实线和虚线分别代表前进和复位试验中接地线的变化。黑线代表 FELIX-S 的结果。
（b），（c）和（d）中其他颜色的线代表 Elmer/Ice 的结果

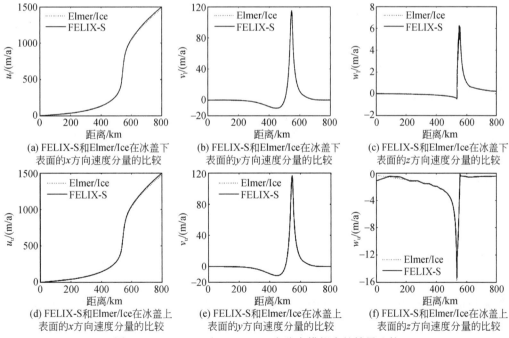

图 2-34　FELIX-S 和 Elmer/Ice 在稳态模拟中的结果比较

特征的关键因素。这也要求必须要根据非常合理的数值方法来计算冰盖对基岩的压应力与海水对冰的浮力之间的相互关系。

2.3.4 核心结论与认识

可以发现，即使基于同样的物理基础，不同的 Stokes 冰盖模式之间依然存在一定的不一致性。但这种不一致性在很大程度上是由于不同的数值方法引起的，而且在很大程度上可以通过增大接地线附近的网格精度来缩小。两个不同的冰盖模式的模拟结果非常接近，说明其内部机理具有很好的一致性，数值上完全可靠，可以当作判定其他简化模式是否准确的"标尺"。

但仅有冰盖模式是不够的，还需将冰盖与大气、海洋模式进行耦合，才有可能模拟实际的海洋性冰盖的动力学机制。同时，现在的冰盖模式依然不能完整描述所有的物理过程。例如，冰下水系的发育及其对底部滑动的影响等。还需将观测与模拟相结合，来加深对海洋性冰盖，尤其是接地线附近的动力学机制的理解。

目前预估未来数十年的海平面变化依然存在很多不确定性。通过进一步构建有效的模型评估方法并发展可靠的误差分析手段，可以分析未来冰盖和海洋耦合过程中数值模拟的准确度，为改进耦合过程中的数值方法和物理过程提供技术支撑。在此基础上，可以计算分析南极冰盖和格陵兰冰盖主要冰流系统的物质损失的动力学贡献，并考察其不稳定性过程。

2.4 积雪模式参数化改进：过程精细化与多圈层耦合

2.4.1 积雪模式参数化

1. 积雪参数化

在模式中，各种微物理过程（如积云对流等）相对于模式网格点是一个次网格过程，需要用可显式求解的网格点上的大尺度变量描述其整体效应，即参数化。

20 世纪 80 年代以来，不少数值试验研究均提出了积雪对于气候异常的重要性。Yeh 等（1983）指出，积雪影响不仅在于其高反照率造成的地面辐射收支变化，而且还在于融雪导致土壤湿度增加而形成的更长时间的气候效应。但在近年来的一些模拟分析中仍存在不同观点。例如，Cohen 和 Rind（1991）认为，异常积雪的影响主要局限于降雪当地，且影响时间很短；而 Yasunari 等（1991）则认为，异常积雪的影响可波及大尺度跨季节乃至跨年度的气候异常。造成这些观点差异的原因与不同学者的试验方式及解释有关，但更重要的原因可概括为如下两点：①积雪变化本身的参数化不够准确，许多模式不显含积雪，有关参数则大多是极其简化的概念性公式。由于缺乏长期、系统的观测资料，要较好地解决这个问题还需一定的时间。②积雪作为一种特殊的地表形态，其效应如何恰当地反映在整个陆面过程模式中也是很重要的（严中伟和季劲钧，1995）。

对积雪物理过程的认识随着观测资料的不断丰富而逐渐深入，反映不同精度的积雪内部水、热物理过程的模型在不断发展（Sun et al.，1999）。Anderson（1976）和 Jordan（1991）最早发展了垂直分辨率高的一维积雪模式，该模式主要侧重于研究雪层内部的复杂物理过程。由于该模式计算量大，目前尚不能直接用于全球格点的气候模拟研究。自 20 世纪 90 年代初以来，一些积雪研究者开始把注意力主要集中在建立、发展和完善适用于气候研究的积雪参数化模式上。Sun 等（1999）和 Jin 等（1999）发展了一个一维积雪–大气–土壤传输模式——SAST（积雪与大气相互作用模型），根据地面雪深把积雪层划分为 1~3 层，考虑了积雪压实、热传导、雪粒增长和融化等发生在积雪内部的许多重要物理过程，计算量不大，且具有较好的积雪模拟能力（吴统文等，2004）。

现代气候模式对积雪具备了一定的模拟能力，但是由于该模式对积雪、海冰等变化机理的处理过于简单，对冰冻圈自身物理过程和气候系统有机耦合的考虑也不够全面，所用外强迫与实际强迫偏差较大，所以模式模拟还存在明显的差距，尤其是在地形复杂的高原，该模式对积雪范围的年际变化模拟较差。因此，现代气候模式中的积雪参数化进一步发展是很有必要的。

2. 积雪模型

当前存在许多针对陆地表面的融雪过程的研究，众多学者尝试从不同角度将融雪模块引入陆面模式中，包括简单的度日模型以及复杂的多层能量平衡方程。从模型建立的基础来看，大体上可以分为两大类：概念性模型和物理性模型。度日模型属于概念性模型，能量平衡模型则属于物理性模型。

（1）度日模型

度日模型是根据冰雪消融与气温之间的线性关系建立的，Flerchinger 等（1989）首次引入该模型研究了阿尔卑斯山的冰川变化。随着模型的发展，考虑到不同因素对度日因子的影响作用，度日因子而不再是常数。其主要考虑两方面的影响：一是考虑积雪表面的状况对度日因子的影响。例如，Arendt 和 Sharp（1999）在研究北极地区冰川消融的过程中，指出度日因子的变化取决于冰面反照率的变化。二是考虑森林植被的覆盖作用对积雪融化的影响。森林植被的覆盖作用增加了大气的长波辐射，但同时也减少了太阳的短波辐射，总体上影响了积雪的融化。Martinec 和 Rango（1986）建议对无植被覆盖区度日因子可根据积雪的密度确定，对于植被覆盖区度日因子要根据覆盖状况进行适当的调整。当然，为了模型模拟的精度，可将风速、辐射等多种因素考虑进来。Lang（1968）、Zuzel 和 Cox（1975）运用多元回归方法分析发现，度日模型在融入了太阳辐射和水汽压两个变量之后，模型模拟效果比仅有气温这一变量时有显著提高。但是，通过数据统计的方式得到的度日因子具有时间局限性和空间局限性，不具有广泛通用性。对于一些复杂情况（如降雨情况下的融雪，某些区域气温不能作为积雪能量获得的主要指标）的融雪状况就很难做到准确模拟。另外，由于在小时尺度上气温变化剧烈，这些度日因子无法按照小时尺度进行变化，从而不能够很好地反映积雪小时尺度的变化规律。

（2）能量平衡模型

1956 年，美国陆军工程兵团首次基于积雪和环境的能量交换计算了融雪量。随后，Anderson（1973）、Mae 和 Granger（1981）、Morris（1983）等对其进行了完善，形成了基于物理点尺度的能量平衡融雪模型。根据他们的研究可知，如果通过大气的相关数据可估算雪面的能量交换，那么就可以计算融雪量。Flerchinger 和 Saxton（1989）、郭东林和杨梅学（2010）将由 Anderson 开发的积雪参数化方案引入到 SHAW 模型（水热耦合模型）中，将土壤和积雪作为整体进行了能量和物质平衡计算。Jordan（1991）开发的 SNTHERM 模型考虑了多种相态动态变化过程，是最复杂的基于能量平衡的积雪模型之一。该模型因需要输入较多的数据，而难以应用到较大尺度。这些模型总结起来可以分为 3 类。

1）强迫-恢复（force-restore）法。计算积雪和土壤复合层的温度变化（Pitman et al.，1991；Douville et al.，1995a，1995b；Yang et al.，1997）。另外，有的学者通过简单的一层积雪模型，将积雪和土壤的热力学以及热通量分开来考虑（Sud and Mocko，1999）。

2）复杂精细模型。这类模型分层很细，能够刻画雪层内部的详细物理过程（Anderson，1976；Jordan，1991），但需要的输入数据较多，计算量大。

3）中等复杂模型。这类模型抽象概括出了积雪内部水量能量变化的主要物理过程，忽略次要影响，用较少的分层来模拟积雪内部的变化过程。

3. 陆面模式中的积雪参数化方案

在现有的 20 多个用于 GCM 的陆面过程模型中，除了稠密植被下垫面研究比较深入外，其他几类重要下垫面（如积雪、冻土、沙漠等）均未有很好的参数化方案。积雪下垫面是一个非常重要的陆面类型，其上反照率及其内热量与能量输送对于天气系统有很大的影响。

Anderson（1976）、Jordan（1991）等发展了用于水文学研究的复杂积雪模型，尽管这些模型对积雪本身的变化过程有了非常详细的考虑，但由于其复杂程度过高，很难用于气候变化及大尺度水文过程的研究，尤其是很难用于 GCMs 中。相比之下，用于气候研究的绝大多数 GCMs 所采用的积雪参数化方案或模型则过于简单，这些简单的模型对积雪的变化很难做出准确的刻画，显然也很难满足当代气候研究的需要。20 世纪 90 年代以来，Loth 等（1993）、Lynch-Stieglitz（1994）、孙菽芬等（1999）在以上复杂积雪模型的基础上提出了中等复杂程度的积雪模型，完善了数值模式对积雪变化过程的描述。这些模型既考虑了积雪的内部变化过程，又进行了必要的简化，从而能够更好地用于气候研究。

现有许多根据积雪模型来进一步了解积雪过程的研究。目前几种陆面过程模型中的积雪参数化，分别是 SSiB（simplified simple biosphere model）、BATS（the biosphere-atmosphere transfer scheme）、Noah、CLM（community land model）、VIC（variable infiltration capacity）。

2.4.2 积雪模式参数化改进

（1）WEB-DHM 水文模型中的三层积雪模块

Wang 等（2009）借鉴了 SiB2 的能量平衡和生物物理机制，将其嵌入到基于地形描述坡面产汇流的分布式水文模型 GBHM 中，从而发展了基于能量和水量平衡的分布式水文模型（water and energy budget-based distributed hydrological model，WEB-DHM）。GBHM 模型通过山坡子网格划分模拟产流及河道汇流，模拟了流域内水量的横向运输；SiB2 描述了网格内地表与大气间的垂直通量（如能量、水分、二氧化碳通量等）。陆面模式和分布式水文模型的耦合既能提升水文模型的径流预测能力，又能改善地表与大气间水热通量的估计。同时，植被对 CO_2 的摄入和排放过程也被考虑在内，使得陆面过程与气候之间形成了联系与反馈。因而，通过对 GBHM 模型和 SiB2 陆面模式的耦合，WEB-DHM 模型在网格尺度上充分考虑了土壤–植被–大气之间的水量和能量交换，可以更加精确地描述子网格内的水文物理过程机制，同时保留了 GBHM 模型在产汇流机制上的优势，在提高计算精度的情况下保持了模型的运行效率，使得 WEB-DHM 模型在中小流域或大尺度流域的水文过程模拟中具有良好的表现，并且具有广泛的适用性。

Shrestha 等（2010）通过合并基于能量平衡的三层积雪模块和反照率模块，提升了WEB-DHM 模型在积雪物理机制上的描述，提出了改善后的模型版本 WEB-DHM-S，该模型结构如图 2-35 所示。

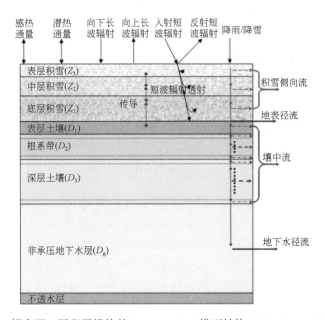

图 2-35　耦合了三层积雪模块的 WEB-DHM-S 模型结构（Shrestha et al.，2010）

改进后的模型在诸多流域已有实际应用，并有良好的表现，以 WEB-DHM-S 模型在青藏高原典型高寒区域上的应用为例。Xue 等（2013）将 WEB-DHM-S 模型应用于青藏高原中部的那曲河流域，模拟其水量及能量循环。该模型在流域出口处的径流模拟结果在 1998 年和 1999 年的 NSE 别为 0.60 和 0.62。模拟结果再现了地表温度的空间分布和 15 个站点观测到的土壤水含量。Zhou 等（2015）利用 WEB-DHM-S 模型结合蒸发算法，通过对模型进行点、面多尺度的校准和验证后，分析了色林错湖在 2003～2012 年的湖泊蓄水量变化及其影响因素的贡献。Makokha 等（2016）在拉萨河流域结合 WEB-DHM-S 模型对径流、土壤含冰量、土壤含水量等进行模拟，提出了将融雪和冰川消融对季节水储量的影响考虑在内的一个新的干旱评价指数。Wang L 等（2016）利用 WEB-DHM-S 模型，在典型的寒区流域黄河源区通过对流域水文过程和积雪过程的模拟，评估了不同近地表气温直减率（NLR）参数化方案对于积雪过程和流域径流等的影响，发现采用基于卫星遥感（MODIS 夜间 LST）获取的 NLR 对于改进模型的模拟效果有显著的作用。

（2）三层积雪模块与冻土模块的耦合

在第三代陆面模式的代表 SiB2 的基础上，以焓的观点，建立了积雪和冻土控制方程，WEB-DHM 模型耦合了三层积雪参数化方案和冻土参数化方案，如图 2-36 所示。其中，三层积雪参数化方案对积雪反照率、积雪压缩、出流、积雪温度变化、辐射衰减等过程

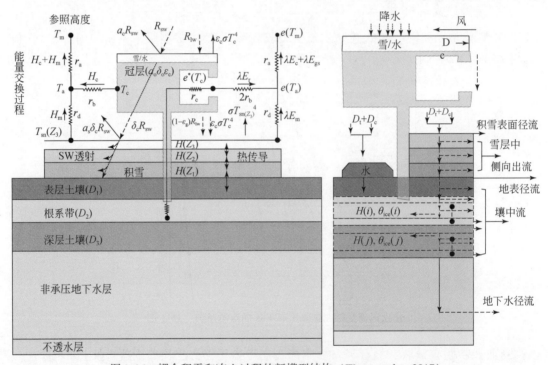

图 2-36 耦合积雪和冻土过程的新模型结构（Wang et al.，2017）

左图中，H_c+H_m 为感热通量，$\lambda E_c+\lambda E_{gs}$ 为潜热通量，D_1、D_2、D_3 分别为表层土壤、根系带、深层土壤的厚度，$H(Z_1)$、$H(Z_2)$、$H(Z_3)$ 分别为三层积雪的总焓（包含水的各和相态），R_{sw} 为到达冠层的短波辐射，$\alpha_c R_{sw}$ 为冠层反射的短波辐射，R_{lw} 为到达冠层的长波辐射，$\varepsilon_c\sigma T_c^4$ 为冠层发出的长波辐射，$\delta_c R_{sw}$ 为到达积雪表层的短波辐射，$\alpha_s\delta_c R_{sw}$ 为雪层反射的短波辐射，$(1-\varepsilon_c)R_{lw}$ 为到达雪层的长波辐射，$\sigma T_{sn(Z_3)}^4$ 为雪层发出的长波辐射，T_m 和 $e(T_m)$ 分别为参照高度的温度和水蒸气，T_c 和 $e^*(T_c)$ 分别为冠层温度和水蒸气，T_a 和 $e(T_a)$ 分别为冠层间隙的温度和水蒸气，$T_{sn}(Z_3)$ 为积雪表层的温度，r_a 为冠层中最低大气层之间的空气动力阻力作用，r_b 为冠层和冠层间隙的空气动力阻力作用，r_c 为气孔阻力，r_d 为地表和冠层的空气动力阻力作用。右图中，$H(i)$ 为第 i 层土壤水的总焓（包含水的各种相态），$\theta_{ice}(i)$ 为第 i 层土壤的含冰量，D_t 为降水通过冠层间隙的下渗速率，D_e 为冠层排水速率

均有物理性描述。冻土参数化方案，以总焓和总质量代替液态水、冰和土温作为新的预测变量。这样的目的在于，在计算相变对土壤温度、湿度影响时可以避免引入溶解潜热，减少很多不确定性，从而保证计算的稳定性。该方案根据土壤温度、含冰量以及土壤孔隙度等确定动态冻结临界温度，热传导系数则采用 Johansen 热导率方案，分别计算冻结期和非冻结期饱和土壤热传导系数，再结合干土的热传导系数，求出最终的土壤热传导系数。耦合之后的新模型，对寒区陆面过程中积雪、冻土过程都有相对完善的物理性描述。同时，结合 SiB2 在其他过程（如植被、辐射传输、光合作用等）的优越性，新模型未来在寒区陆面模拟的应用会比较广泛。

以耦合了基于能量平衡的三层积雪模块以及冻土模块的一维水文模型为基础，研究人员在青藏高原具有代表性的典型地区站点阿里站和冰沟大冬树垭口站（以下简称冰沟站）（图 2-37）对模型进行了率定和验证，以检验三层积雪参数化方案以及冻土参数化方案对冰冻圈物理过程描述的改进。两个站点都位于青藏高原多年冻土区，其中阿里站位于青藏高原西北部，气候干旱，年降水量极少，在该站评估冻土模块对模型模拟的改进；冰沟站位于青藏高原东北部，气候相对湿润，年降水量较大，雪层厚度大，在该站评估三层积雪方案对模型模拟的改进。模型采用阿里站和冰沟站的实地观测气象数据（如风、温、湿、压、辐射等）作为驱动数据，以非冻结期的土壤含水量作为土壤水力学参数率定的依据并以冻结期的土壤温度作为土壤水热学参数率定的依据，以观测的各层土壤温度、土壤含水量、积雪深度及冻土深度等作为验证数据。

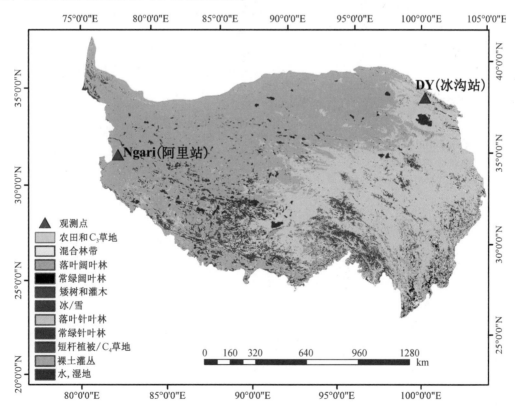

(a) 阿里站　　　　　　　　　　　　**(b) 冰沟站**

图 2-37　阿里站和冰沟站位置（Wang et al., 2017）

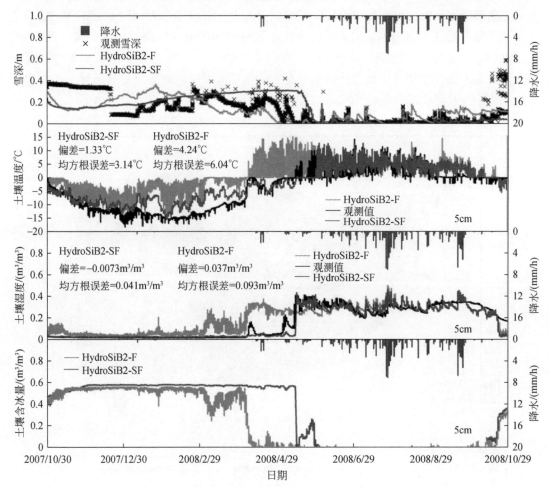

图 2-38　三层积雪模块（HydroSiB2-SF）与单层积雪模块（HydroSiB2-F）
模拟结果的对比（Wang et al., 2017）

基于率定后的一维模型，以 2007 年 11 月～2008 年 10 月为验证期在冰沟站进行了模型模拟，模拟结果验证了三层积雪模块对模型模拟结果的改进。考虑了三层积雪方案后，能够更准确地描述能量在雪层中的衰减，与原本的单层积雪方案相比，改善了积雪深度较大的时期（11 月到次年 4 月）模拟土壤温度偏高的问题，解决了原参数化方案下积雪消融提前（体现在土壤含水量的峰值提前到来）的问题，如图 2-38 所示。

基于率定后的一维模型，以 2011 年 1 月～2012 年 12 月为验证期在阿里站进行了模型模拟，模拟结果验证了冻土模块对模型模拟结果的改进，加入冻土模块后，能够更好地模拟土壤的冻融过程。在冻结期土壤含水量由于相态的转化会有明显的下降，如图 2-39 所示。

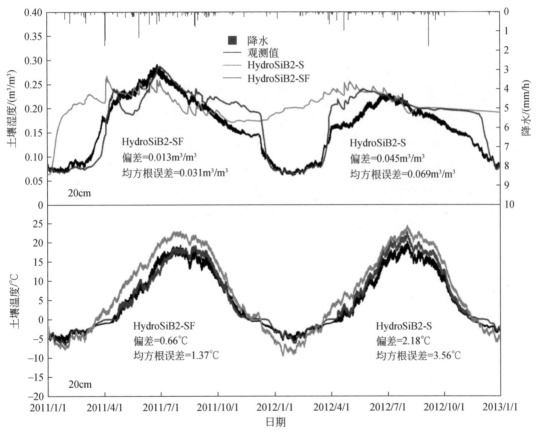

图 2-39　含冻土模块（HydroSiB2-SF）与不含冻土模块（HydroSiB2-S）
模拟结果的对比（Wang et al., 2017）

以上的研究也表明，将积雪与冻土过程进行耦合是非常必要的，尤其可以改进对以青藏高原为主的高寒地区的水文过程模拟准确性。

另外，耦合了三层积雪模块和冻土模块的一维模型还成功模拟再现了土壤水倒吸的现象。所谓土壤水倒吸，是指在土壤冻结期，在冻结锋面处土壤水分由下层未冻结土层向上层冻结土层运移的现象。如图 2-40 所示，（a）为 HydroSiB2-SF 在冰沟站模拟得到的 10 层土层的土壤含冰量，（b）为各层向上的土壤水分通量。通过两图对比可以看到，土壤倒吸现象即明显向上的土壤水分运移发生在土壤冻结锋面处。10 层土层的深度分别为 0.011m、0.016m、0.023m、0.081m、0.119m、0.139m、0.205m、0.302m、0.446m、0.657m。

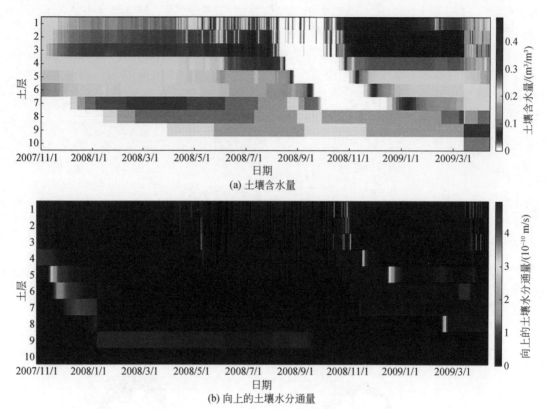

(a) 土壤含水量

(b) 向上的土壤水分通量

图 2-40   冰沟站 10 层土壤含冰量以及向上的土壤水分通量模拟结果剖面图（Wang et al., 2017）

2.4.3   核心结论与认识

1）在全球气候变暖的背景下，由于冰冻圈在气候系统中的重要地位以及其对气候变化的敏感性，对冰冻圈的研究成为重点和热点。积雪作为冰冻圈的重要组成部分，在地表与大气间物质和能量交换过程中起到重要的作用，对区域和全球气候都有很大的影响。

2）目前针对积雪过程，有经验性模型、包含复杂物理机制的精细模型以及适当简化的中等复杂模型。其中中等复杂模型在气候研究以及水文研究中适用性更强，因为其既能合理描述积雪的相关物理过程，又能保持较高的计算效率。鉴于现有模型存在的诸多问题，针对高寒地区陆面过程的特殊性，发展具有强物理机制的陆面模型非常必要，对积雪参数化的改进也是其中重要的一环，这也是我们将继续着手攻坚的方向，以期为区域及全球水循环、气候变化等研究提供有效的模型工具。

3）耦合了三层积雪模块与冻土模块的 WEB-DHM-SF 模型在以青藏高原为代表的高寒

地区有很好的表现，将单点的模型推广应用到流域范围，将更好地发挥模型的优势，改进对高寒地区（包含冰冻圈流域）的水文过程模拟。

2.5　冰冻圈水文模式研发：冰冻圈全要素模拟

目前常见国内外流域水文模型中，同时包含冰川水文、雪水文和冻土水文三大冰冻圈水文过程的模型极少，而且这些模型基于特定的流域或区域开发，在水文物理过程描述方面繁简不一，模型参数的普适性也存在较大的不确定性。在以高海拔地区为主的中国冰冻圈流域，地形复杂、水文过程独具特色，而且流域气象、土壤、植被、水文以及冰冻圈观测资料稀少，开发适合中国冰冻圈流域的水文模型尤为必要。

基于中国西部寒区的 4 个实验小流域（天山科其喀尔、祁连山葫芦沟、长江源冬克玛底和风火山）长期观测与研究结果，特别是基于祁连山葫芦沟小流域的寒区流域水文系统监测网络（Chen et al.，2014b），获取了适合中国高海拔寒区流域的一些参数和经验公式（陈仁升等，2014），并构建了综合冰冻圈全要素的流域水文模型（cryospheric basin hydrological，CBHM）（图 2-41）。

图 2-41　CBHM 模型界面

CBHM 模型的最初版本为 2003 年发布的包含简单冰川与积雪水文模块的内陆河山区流域分布式水文模型（Chen et al.，2003），之后，基于祁连山野牛沟冻土水文观测与研究结果（2004~2007 年）及相关成果，于 2008 年改进为一个具有自主知识产权意义的内陆河高寒山区流域分布式水热耦合模型（DWHC）（Chen et al.，2008）。DWHC 模型的主要特色和创新之处在于将冻土冻融及水热传输过程与流域的下渗、产流和蒸散发等过程相耦合，较好地处理了冰川、积雪、冻土、植被和气候与水文之间的相互作用，并与中尺度大气模式 MM5 进行了嵌套。鉴于 DWHC 模型中较多的原理、参数和公式来源于高纬度地区的研究结果，部分模块处理也欠当，为此自 2009 年起，在祁连山葫芦沟小流域开展了冰冻圈水文过程的系统观测与研究工作（Chen et al.，2014a），系统观测获取了冰冻圈流域水文过程模拟所需的一些关键参数和经验公式（如降水观测误差及校正公式、固液态降水分离的临界气温、积雪消融临界气温、冻土完全冻结温度、高寒灌丛截留参数、冰川/积雪度日因子、复杂地形地表温度估算公式等）（Chen et al.，2015），提出了一些高寒区降水分布和太阳辐射估算的参数化方案（Chen et al.，2007，2014b），发展了冻土水文过程的描述方法，构建了一种适合高寒区的风吹雪参数化方案并完善了积雪消融模型（陈仁升等，2014a），率先开展了高山寒漠带水文过程研究（陈仁升和韩春坛，2010），研究了高寒区垂直景观带的水热传输过程及其水文功能（陈仁升等，2014b）。基于以上观测与研究，并结合中国冰冻圈其他实验流域的成果，于 2014 年底将 DWHC 改进为 CBHM。模型原理详见陈仁升等（2017）。

CBHM 模型较好地囊括了不同时间尺度的气象因子空间插值方法、固液态降水分离及观测误差校正方法、高寒区典型植被截留和蒸散发过程、风吹雪及积雪消融过程、冻土水热耦合过程及冻土面积估算方法以及简单冰川面积、体积和融水径流算法等。该模型综合了坡面汇流和河道河流两种方案，合理地处理了寒区流域的汇流问题。考虑到中国高寒区观测数据较少，模型输入变量较少（基本为降水、气温和蒸发及土壤数据等常规变量）。模型采用并行计算方法，可在一般台式机上良好运转。模型模块化设计，输入输出方便、多样，采用简单、实用的 MATLAB 语言编制，可脱离 MATLAB 平台安装和使用，源代码开放。

CBHM 模型中冰冻圈水文模块的主要原理如下。

2.5.1 冰川水文模块

冰川边界具有不规则性，中国 70% 的冰川（35 335 条冰川）面积小于 $1km^2$。因而，用 $1km^2$ 大小的栅格单元作为一个水文单元可能导致较大的融水径流误差，在 CBHM 模型中，每条冰川被看作一个子流域，其融水径流在冰川末端汇集然后汇入河道。

以黑河流域为例，由于黑河上游多数冰川面积小于 $0.5km^2$，因而每条冰川仅被分为积累区和消融区，而不是根据每个时间步长的临界气温将冰川划分为多个区域。时间步长可以是一个月，临界气温为 0℃。

可以通过式（2-10）来计算冰川末端的月平均气温，冰川月 0℃线处的海拔（H_0）估算公式如下

$$H_0 = \frac{0 - T_{\text{terminus}}}{\text{TLR}} + H_{\text{terminus}} \tag{2-10}$$

式中，$H_{terminus}$ 为冰川末端的海拔（m）；TLR 为黑河上游气温的递减率（℃/km），可参照 Chen 等（2014a）的相关研究，月 TLR 的变化幅度为 $-6.0 \sim -4.9$℃/km，年平均值为 -5.6℃/km（1960~2013 年）。

基于 H_0 和冰川地形，每个月划分冰川的积累区和消融区，该方法可被称为可变的平衡线法。

降水在冰川积累区积累，冰川仅在消融区消融，降水是冰川径流的直接来源之一，因而可以利用度日模型估算消融区的冰雪融水径流（$R_{glacier}$）

$$R_{glacier} = DD\, T_{snow}\,(T_{albation}-0) + DD\, T_{glacier}\,(T_{albation}-0) \tag{2-11}$$

式中，$T_{albation}$ 为消融区月平均气温（℃）；DDT_{snow}、$DDT_{glacier}$ 分别为降雪和冰川的度日因子 $[mm/(℃\cdot d)]$，根据 2009~2013 年葫芦沟流域十一冰川 21 个花杆的观测（Chen et al., 2014b），$DDT_{glacier}$ 约为 5.9mm/（℃·d）（陈仁升等，2014a），基于葫芦沟流域的积雪水文观测，DDT_{snow} 约为 5.6mm/（℃·d）（Chen et al., 2014b；陈仁升等，2014a）。

随着暖季冰川的融化，冰川消融区厚度变薄，冰川平均厚度也相应变小。冷季，冰川厚度由于冰川积累而加厚

$$D_i = \frac{A_{abl,\,i}}{A_i} D_{abl,\,i} + \frac{A_{acc,\,i}}{A_i} D_{acc,\,i} \tag{2-12}$$

式中，A 和 D 为冰川面积（km^2）和厚度（km）；i 为第 i 条冰川；下标 abl 和 acc 分别为冰川消融面积和积累面积。

D 的变化将改变冰川体积

$$V_{i+1} = D_{i+1} A_i \tag{2-13}$$

Grinsted（2013）已经给出了冰川面积 A（km^2）与体积 V（km^3）之间的相关关系，该公式被中国第二次冰川编目采用（Guo et al., 2015）：

$$V = 0.0433 A^{1.29} \tag{2-14}$$

而新的冰川面积 A_{i+1} 应为

$$A_{i+1} = \left(\frac{V_{i+1}}{0.0433}\right)^{-1.29} \tag{2-15}$$

冰川面积的变化部分（$A_{i+1}-A_i$）也是冰川消融区的一部分，上述利用冰川体积 V 计算冰川面积 A 的方法也是描述冰川运动的一种简单方式。

2.5.2 积雪水文模块

中国多数地区的最大积雪深度小于 20cm（Li, 1999），平均积雪深度低于 3cm（Che et al., 2008），黑河上游的最大积雪深度通常也低于 20cm。CBHM 模型中，利用度日因子模型计算黑河上游融雪径流，积雪消融的瞬时临界气温约为 0℃，对应的积雪消融度日因子约为 5.6mm/（℃·d）（陈仁升等，2014a）。风吹雪主要在我国的东北、北疆及青藏高原的中部和西南地区出现，而祁连山区风吹雪却较鲜见，故在 CBHM 模型中不予考虑，但应该考虑其地形遮蔽的影响。根据葫芦沟流域内 5 年的比对观测，改进 CBHM 模型中度日

模型的气温为地表温度。

$$T_f = \begin{cases} T_a, & h_0 \leq 0 \\ T_a + (T_{max} - T_{min}) \sin h_0 \ (1 - \sin^2 \omega), & h_0 \geq \omega \& \cos\varphi < 0 \mid 0 < h_0 < \omega \& \cos\varphi \geq 0 \\ T_a + (T_{max} - T_{min}) \ (\sin h_0 + \cos\varphi) \ (1 + \sin^2 \omega), & h_0 > \omega \& \cos\varphi \geq 0 \end{cases}$$

(2-16)

式中，T_a、T_f分别为每小时气温（℃）、地表温度（℃）；T_{max}、T_{min}分别为日最高气温（℃）、日最低气温（℃）；h_0为太阳高度角（°）；ω为坡面坡度（°）；φ为坡面坡度与太阳方位角的差（°）。

$$R_{snow} = DD \ T_{snow} \ (T_f - 0)$$

(2-17)

式中，R_{snow}为积雪消融量（mm）；DDT_{snon}为积雪消融度日因子［mm/（℃·d）］。

2.5.3 冻土水文模块

(1) 多年冻土冻结层计算

在寒区流域中，多年冻土冻结深度是计算水分活动层厚度的参数。CBHM 模型采用 Kudryavtsev 方法对模型格点多年冻土冻结深度进行模拟（王澄海等，2009）。该方法在考虑气温的基础上充分考虑积雪、植被、土壤含水量、土壤热性质等因素对活动层的影响。

气温的年内变化呈现为波动形式，近似为余弦函数，公式如下

$$T_a \ (t) \ = \overline{T}_a + A_a \cos \left(\frac{2\pi t}{P} \right)$$

(2-18)

式中，$\overline{T}_a$为年平均气温（℃）；A_a为年平均气温的振幅（℃），由年内月气温计算；P为气温波动周期；t为时间（月）。

地温是气温经过积雪和植被衰减作用后的结果。因此，年平均地温 $\overline{T}_s$ 和年平均地温的幅度 A_s 可以表示如下

$$\overline{T}_s = \overline{T}_a + \Delta T_{sn} + \Delta T_{veg}$$

(2-19)

$$A_s = A_a - \Delta A_{sn} - \Delta A_{veg}$$

(2-20)

式中，ΔT_{sn}、ΔA_{sn}、ΔT_{veg}、ΔA_{veg}分别为积雪和植被对温度的修正（℃）。通过以下公式计算

$$\Delta T_{sn} = A_a \left[1 - \exp \left(-Z_{sn} \sqrt{\frac{\pi}{P \cdot K_{sn}}} \right) \right]$$

(2-21)

$$\Delta A_{sn} = \frac{2}{\pi} \Delta T_{sn}$$

(2-22)

$$A_{veg} = A_a - \Delta A_{sn}$$

(2-23)

$$\overline{T}_{veg} = \overline{T}_a + \Delta T_{sn}$$

(2-24)

$$\Delta A_1 = (A_{veg} - \overline{T}_{veg}) \left[1 - \exp\left(-z_{veg}\sqrt{\frac{\pi}{K_{veg}^f \cdot 2\tau_1}}\right) \right] \tag{2-25}$$

$$\Delta A_2 = (A_{veg} - \overline{T}_{veg}) \left[1 - \exp\left(-z_{veg}\sqrt{\frac{\pi}{K_{veg}^t \cdot 2\tau_2}}\right) \right] \tag{2-26}$$

$$\Delta A_{veg} = \frac{\Delta A_1 \cdot \tau_1 + \Delta A_2 \cdot \tau_2}{P} \tag{2-27}$$

$$\Delta T_{veg} = \frac{\Delta A_1 \cdot \tau_1 + \Delta A_2 \cdot \tau_2}{P} \cdot \frac{\pi}{2} \tag{2-28}$$

式中，Z_{sn} 为积雪深度（m）；K_{sn} 为积雪热扩散率（m²/s）；z_{veg} 为植被的高度（m）；$\overline{T}_{veg}$ 为植被对地温影响幅度的平均值（℃）；K_{veg}^f、K_{veg}^t 分别为冻结和融化时的热扩散率（m²/s）；τ_1、τ_2 分别为冷期和暖期的持续时间。

因此，土壤冻结深度处的年平均温度（$\overline{T}_z$）可以表示如下

$$T_{num} = T_s \cdot (\lambda_f + \lambda_t)/2 + A_s \frac{\lambda_f + \lambda_t}{\pi} \left[\frac{\overline{T}_s}{A_s}\arcsin\frac{\overline{T}_s}{A_s} + \sqrt{\left(1 - \frac{\pi^2}{A_s^2}\right)} \right] \tag{2-29}$$

$$\lambda = \begin{cases} \lambda_f, & T_{num} < 0 \\ \lambda_t, & T_{num} > 0 \end{cases} \tag{2-30}$$

$$Z_c = \frac{2(A_s - \overline{T}_z)\sqrt{\frac{\lambda PC}{\pi}}}{2A_z C + Q_L} \tag{2-31}$$

$$A_z = \frac{A_s - \overline{T}_z}{\ln\left(\dfrac{A_s + \dfrac{Q_L}{2C}}{\overline{T}_z + \dfrac{Q_L}{2C}}\right)} - \frac{Q_L}{2C} \tag{2-32}$$

多年冻土冻结深度

$$Z = \frac{2(A_s - \overline{T}_z)\sqrt{\dfrac{\lambda \cdot P \cdot C}{\pi}} + \dfrac{Z_c Q_L \sqrt{\dfrac{\lambda P}{\pi C}}}{\sqrt{\dfrac{\lambda P}{\pi C}} + Z_c}}{2A_s C + Q_L} \tag{2-33}$$

式中，Z 为冻结深度（m）；A_s 为地表温度年变化幅度；$\overline{T}_z$ 为冻结深度处的年平均温度；λ 和 C 分别为土壤的热导率 [J/(m·s·℃)] 和热容量 [J/(kg·℃)]；Q_L 为相变潜热（J/kg）；P 为气温波动周期。

（2）冻土水热耦合总方程

由于冻土的存在，寒区冻融过程均伴随土壤水的相变，进而影响土壤中热量、水分的

传导。CBHM 模型冻土水热耦合计算参考 CoupModel 计算方程及参数化方案（Jansson and Moon，2001）。

土壤热传导方程如下

$$q_h = -k_{hs}\frac{\partial T_s}{\partial z} + C_w T_s q_w + L_v q_v \tag{2-34}$$

式中，q_h 为土壤内的热量传输（W/m²）；q_v 为水汽通量；q_w 为液态水通量；C_w 为水的比热；k_{hs} 为土壤热量传导系数 $[J/(m \cdot s \cdot ℃)]$；T_s 为地温（℃）；z 为土壤深度（m）；L_v 为蒸发潜热（常温为 $2465×10^3 J/kg$）。

将能量守恒方程加入，便得到一般的热量流动方程

$$\frac{\partial(CT_s)}{\partial t} - L_f \rho_s \frac{\partial \theta_i}{\partial t} = \frac{\partial}{\partial z}(-q_h) - s_h \tag{2-35}$$

或

$$\frac{\partial(CT_s)}{\partial t} - L_f \rho_s \frac{\partial \theta_i}{\partial t} = \frac{\partial}{\partial z}\left(k_{hs}\frac{\partial T_s}{\partial z} - C_w T_s \frac{\partial q_w}{\partial z} - L_v \frac{\partial q_v}{\partial z}\right) - s_h \tag{2-36}$$

式中，L_f 为冻融潜热（值为 $334×10^3 J/kg$）；θ_i 为土壤固态体积含水量（%）；ρ_s 为土壤密度（kg/m³）；s_h 为土壤热源项；C 为土壤热容量 $[J/(kg \cdot ℃)]$。等式左边表征土壤感热和潜热随时间的变化。等式右边前三项与土壤热传导方程对应，表示土壤传导性和对流性，第四项表示土层热源交换。

2.5.4　黑河干流山区流域模拟示例

黑河发源于南部祁连山区。山区流域海拔为 1500~5500m，高大山系拦蓄来自西风、高原季风、东南季风以及当地水汽，形成了丰沛的降水和冷湿的气候环境，孕育了较为丰富的冰冻圈资源；山区流域年平均气温约为 -5.4℃，年降水量约为 500mm，其中约 25% 为降雪；冰川面积约为 420km²，多年冻土面积约占 50%，属于典型的冰冻圈。降雨及冰川和积雪融水经由冻土所发生的产流、入渗、蒸散发和汇流过程，是黑河山区流域的主要水文过程。固液相变及热量主控是山区流域水文过程的主要特色，不同于常规的流域降雨-产流过程。黑河在祁连山区共发育较大的河流约 41 条，总出山河川径流量约为 $35.7×10^8 m^3$，其中冰川融水约为 $3.0×10^8 m^3$，占 8.4%。干流山区流域（莺落峡水文站控制流域）面积为 10 009km²，多年均径流量约为 $16×10^8 m^3$，年冰川融水量仅为 $0.55×10^8 m^3$，约占 3.4%。

基于在黑河山区多年实测率定的模型参数，利用 CBHM 模拟了黑河干流山区流域 1960~2013 年的月水文过程，模拟和校正期间的效率系数分别为 0.93 和 0.94。同时模型计算的蒸散发量、土壤温度、冰川面积、土壤含水量等与实测数据也较为接近。据此获取了黑河山区流域的水量平衡特征、不同下垫面的水文功能以及冰冻圈变化对流域水文过程的影响等结果（陈仁升等，2017）。基于 CMIP5 的 RCP2.6、RCP4.5 和 RCP8.5 三种排放情景，预估了未来黑河山区流域冰冻圈及其水文过程的可能变化。图 2-42 为 CBHM 模型

计算的 1960～2013 年多年冻土面积、冰储量和冰雪融水的变化情况示例。模型输出结果很好地揭示了冰冻圈特别是冰川和积雪的调丰补枯功能，以及高山寒漠带的主产流区作用等（图 2-43）。

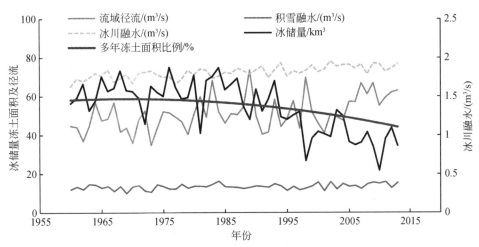

图 2-42　CBHM 模型模拟的黑河干流山区流域多年冻土面积、冰储量以及冰雪融水变化

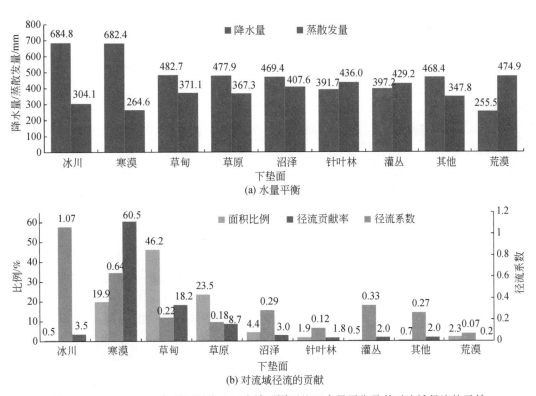

图 2-43　1960～2013 年黑河干流山区流域不同下垫面水量平衡及其对流域径流的贡献

2.5.5 核心结论和认识

CBHM 模型能够很好地描述中国寒区流域的水文过程，揭示冰川、冻土和积雪等冰冻圈以及植被变化对流域水文过程的影响，是目前高海拔寒区流域水文过程研究的有效工具。

CBHM 模型包含了冰冻圈主要素，模型参数几乎不需要校正，就能够获取与实测数据较为一致的结果。但为了适应中国高海拔寒区流域实测数据稀少的现状，CBHM 模型简化了寒区流域水文过程的描述，由此可能忽略了寒区水文过程中的一些重要过程。今后应进一步加强寒区水文过程的观测与机理研究，在增加驱动和验证数据的同时，进一步改善 CBHM 模型对高海拔寒区流域水文过程的描述能力。

2.6 三极地区冰冻圈气候模拟：模式的改进与模拟结果的提升

南北极和青藏高原是地球气候系统中冰冻圈分量最为显著的地方。正确认识与模拟南北极和青藏高原的表面物质和能量平衡，对于研究冰冻圈与气候的相互作用和理解气候升温背景下的全球及区域气候变化有着重要的意义。由于观测数据稀缺，有限的观测数据存在时间和空间代表性不够的问题，目前对南北极和青藏高原地区表面物质和能量平衡的估计存在较大的不确定性，因此模式成为研究三极的重要工具。全球气候模式能够凸显出三极和全球气候变化之间相互的响应和反馈，但由于分辨率较低，局地特征不能很好体现。而高精度的区域模式，如 WRF 模式，能够提供全面而细致的结果，有利于理解极地和青藏高原地区冰冻圈的变化，但受限于计算资源，这类模拟时间通常较短。因此，在很多研究中交叉使用这两类模式。本章将通过 3 个例子，分别介绍模式冰冻圈过程的改进在南北极和青藏高原地区对冰冻圈模拟的影响，主要内容包括考虑风吹雪过程对南极地区表面物质能量平衡模拟的提高、复杂热力学海冰模式对北极海冰模拟的改进、以熔作为预报变量的积雪方案对青藏高原积雪模拟的影响。此外，考虑到降水对青藏高原冰川变化的影响，我们分析了一条从印度大陆到高原西南部的水汽通道以及这一通道对高原未来降水变化可能带来的影响。

2.6.1 考虑风吹雪过程对南极地区表面物质能量平衡模拟的提高

南极地区表面物质能量平衡对预估南极冰盖的变化、局地积雪的积累、温度的变化有重要影响。为了改进 WRF 模式对南极的模拟，我们发展了一个改进的冰盖表面物理过程方案，该方案包含了积雪水文和雪微物理过程，采用了物理意义更加明确的积雪反照率参数化，并优化了近地面层参数化方案；同时还耦合了双参数的 POEKTUK-D 风吹雪模型，以更好地描述风吹雪的发生、传输和升华等过程。

图 2-44 为 2005 ~2013 年 WRF 模式模拟的南极地区表面物质平衡分布图。从图 2-44

中可以看出，同 ERA-Interim 再分析资料相比，WRF 模拟更好地再现了南极表面物质平衡的主要空间分布特征。沿岸地区表面物质平衡一般在 700mm/a 以上，高于内陆地区，这主要是由于沿岸地区降雪相对频繁。在南极内陆地区，随着地形高度增加，表面物质平衡有减少趋势，在东南部高原地区，物质平衡小于 50mm/a。同时，由于考虑了风吹雪过程，因此在风吹雪频繁的地区，如东南极沿岸地区，WRF 模拟的表面物质平衡有更多的空间细节特征。

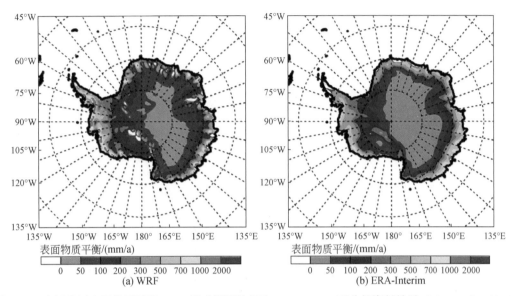

图 2-44　南极地区表面物质平衡 WRF 模式模拟结果和 ERA-Interim 再分析资料结果（Yao et al.，2016a）

不同于 ERA-Interim 再分析资料，WRF 模拟中包含了较为完整的各种南极表面冰雪物理过程。通过资料同化方法，综合利用各种大气观测资料，在提高模拟结果的基础上，我们对影响南极物质平衡的不同过程做了定量估计。降雪是影响表面物质平衡最大的过程，主要分布在南极半岛以及南极沿岸，这些地区年平均降雪量可达 700mm 以上（图 2-45）。在跨南极山脉和 Ross 冰架的交界面上，年平均降雪量达到 200mm，这主要是由地形强迫引起的降雪过程。在南极内陆地区，尤其是东南极的高原上，降雪非常稀少，多数地区不足 50mm/a。南极表面积雪的升华过程由表面积雪升华和风吹雪升华组成。升华过程主要发生在南极沿岸和跨南极山脉附近，部分地区的升华可达 100mm/a 以上。这些地方由于地形陡峭，盛行下行风，使得风吹雪过程频繁发生，引起更多的风吹雪升华。在南极内陆高海拔地区，升华过程明显减弱，大部分区域不足 10mm/a。除了降雪和升华以外，风吹雪也会通过其动力作用引起积雪的输送。在盛行下行风的区域，风吹雪使得积雪被吹到下游地区，相应减少了上游地区的积雪，但增加了下游地区的积雪（~5mm/a）。

WRF 模式模拟结果显示，降雪过程平均每年为南极地区带来 2389.7Gt 的物质，其中 63.2Gt 通过表面的升华过程回到大气中，相当于降雪量的 2.6%；风吹雪过程升华总量为每年 314.8Gt，相当于降雪量的 13.2%；由于表面融化形成的径流过程，每年约有 30.5Gt

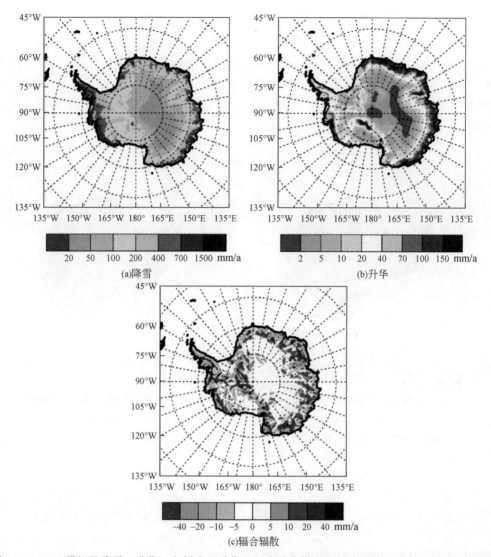

图 2-45　WRF 模拟的降雪、升华（包括表面升华和风吹雪升华）和风吹雪输送引起的局地辐合辐散

的物质流入海洋，这仅相当于降雪量的 1.3%。因此，通过以上这些过程，最终会有将近 82.9% 的降雪会留在南极冰盖表面，而相比之下，对表面物质损失作用最大的过程是风吹雪过程。

　　以往研究中多使用 ERA-Interim 再分析资料的结果来估计南极表面物质和能量平衡。对比 ERA-Interim 再分析资料，WRF 模拟在多个方面表现出一定优势。由于包含了风吹雪过程，WRF 模拟可以反映出风吹雪过程导致的积雪升华和输送过程。一些风吹雪频繁发生并导致表面物质平衡为负值的区域也能在 WRF 模拟中体现出来。ERA-Interim 再分析资料由于不包含风吹雪过程，难以再现这些过程，并且由于其分辨率略低于本研究的 WRF 模拟，一些空间细节特征不能得到很好的体现。用一套经过质量控制的表面物质平衡观测资料作为参照，WRF 的均方根误差为 101.2mm/a，低于 ERA-Interim 再分析资料的

154.1mm/a。WRF 与观测资料的相关系数达到 0.823，高于 ERA-Interim 再分析资料的 0.609。WRF 模式模拟的南极表面物质平衡为 1981Gt/a，和 IPCC 第五次报告给出的 1983Gt/a 较为接近，这一结果相当于每年降低全球平均海平面 5.5mm。

2.6.2　复杂热力学海冰模式对北极海冰模拟的改进

在使用区域大气模式时，表层海水温度、海冰密集度和海冰厚度是作为下边界的强迫来处理的。海冰表面的温度计算是通过模式中的热力学海冰模块来实现，在这一模块中，如果不能满足能量守恒，在长期气候模拟时会导致表面能量平衡的偏差。目前多数区域气候模式中的热力学海冰模式都相对简单，包含大量的简化，对冰、雪模拟存在能量不平衡问题，这对气候模拟的效果产生严重影响。有的区域模式中的海冰模块不包含海冰的消融和生长过程，并且假定海冰表面始终被积雪覆盖，这都会导致海冰和冰上积雪过程的能量不平衡问题。为了解决这个问题，需要更加细致合理的海冰和积雪过程模拟。

相比 WRF 模型中 Noah 包含的简化热力学海冰模式，复杂的热力学海冰模式（HIGHTSI）在多个方面显示出一定优势（表 2-8）。首先，HIGHTSI 比 Noah 有更多的垂直分层，这也意味着积雪和海冰中的温度垂直廓线特征可以更加细致地表现出来。更加重要的是，不同于 Noah 中必须给定海冰的厚度，HIGHTSI 包含了海冰的生长和消融过程。海冰厚度模拟对海冰内部的能量平衡十分关键，海冰厚度固定不变或给定方式不合理都会导致能量不守恒问题。如果缺少海冰厚度变化过程，在给定海冰厚度时，模式在海冰变厚时会产生虚假的降温，在海冰变薄时会产生虚假的增温。这会进一步影响海冰表面温度的模拟，导致模式模拟海冰表面能量平衡出现偏差。

表 2-8　Noah 与 HIGHTSI 的主要区别

项目	Noah	HIGHTSI
积雪分层	1 层	10 层
海冰分层	4 层	20 层
海冰厚度变化	无生长和消融过程	含生长和消融过程
辐射穿透	只考虑积雪内辐射过程	考虑积雪和海冰内辐射过程
表面特性	始终被积雪所覆盖	有、无积雪覆盖采用不同的处理方案

通过比较 Noah 和 HIGHTSI 分别与 WRF 的耦合模拟结果，复杂的热力学海冰模式对提高区域模式在北极地区模拟具有重要作用。分析模拟海冰温度（图 2-46），结果显示 WRF-Noah 在冬半年有明显的冷偏差，最大偏差发生在 1 月，幅度达到 10℃。而 WRF 耦合了 HIGHTSI 后，模拟结果有了明显的改善，虽然从 9 月到次年的 2 月仍存在冷偏差，但幅度不超过 4℃。由此可见，WRF 耦合 HIGHTSI 后，海冰温度模拟结果相对于观测资料（SHEBA）的偏差显著减小。

对于地表温度和近地面气温，WRF 耦合 HIGHTSI 后，结果与 SHEBA 更为接近，相比耦合 Noah 有明显改善，地表温度比 ERA 再分析资料的结果更接近观测结果（图 2-47）。

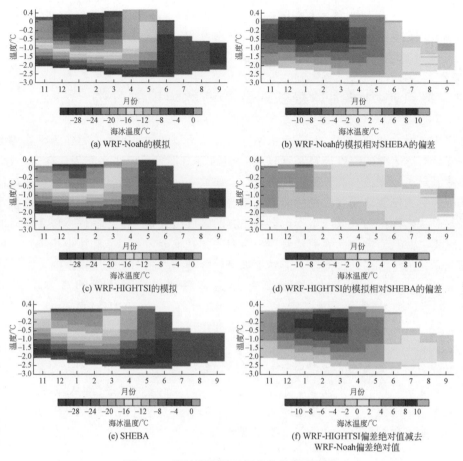

图 2-46　海冰温度随时间变化的月平均值

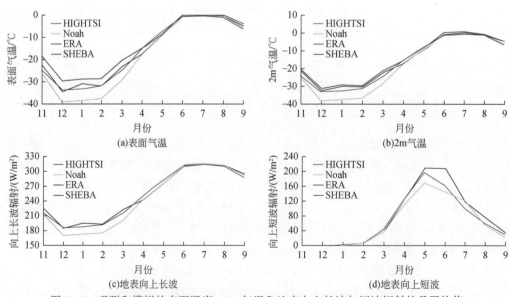

图 2-47　观测和模拟的表面温度、2m 气温和地表向上长波与短波辐射的月平均值

2.6.3　以焓作为预报变量的积雪方案对青藏高原积雪模拟的影响

现代气候模式对积雪具备一定的模拟能力，但是由于该模式对积雪变化机理的处理过于简单，尤其是在复杂地形的高原地区，模式对积雪的模拟较差。积雪的热力作用受太阳辐射、长波辐射、感热通量、潜热通量、降水、地表热通量、表层间的热传导以及相态间互相转换时的能量释放等作用的影响。在积雪与大气相互作用模型（snow-atmosphere-soil transfer model，SAST）的能量平衡方程中，用焓代替温度的变化，融水的焓定义为 0。因此，渗入的地下、土壤层的或者形成径流、排水的雪融水的焓均为 0。这样会使相变的过程处理起来更简便，并且可以促使能量平衡方程计算更精确，不会因雪融水流而校正计算结果。

定义 273.15K 时水的体积比焓 H（J/m^3）$=0$，其控制方程为

$$\frac{\partial H}{\partial t} = \frac{\partial}{\partial Z}\left[K\frac{\partial T}{\partial Z} - R_S(Z)\right] \tag{2-37}$$

式中，K 为热传导系数 $[W/(m \cdot K)]$；R_S 为雪层短波辐射通量（W/m^2）；Z 为深度（m）；T 为次表面的温度，R_S 定义为

$$R_S(Z) = R_S(0) \cdot (1-\alpha) \times e^{(-\lambda Z)} \tag{2-38}$$

式中，α 为反照率；λ 为太阳辐射的消光系数（m^{-1}）。消光系数会影响表面能量平衡，也会影响表层融雪速率。次表层的温度 T 可以由以下关系式推算出

$$H = C_v \cdot (T-273.16) - f_i \cdot L_{li} \cdot W \cdot \rho_1 \tag{2-39}$$

式中，L_{li} 为冰雪的熔化潜热（J/kg）；ρ_1 为液态水密度（kg/m^3）；W 为体积雪水当量；f_i 为第 i 层的干雪质量分数，介于 $0 \sim 1$；C_v 为平均体积热容 $[J/(m^3 \cdot K)]$

$$C_v = 1.9 \times 10^6 \frac{\rho_s}{\rho_i} \tag{2-40}$$

式中，ρ_s 为雪体积密度（kg/m^3）；ρ_i 为冰密度，即 920kg/m^3。

同时，用焓替代土壤温度作为预报变量，并把这些修改加入陆面模式（HydroSiB2）。这些修改在青藏高原上两个站点（垭口站和阿里站）的测试评估中对各种土壤变量有明显改进。

把这些修改添加到清华大学正在发展的 CIESM 模型中并进行了 25 年的全球气候模拟。由图 2-48 可以看出，和原有方案相比，改进后的积雪方案在青藏高原西南角积雪减少，主要原因可能是由于高原西南角在冬季模拟的温度偏高，导致积雪相对于之前方案偏少。但从积雪深度上来看（图 2-48），在青藏高原东南角和帕米尔高原附近，积雪深度相对于之前方案都有所增加。由此可见，积雪方案的修改会对青藏高原上的物质平衡模拟带来一定影响，继而通过影响整个系统的能量收支对气候产生相应的响应。未来将进一步研究全球变暖下高原积雪的变化。

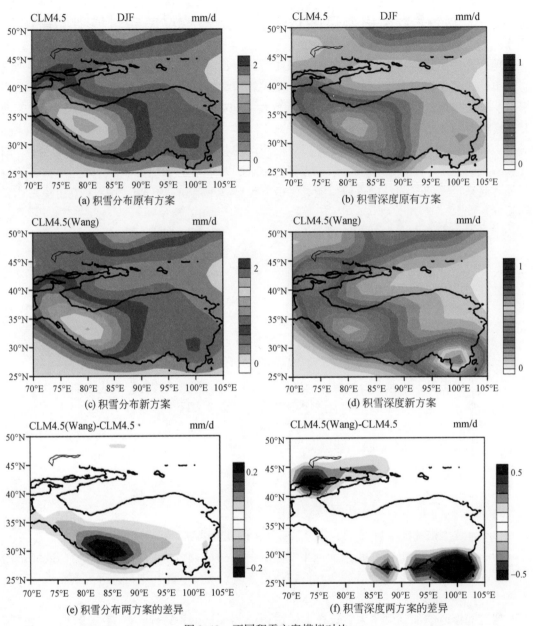

图 2-48　不同积雪方案模拟对比

2.6.4　夏季印度平原到青藏高原西南部水汽输送新通道的发现

　　青藏高原是亚洲多条河流的发源地，对下游地区的水资源具有极大影响。世界上有将近 1/6 的人口依赖于这些河流提供的水资源。近年来，青藏高原上的气候正在发生重大变化，而且这种变化在全球变暖的背景下还将持续。由于青藏高原独特的气候条件，这些变化由于气候反馈作用可能被放大，将对青藏高原上的水资源的分布造成重要影响。降水作为青藏高原上水资源极大的补充形式之一，对青藏高原上的生态系统有着重要作用。此外，由于青藏高原中部和南部地区的冰川表现为夏季增长型，即冰川的物质增长主要发生在夏季。夏季降水在很大程度上决定了这些冰川整体的物质平衡，而这些冰川的变化会反过来对局地气候产生不可估量的影响，因此，理解青藏高原夏季降水具有重要的意义。

青藏高原上的降水主要发生在夏季，受到印度季风、东亚季风和西风带的共同影响。夏季降水大值区主要集中在喜马拉雅山脉南麓，向青藏高原内部逐渐递减。尽管降水量级上存在一定差异，但青藏高原西南部地区与印度平原地区的夏季降水在过去近50 年均表现为显著下降趋势。同时，高原西南部地区与印度平原地区的夏季降水表现出高度相关［图 2-49］。这反映出青藏高原地区，尤其是青藏高原西南部地区的夏季降水与印度平原地区的夏季降水有着紧密关联。

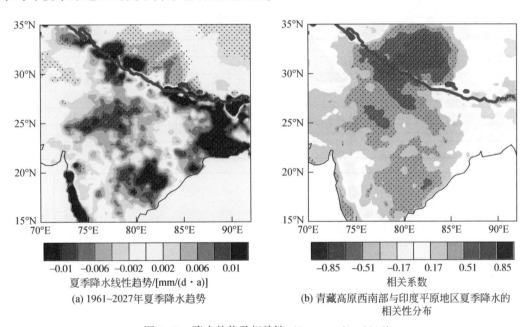

图 2-49　降水趋势及相关性（Dong et al.，2016）

水汽来源分析是理解青藏高原降水的重要方法，有助于解释青藏高原同印度之间降水的联系。早在 1990 年，林振耀等在《地理研究》中就指出青藏高原夏季水汽输送主要来自印度洋的孟加拉湾。进入夏季，印度季风爆发，充沛的暖湿气流沿着雅鲁藏布江（或者横断山脉三江河谷）大拐弯溯流北上，进入青藏高原东部并沿青藏高原北缘自东向西缓慢地将水汽输送至南疆盆地东部。这一过程可以从卫星云图［图 2-50（a）］中清晰地看到，大量的热带云团从孟加拉湾沿河谷北上，携带充沛的暖湿气流涌入青藏高原。这些水汽为青藏高原上的海洋性冰川提供了大量的物质基础。这条公认的水汽输送通道得益于其地理位置，雅鲁藏布江河谷距离孟加拉湾较近，地势相对低平，没有高大的山体迎面阻挡，纵切的山谷有利于暖湿气流沿河谷北上。除此之外，通过卫星云图（图2-50）还可以发现，当夏季印度半岛上对流活动频繁发生时，部分对流云团会随着对流层中高空的西南气流跨越喜马拉雅山脉而进入到青藏高原内部。如图2-50（b）所示，大量的云团从印度平原北部直接跨越喜马拉雅山脉进入到青藏高原西南部地区。利用 ERA-Interim 再分析资料定量分析青藏高原降水的水汽来源显示，青藏高原在夏季是水汽的汇，即周边地区向高原上输送水汽。青藏高原南面的水汽输送主要来源于印度洋和孟加拉湾，西边和北边的水汽输送主要来源于大西洋和北冰洋。相比之下，青藏高原西北部由于高山阻挡以及内陆水汽稀少等原因，水汽输送少。水汽主要从西边和南边进入青藏高原，从西边进入青藏高原的仅为南边的32%。因此，来自南边的暖湿气流是青藏高原夏季降水的主要来源。

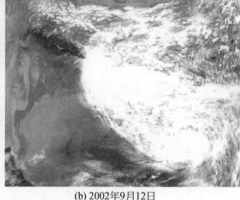

(a) 2016年6月2日　　　　　　　　　　　　　　　(b) 2002年9月12日

图 2-50　青藏高原及周边地区 MODIS 卫星真彩色云图

图片来源 https：//neo. sci. gsfc. nasa. gov/

通过统计分析，每年夏季由印度平原北部直接跨越喜马拉雅山脉进入到高原西南部地区的事件大概有28次，以下选取2002年9月12日作为一个典型事件进行分析。结合再分析资料不同高度层上的风场结构来看，当印度平原上的水汽向青藏高原西南部输送时，对流层中高层伴随着强劲的西南风［图2-51（d）~（f）］。与此同时，观测到的降水也与这次跨越高原的水汽输送吻合，从图2-51（a）中可以清晰地看到雨带由印度半岛北部一直延伸到青藏高原西南部。图2-51（b）显示在500hPa位势高度（接近青藏高原表面平均高度）仍存在较强的上升运动，且一直从南向北延伸。湿静能的空间分布也显示出由印度平原北部到青藏高原西南部的大值区。这些变量的分布均说明在此次事件中，水汽直接由印度平原翻过喜马拉雅山脉进入到了青藏高原西南部地区，为高原西南部降水提供了充沛的来源。经统计，此过程提供的水汽所带来的降水占青藏高原西南部降水的46%。

需要指出的是，相比雅鲁藏布江河谷的水汽输送通道，这条水汽输送通道路径较短，范围主要集中在青藏高原西南部，但其为青藏高原带来的水汽可能影响更广的范围。更为重要的是，这条水汽通道并不是时时刻刻都在向青藏高原输送水汽，该过程的发生需要一

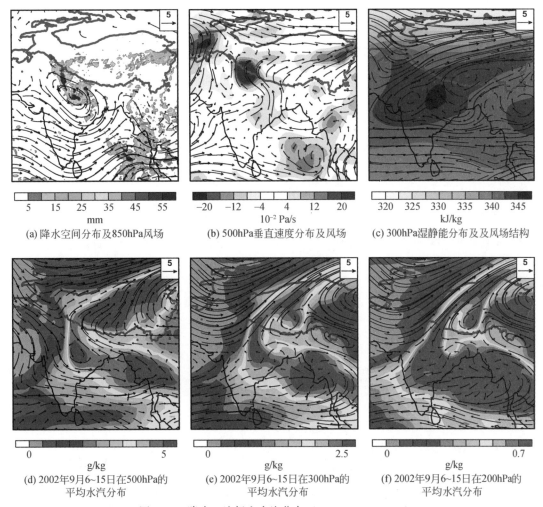

(a) 降水空间分布及850hPa风场　　　(b) 500hPa垂直速度分布及风场　　　(c) 300hPa湿静能分布及及风场结构

(d) 2002年9月6~15日在500hPa的　　　(e) 2002年9月6~15日在300hPa的　　　(f) 2002年9月6~15日在200hPa的
平均水汽分布　　　　　　　　　　平均水汽分布　　　　　　　　　　平均水汽分布

图 2-51　降水、流场和水汽分布（Dong et al.，2016）

定的条件。通过分析大量的观测数据，设计水汽后向轨迹模拟实验和区域模式敏感性实验，不仅证实了这一水汽通道存在的真实性和重要性，并在此基础上提出了新的"抬升-平流"水汽输送过程（图 2-52）。首先，印度平原上充沛的水汽被强的对流系统带到对流层中高层（400~600hPa 位势高度），这些对流过程同印度季风的爆发，也就是季风低压，具有紧密联系。可以发现每年在印度季风活跃时期，对流系统更容易产生。这些被携带至高空的水汽和水凝物只有在适宜的风场结构下，包括南风或者西南风，才能被吹至青藏高原内部。这些水汽和水凝物最终为高原上的降水提供了一个主要来源。这一过程不仅得到卫星观测的证实，也能从降水中[18]O 同位素的观测间接推导得出。这条水汽通道的发现将帮助我们更好地理解青藏高原上的降水变化。

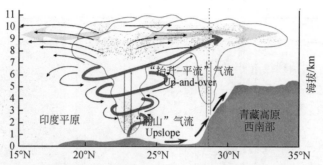

图 2-52   青藏高原西南部地区"抬升–平流"水汽输送示意图（Dong et al., 2016）

黑色箭头为翻山气流，灰色箭头为"抬升–平流"气流

2.6.5   核心结论与认识

冰冻圈变化的模拟离不开对冰冻圈物理过程的客观刻画及不同冰冻圈分量和其他地球系统分量，特别是大气、海洋及陆面分量的相互作用和影响。本章描述了不同冰冻圈过程描述的改进，包括南极大陆上的风吹雪模块、复杂热力学海冰模块、采用焓作为预报变量的积雪和土壤模块对模式模拟性能改进的影响。这些新的发展将有效提高我们对未来冰冻圈及整个气候系统的模拟及预估，同时也揭示了冰冻圈模拟目前面临的困难和挑战。此外，不同分量及过程的改进最后要有机地整合到全球气候系统或地球系统模式中并协调工作，这需要考虑不同时空尺度的转换、同已有过程与分量的匹配以及模式整体性能等。最后，对冰冻圈分量未来变化的可靠预估建立在我们对过去冰冻圈历史变化的良好模拟上，这些工作需要和不断积累的观测进行细致评估和分析，不断发现存在的问题，持续改进模式。

同时，冰冻圈的模拟和预估离不开对大气环流，特别是水汽输送的理解，因为冰冻圈的增长最终依赖这些水汽来源。青藏高原上冰川的变化取决于冰川积累和消融的差异，因此如何理解高原上的温度和降水变化至关重要。同传统的翻山气流相比，新发现的这条从印度平原到青藏高原西南部的"抬升–平流"水汽输送通道能更为有效地向青藏高原输送水汽。因此，这条通道的发现是对青藏高原传统水汽输送通道的一大补充，对理解和分析青藏高原，尤其是其西南部的降水变化，有很大帮助。此外，尽管存在较大的不确定性，全球气候模式大部分预估未来印度季风降水将会增加。这意味着，在"抬升–平流"水汽输送通道的联系下，青藏高原西南部的降水也将可能增多，从而影响青藏高原上的生态环境和冰川的物质平衡，这对相应政策的制定和决策具有一定的指导意义。

2.7   未来全球冰冻圈变化预估：积雪与冻土的可能变化

近百年来，全球发生了以变暖为主要特征的气候变化，通过线性趋势计算，1880 ~ 2012 年全球平均表面温度已上升 0.85℃（IPCC，2013）。大量研究表明（辛宇飞和卞林根, 2008; Slater and Lawrence, 2013; Li et al., 2012), 冻土和积雪作为冰冻圈的两个主要分量, 自 20 世纪 70 年代以来也发生了显著的退化。IPCC 报告指出, 未来全球平均表面温度还将持续上升, 冻土退化和积雪消融的风险进一步增大。冻土和积雪主要分布在北半球, 预估北半球未来冻土及积雪的变化具有重要的现实意义。本节基于 CMIP5 数据, 预估 21 世纪不同排放情景下北半球陆地多年冻土面积、活动层深度、北半球积雪的时空变化, 并且结合巴黎气候大会中通过的 1.5℃ 及 2℃ 阈值概念, 预估全球相对工业化前升温 1.5℃ 和 2.0℃ 时北半球陆地多年冻土和雪水当量的变化。

2.7.1 21 世纪不同排放情景下北半球陆地雪水当量的时空变化

图 2-53 给出了 21 世纪初期 (2016~2045 年)、中期 (2046~2065 年) 和末期 (2080~2099 年) 北半球陆地年平均雪水当量相对于 1986~2005 年变化的空间分布。总体来看, 在三种排放情景下 21 世纪北半球大部分地区雪水当量都是减少的, 在青藏高原和北美减少尤为显著, 在西伯利亚存在弱的增加。在北美 (60°N 以北), 中低排放情景下 (RCP2.6、RCP4.5), 雪水当量相对减少 10%~20%, 而在 RCP8.5 排放情景下, 雪水当

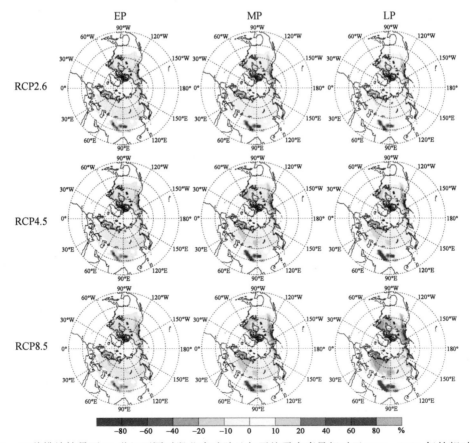

图 2-53 三种排放情景下 21 世纪不同时段北半球陆地年平均雪水当量相对于 1986~2005 年的相对变化

量相对减少40%。西伯利亚在 RCP2.6 和 RCP4.5 排放情景下，雪水当量大约增加10%；在 RCP8.5 情景下，雪水当量增加10%～20%。这表明随着温室气体排放浓度的加强，雪水当量增加或减少的强度也在增强，而且在同一排放情景下，雪水当量在末期的变化比初期和中期显著。随着全球温度上升，雪水当量呈现出减少的趋势，且在积雪的南界减少最显著。青藏高原是北半球中纬度地区唯一的高海拔区域，近年来研究表明，青藏高原地区温度的上升比其他区域明显。温度的上升加速了积雪的融化，使得青藏高原上雪水当量显著减少。相对于 1986～2005 年，在三种排放情景下，2006～2099 年平均雪水当量呈显著减少的趋势（图 2-54）。但在到 21 世纪中后期，在 RCP2.6 排放情景下，雪水当量基本呈稳定的状态；在 RCP4.5 排放情景下，雪水当量呈弱的减少趋势；而在 RCP8.5 排放情景下，雪水当量仍然持续减少至 21 世纪末（Shi and Wang, 2015）。

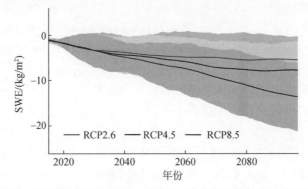

图 2-54　不同排放情景下多模式集合预估的 21 世纪北半球陆地雪水当量相对于 1986～2005 年的变化（Shi and Wang, 2015）

阴影部分代表加减一个模式间平均的标准差，集合平均前对单个模式进行 10 年滑动平均

　　三种情景下对应的 1.5℃升温阈值时间段分别为 2027～2036 年、2026～2035 年、2023～2032 年；在 RCP4.5 和 RCP8.5 情景下，2℃升温阈值时间段分别为 2046～2055 年、2037～2046 年（Kong and Wang, 2017）。全球升温 1.5℃时，北半球大部分区域年平均雪水当量和季平均雪水当量一致减少，只在中西伯利亚地区略微增加（图 2-55）。北美洲中部、欧洲西部以及俄罗斯西北部的雪水当量减少较显著，部分区域相对于 1986～2005 年减少约 40% 以上。全球升温 2℃时，大部分区域雪水当量进一步减少，在俄罗斯西北部北冰洋沿岸减少最为显著，达到 80% 以上（图 2-56）。春季雪水当量减少最为显著。相同排放情景下，与冬季雪水当量相比，春季雪水当量减小的范围和强度较大，增加的范围和强度较小，使得北半球雪水当量整体上在春季减少较多。全球升温 1.5℃及 2℃，北半球春季雪水当量相对于 1986～2005 年分别减少约 9.39kg/m² 和 13.37kg/m²（表 2-9）。IPCC AR5（IPCC, 2013）中的结果显示，北半球春季积雪到 21 世纪末将减少 7%（RCP2.6 情景）到 25%（RCP8.5 情景）。

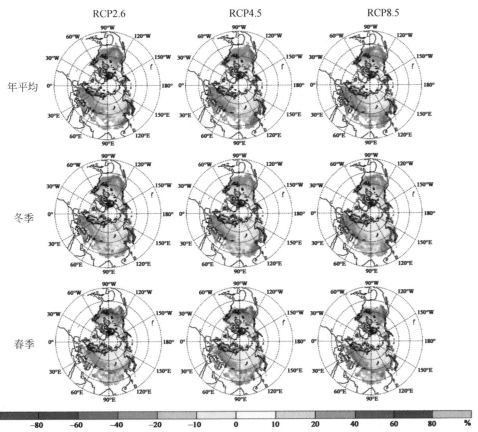

图 2-55　各排放情景下全球升温 1.5℃时北半球年平均及冬季、
春季雪水当量相对变化（Kong and Wang，2017）

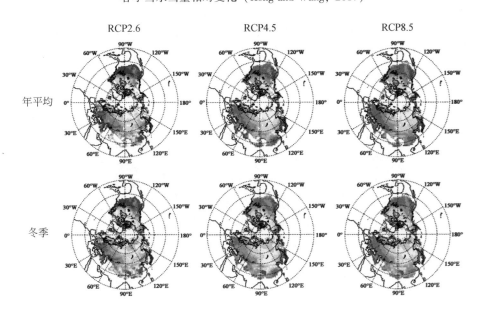

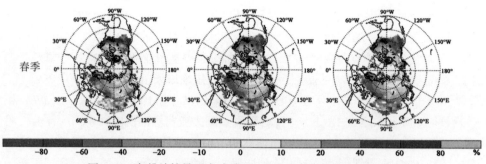

图 2-56　各排放情景下全球升温 2℃时北半球年平均及冬季、
春季雪水当量相对变化（Kong and Wang, 2017）

表 2-9　各排放情景下全球升温 1.5℃及 2℃时北半球年平均及冬季、
春季雪水当量及其变化

| 升温幅度/℃ | 排放情景 | 年平均（105.23） | | | 冬季（83.90） | | | 春季（110.72） | | |
		SWE/ (kg/m²)	AC/ (kg/m²)	RC /%	SWE/ (kg/m²)	AC/ (kg/m²)	RC /%	SWE/ (kg/m²)	AC/ (kg/m²)	RC /%
1.50	RCP2.6	98.71	6.52	6.20	76.97	6.93	8.26	102.59	8.13	7.34
	RCP4.5	99.94	5.29	5.03	77.69	6.21	7.40	103.60	7.12	6.43
	RCP8.5	99.44	5.79	5.50	77.86	6.04	7.20	103.35	7.37	6.67
2	RCP2.6	93.67	11.56	10.99	74.83	9.07	10.81	98.95	11.77	10.63
	RCP4.5	97.36	7.87	7.48	74.89	9.01	10.74	100.30	10.42	9.41
	RCP8.5	98.22	7.01	6.66	74.97	8.93	10.64	100.31	10.41	9.40

注：括号内数字表示 1986～2005 年平均雪水当量；SWE、AC、RC 分别表示雪水当量、雪水当量绝对变化、雪水当量相对变化

资料来源：Kong and Wang, 2017

2.7.2　21 世纪不同排放情景下北半球陆地多年冻土的时空变化

多模式集合平均结果表明，相对于 1986～2005 年，在 RCP2.6 和 RCP4.5 排放情景下，21 世纪三个时期的多年冻土都从南界逐渐开始退化，但是退化的强度非常弱（图 2-57）。在 RCP8.5 排放情景下，从 21 世纪初期到末期，多年冻土退化逐渐加强，尤其在 21 世纪末期，大多数多年冻土将完全退化，只在加拿大极区、俄罗斯北部和青藏高原腹地存在多年冻土（Wang et al., 2017）。2099 年多年冻土在三种排放情景下分别减少了 1.38×10⁶ km²（RCP2.6）、4.34×10⁶ km²（RCP4.5）和 10.32×10⁶ km²（RCP8.5）。这说明 21 世纪北半球多年冻土的面积在逐渐减小，且多年冻土面积在 RCP8.5 排放情景下减少最显著。青藏高原是北半球中纬度地区唯一的高海拔区域，特殊的地理环境和气候条件使得其多年冻土的变化较其他区域显著。在青藏高原，多年冻土逐渐从边缘开始退化，到 21 世纪末只在青藏高原腹地存在多年冻土。

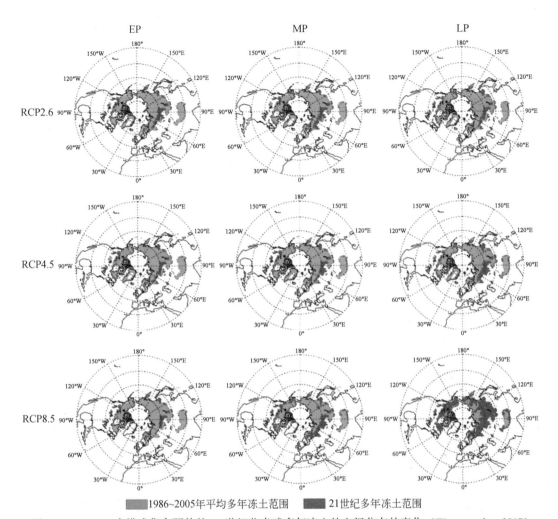

图 2-57 CMIP5 多模式集合预估的 21 世纪北半球多年冻土的空间分布的变化（Wang et al., 2017）

多年冻土的变暖和退化会导致浅层土壤中水分的下渗能力增强，使得夏季土壤中的温度梯度为负，这会对活动层产生显著的影响。相对于 1986～2005 年，21 世纪 3 个时期 3 种排放情景下活动层深度持续呈增加趋势。然而，在中低排放情景下（RCP2.6、RCP4.5），持续存在多年冻土区域的活动层深度在 2099 年呈现出稳定的状态。而在 RCP8.5 排放情景下，活动层深度仍然持续增加至 21 世纪末。可以看出，活动层深度在青藏高原变化最显著，尤其是在 21 世纪末期，在 RCP8.5 排放情景下，活动层深度变化最显著的区域将增加 0.8m。

图 2-58 为 RCP2.6、RCP4.5 和 RCP8.5 排放情景下全球升温 1.5℃时，基于 Kudryavtsev 方法估算得到的北半球多年冻土范围相对于 1986～2005 年平均值的变化。可以看出，1986～2005 年北半球平均多年冻土面积为 16.24×10⁶ km²，当全球平均温度升高 1.5℃时，多年冻土南界有不同程度的北移，明显的退化发生在中西伯利亚南部。在 RCP2.6 排放情景下，北

半球多年冻土面积约为 12.81×10^6 km^2，与 1986 ~ 2005 年相比减少了 3.43×10^6 km^2（21.12%）（表2-10）；RCP4.5 排放情景下，北半球多年冻土面积为 12.33×10^6 km^2，与历史时期相比减少了 3.91×10^6 km^2（24.1%）；在 RCP8.5 排放情景下，北半球多年冻土面积为 $12.09 \times 10^6 km^2$，与历史时期相比减少了 4.15×10^6 km^2（25.55%）。当全球变暖 2℃时，北半球多年冻土南界进一步北移。在 RCP2.6 排放情景下，全球平均升高温度不会超过2℃，这里计算的是 2100 年的北半球多年冻土范围，冻土面积约为 12.64×10^6 km^2，与 1986 ~ 2005 年相比减少了 3.59×10^6 km^2（22.11%）；在 RCP4.5 排放情景下，北半球多年冻土面积为 10.38×10^6 km^2，与历史时期相比减少了 5.86×10^6 km^2（36.08%）；在 RCP8.5 排放情景下，北半球多年冻土面积为 10.13×10^6 km^2，与 1986 ~ 2005 年相比减少了 6.11×10^6 km^2（37.62%）。

青藏高原是中纬度地区多年冻土主要分布区域，其多年冻土面积占全国多年冻土总面积的 69.8%（周幼吾和郭东信，1982）。全球升温 1.5℃时，青藏高原东南部冻土略微减少，多年冻土面积在各排放情景下分别减少 0.15×10^6 km^2（7.28%）、0.18×10^6 km^2（8.74%）和 $0.17 \times 10^6 km^2$（8.25%）；全球升温 2℃时，多年冻土面积在各排放情景下分别减少 0.17×10^6 km^2（8.25%）、0.27×10^6 km^2（13.11%）和 0.28×10^6 km^2（13.59%）。研究也表明，在 A2 排放情景下，在 2050 年，多年冻土将在青藏高原地区的巴颜喀拉山-唐古拉山之间、冈底斯山地区出现退化，冻土面积较 2006 年平均减少约 36%（王澄海等，2014）。

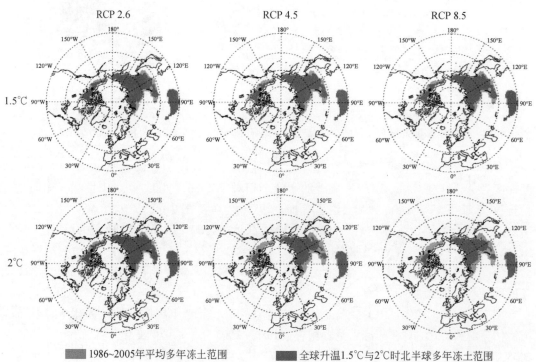

图 2-58　各排放情景下全球升温 1.5℃与 2℃时北半球多年冻土的变化（Kong and Wang，2017）

表 2-10　各 RCPs 下全球升温 1.5℃与 2℃时北半球、青藏高原多年冻
土面积及变化

区域	类别	1.5℃			2℃		
		RCP2.6	RCP4.5	RCP8.5	RCP2.6	RCP4.5	RCP8.5
北半球 (16.24)	Area/10^6km^2	12.41	12.33	12.09	12.65	10.38	10.13
	AC/10^6km^2	3.83	3.91	4.15	3.59	5.86	6.11
	RC/%	23.58	24.07	25.55	22.11	36.08	37.62
青藏高原 (2.06)	Area/10^6km^2	1.91	1.88	1.89	1.89	1.79	1.78
	AC/10^6km^2	0.15	0.18	0.17	0.17	0.27	0.28
	RC/%	7.28	8.74	8.25	8.25	13.11	13.59

注：括号内数字表示 1986~2005 年平均冻土面积，Area、AC、RC 分别表示冻土面积、冻土面积绝对变化、冻土面积相对变化（%）

资料来源：Kong and Wang, 2017

2.7.3　核心结论与认识

本节基于 CMIP5 模式数据，预估了未来全球冰冻圈中积雪与冻土的可能变化，并结合巴黎气候大会中通过的 1.5℃及 2℃阈值定义，定量预估了全球变暖 1.5℃和 2.0℃时北半球陆地多年冻土和雪水当量的变化，得到以下结论。

1）随着全球变暖，21 世纪北半球陆地雪水当量的减少、多年冻土的退化将进一步加剧。在高排放情景下（RCP8.5），尤其是在 21 世纪末期，退化最为剧烈。大多数多年冻土将会完全退化，多年冻土只在加拿大极区、俄罗斯北部和青藏高原腹地存在；活动层深度变化显著加深，最为明显的区域位于青藏高原，部分区域将加深 0.8m；北美洲的雪水当量将减少约 40%。

2）全球温升 1.5℃时，各排放情景下多年冻土面积的平均值较 1986~2005 年将减少约 23.6%；北美洲中部、欧洲西部以及俄罗斯西北部部分区域的雪水当量将减少 40%以上。全球温升 2℃时，北半球多年冻土面积将分别减少 36.08%（RCP4.5）和 37.62%（RCP8.5）；俄罗斯西北部北冰洋沿岸的雪水当量将减少约 80%以上。

未来 1.5~2.0℃升温阈值下，北半球陆地雪水当量以及多年冻土的变化不但对气候系统的稳定和变化有着重要的作用，也会对冰冻圈灾害发生风险的频数和程度有着重要的影响。定量预估北半球陆地雪水当量以及多年冻土的变化对由此带来的灾害风险管理，及防灾减灾政策制定有着重要的决策意义。因此，应密切关注 1.5℃及 2℃阈值下冰冻圈的变化，并分析其可能引起的反馈作用。然而，目前由于监测系统的不完善，加之我们对于多年冻土以及积雪的变化机理认识有限，一定程度上影响了预估的准确性。但是，由于多年冻土及积雪对于气候变化有着很强的敏感性，应加强冰冻圈监测，并加强多年冻土和积雪与大气、海洋之间相互作用（影响和响应）过程的研究，以便建立气候变化的冰冻圈预警系统，以进一步减少预估的不确定性，从而科学、准确地制定全球变暖背景下我国应对冰冻圈变化的科学对策。

第 3 章 冰冻圈变化的影响

3.1 流域水文水资源变化：冰冻圈的作用与未来影响

全球约 75% 的淡水资源储存在冰冻圈中，约 1/6 的世界人口直接生活在冰冻圈区域（Barnett et al.，2005）；中国冰冻圈是中国及周边国家重要大江、大河的发源地（如印度河、恒河、雅鲁藏布江、长江、黄河、澜沧江、塔里木河、伊犁河、鄂毕河、阿穆尔河等），更是"一带一路"干旱内陆河的水塔。在全球变化的背景下，冰冻圈变化对全球水文与水资源的影响巨大，特别是水资源短缺地区，如中国西部、中亚的内陆干旱区等。

3.1.1 中国冰冻圈近 50 年来径流总体呈现增加趋势

近 50 年（1964~2014 年）来，中国高海拔和高纬度冰冻圈区的河川径流总体呈现增加趋势（图 3-1）。在西部冰冻圈地区，径流呈增加和减少趋势的流域明显分区，分界线大约为

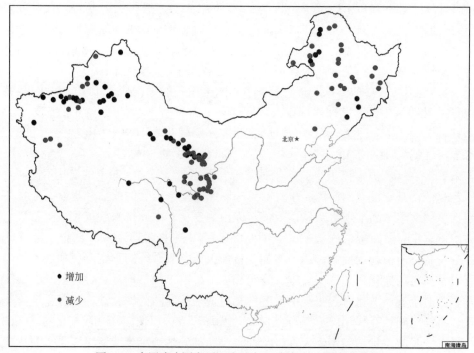

图 3-1 中国冰冻圈主要河流过去 50 年年径流量变化趋势

河西走廊黑河双树寺水库—青海湖东部—黄河唐乃亥水文站一线。该线以西山区河川径流基本呈增加趋势，该线以东径流则呈总体减少趋势，基本反映了季风（高原和东亚）和西风多年来对西部冰冻圈流域河川径流的影响差异。降水增加、冰冻圈加速消融是径流增加的主要原因，降水减少及人类活动增加则是分界线以东地区径流减少的主要因素。

在东北冰冻圈区域，高纬度的黑龙江源区以及相对较高的松花江源区，过去 50 年来径流总体呈现增加趋势，其他人类活动较为密集地区的径流则主要为减少趋势，降水减少、人类活动增加是这些地区径流减少的主要原因。

3.1.2　近 50 年来冰冻圈变化对流域径流的影响存在区域差异

冰雪融水及降雨经由冻土所产生的产流、入渗、蒸散发和汇流过程是冰冻圈流域水文过程的核心环节。冰川、冻土和积雪既是重要的水源，又是具有调丰补枯作用的固态水库，但冰川、冻土、积雪等不同冰冻圈要素的水文过程和影响以及影响的时空尺度存在着较大差异，冰冻圈要素在不同流域的不同组合直接影响了流域的径流变化。

（1）中国冰川融水径流相对于 20 世纪 60 年代增加约 50%

中国山地冰川均分布在西部地区。中国西部主要冰冻圈流域 1961~2006 年物质平衡主要为负增长（图 3-2），呈现以青藏高原为中心冰川物质损失由中心向外围逐步增加的变化趋势。中国 1961~2006 年平均冰川融水量为 629.56×10⁸m³（内流水系 39.9%，外流

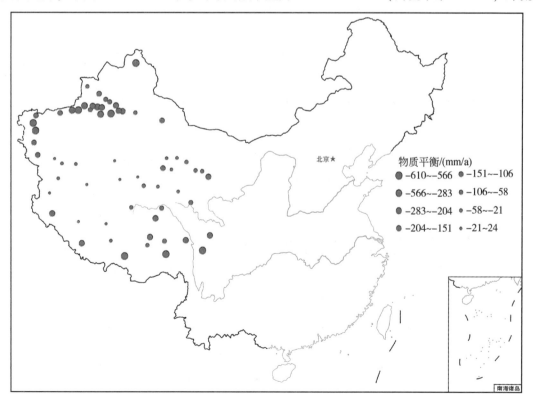

图 3-2　1961~2006 年中国冰川物质平衡及其变化的区域特点

水系60.1%），冰川融水量占冰冻圈流域径流量的12.2%，约占全国河川径流量的2.3%。受冰川萎缩影响，中国冰川融水自20世纪60年代以来呈逐步增加的趋势，60年代、70年代、80年代、90年代和2001~2006年中国冰川融水分别为$517.8 \times 10^8 m^3$、$590.9 \times 10^8 m^3$、$615.2 \times 10^8 m^3$、$695.5 \times 10^8 m^3$和$794.7 \times 10^8 m^3$（表3-1）。2000年之后是这段时期冰川融水径流量最大的时期，平均融水径流量达$794.7 \times 10^8 m^3$（高出多年平均26.2%）。由于流域间气候系统、冰川规模、地形条件等差异，冰川融水对河流的补给比例各地不一，总的分布趋势是由青藏高原外围向内部随着干旱度的增强与冰川面积的增大而递增。

表3-1　中国冰川融水变化　　　　　　　　（单位：$10^8 m^3$）

流域水系	1961~1970年	1971~1980年	1981~1990年	1991~2000年	2001~2006年
印度河	5.36	7.39	7.96	10.76	12.58
恒河	260.16	298.02	312.22	341.06	379.41
怒江	23.45	24.60	25.43	29.54	35.70
澜沧江	3.83	3.96	4.07	4.52	5.30
黄河	1.75	1.82	1.77	1.91	2.19
长江	17.04	18.75	18.68	22.54	28.47
额尔齐斯河	3.23	3.33	3.32	3.50	3.63
外流水系合计	**314.82**	**357.87**	**373.45**	**413.83**	**467.28**
塔里木盆地	121.05	136.73	139.26	157.85	180.39
哈拉湖	0.11	0.12	0.13	0.15	0.16
甘肃河西内陆河	8.12	9.06	9.12	11.67	14.76
柴达木盆地	7.36	8.23	8.62	11.45	14.52
天山准噶尔盆地	17.92	18.81	18.65	20.76	22.73
吐哈盆地	2.39	2.36	2.40	2.59	3.12
新疆伊犁河	21.16	22.55	22.86	24.79	26.91
青藏高原内流区	24.73	35.13	40.68	52.38	64.81
内流水系合计	**202.84**	**232.99**	**241.72**	**281.64**	**327.40**
总计	**517.66**	**590.86**	**615.17**	**695.47**	**794.68**

（2）冻土退化流域调蓄能力加强导致径流年内过程线趋于平缓

冻土退化势必会影响冰冻圈流域的产流、入渗、蒸散发过程，以及流域的地下水系统（Peterson et al., 2002）。目前，冻土退化对河川径流影响已取得的认识包括：①引起河流冬季径流（基流）增加（Jacques and Sauchyn, 2009, GRL; Quinton and Baltzer, 2013）；②导致多年冻土覆盖率较高流域年内径流分配趋于平缓（Ye et al., 2009）；③导致多年冻土覆盖率较高流域冷季退水过程变缓（牛丽等，2011；Watson et al., 2013）。具体表现为流域干季特别是冬季径流增加、最大月径流量减小、干季（11月至次年4月）/湿季（次年5~10月）径流量比例增大等现象。

中国冰冻圈主要河流近50年来总体呈现冬季径流量增加（图3-3）、最大月径流量减小、干季（11月至次年4月）/湿季（次年5～10月）径流量比例增大等年内径流过程线趋于平缓等现象（图3-4），这种现象在多年冻土地区更为明显（图3-3）。但这种冻土退化导致的流域径流年内变化，在气候、冻土类型及分布、地形地貌、土壤和植被组合不同的流域，有所差异。中国冰冻圈气温1985年突变前后，天山、祁连山和长江源等地区的代表性河流的夏季径流比例减小；天山托什干河、祁连山黑河和东北海拉尔河冬季径流比例增加，而天山托什干河和东北海拉尔河等多年冻土覆盖率较高的地区最大月径流量则由8月提前至7月出现（图3-4）（Wang et al., 2019）。

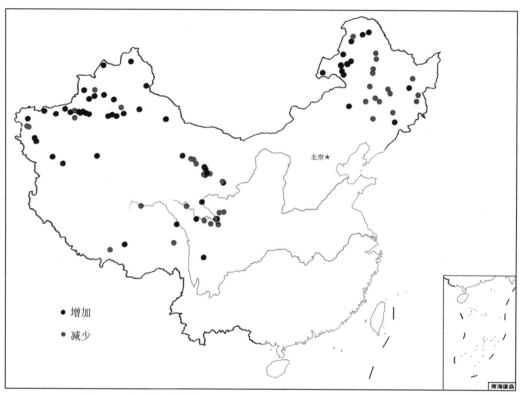

图 3-3　中国冰冻圈主要河流冬季径流的变化（建站～2012/2014年）

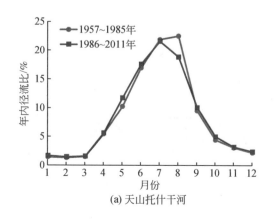

(a) 天山托什干河

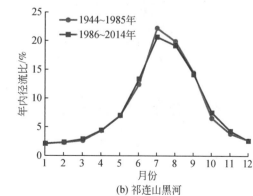

(b) 祁连山黑河

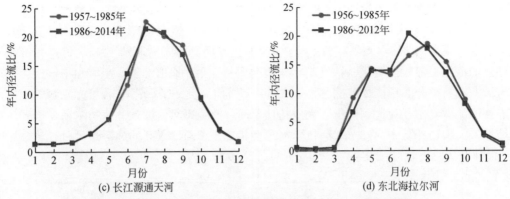

(c) 长江源通天河   (d) 东北海拉尔河

图 3-4　1985 年前后中国冰冻圈典型河流年内径流过程线差异

　　中国冰冻圈 33 个流域多年冻土覆盖率与径流的统计结果表明，多年冻土覆盖率低于 40% 的流域，冬季径流增加幅度与冻土覆盖率呈反比 [图 3-5 (a)]；当冻土覆盖率高于 40% 时，冬季径流变化幅度与冻土覆盖率基本无关。在多年冻土覆盖率高于 60% 时，冬季径流比例基本稳定，而在多年冻土覆盖率相对较小的流域，随冻土覆盖率的增加，冬季径流比例的增幅减小 [图 3-5 (b)]。最大/最小月径流量的变化率与流域多年冻土覆盖率基本呈正比 [图 3-5 (d)]，即随多年冻土覆盖率的减小，流域年内径流过程线趋于平缓。

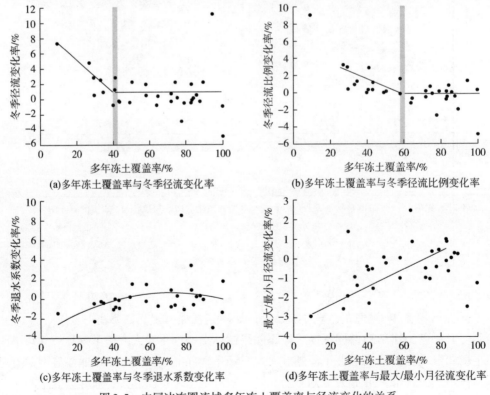

(a)多年冻土覆盖率与冬季径流变化率   (b)多年冻土覆盖率与冬季径流比例变化率

(c)多年冻土覆盖率与冬季退水系数变化率   (d)多年冻土覆盖率与最大/最小月径流变化率

图 3-5　中国冰冻圈流域多年冻土覆盖率与径流变化的关系

（3）北半球气温升高导致融雪期提前以及较暖区融雪径流减少

近50年来，北半球冰冻圈中的较高海拔和较高纬度流域的融雪径流呈现增加趋势（表3-2），其他地区则主要为减少趋势。与北半球总体情况不同，中国冰冻圈特别是西部高海拔地区1960～2014年融雪径流总体呈现增加趋势，天山南坡、祁连山西段、长江源以及长白山区融雪增加明显（图3-6）。

表3-2　世界主要河流融雪径流变化趋势分析

流域	融雪径流趋势	显著与否
科罗拉多河	减少	显著
莱茵河	减少	显著
鄂毕河	增加	显著
叶尼塞河	增加	显著
勒拿河	增加	显著
锡尔河	减少	不显著
阿姆河	减少	不显著
印度河	减少	显著
印度河源	减少	不显著
塔里木河	减少	不显著
黑龙江	减少	不显著
长江源	增加	不显著
黄河源	减少	不显著
雅鲁藏布江	增加	不显著
湄公河	增加	不显著
恒河	减少	不显著

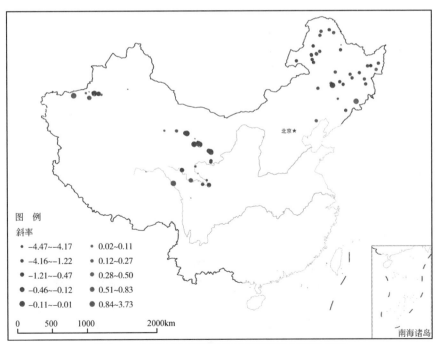

图 3-6　中国冰冻圈流域融雪径流变化趋势及幅度

气温升高、积雪变化可使中国西部流域融雪早期（3～5月）融雪径流增加明显，在降雪量变化不大情况下，6～9月融雪径流量明显减少，这种现象在长江源区表现得尤为明显（图3-7）。融雪径流量的变化改变了径流量的年内分配，尤其对于积雪补给率高的流域。以积雪融水为主的流域，如中国天山北坡的克兰河流域，由于融雪径流期的提前，使流域最大径流月由6月提前到5月，相应最大月径流量也增加了15%，4～6月融雪季节径流量由占总径流量的60%增加到近70%［图3-7（e）］。

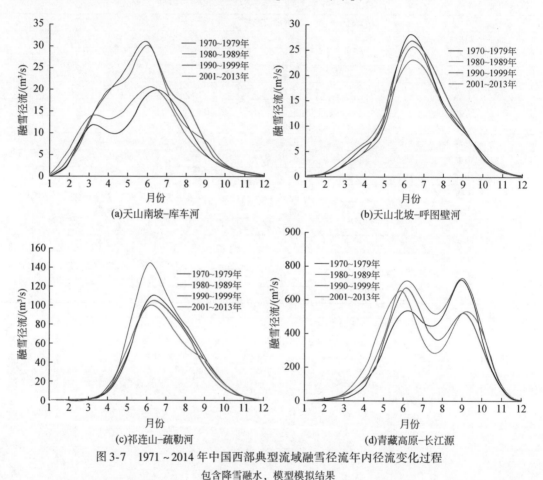

图3-7　1971～2014年中国西部典型流域融雪径流年内径流变化过程

包含降雪融水，模型模拟结果

3.1.3　未来冰冻圈变化对流域径流的影响

（1）中国冰冻圈主要流域的冰川融水"先增后减"拐点已经或即将出现

除富含地下冰的地区以外，积雪和冻土变化主要改变冰冻圈流域径流的年内变化过程以及影响年际的调丰补枯作用，而冰川作为地质历史时期遗留的产物，其融水径流的变化直接影响冰冻圈流域的总径流量，这对于中国西部内陆干旱区水资源有较大的影响。

  总体来看，冰川面积比例较高的流域如祁连山疏勒河、长江源以及天山地区的河流，未来冰川融水径流随气温升高整体体呈现先增后减的趋势（图 3-8）。冰川融水"先增后减"拐点的出现时间，主要与流域冰川的大小及多少有关：①冰川覆盖率低、以小冰川为主的流域，其冰川融水"先增后减"拐点已经出现，如受东亚季风影响较大的河西走廊石羊河流域、西风带天山北坡的玛纳斯河和呼图壁河流域以及青藏高原的怒江源、黄河源和澜沧江

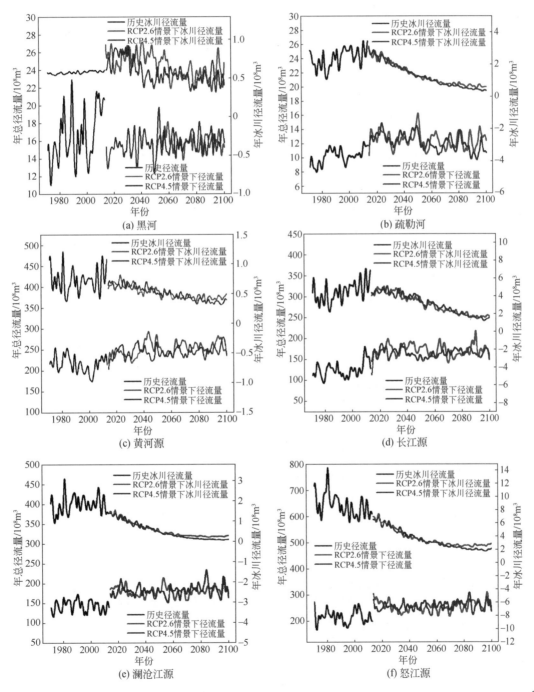

(a) 黑河   (b) 疏勒河

(c) 黄河源   (d) 长江源

(e) 澜沧江源   (f) 怒江源

143

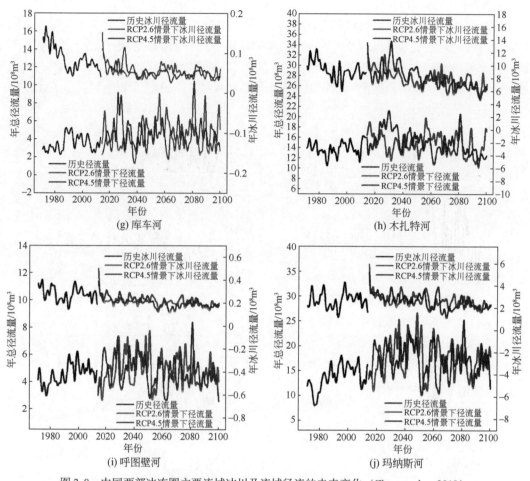

图 3-8　中国西部冰冻圈主要流域冰川及流域径流的未来变化（Zhao et al.，2019）

源；②部分流域在未来 10～20 年会出现冰川融水拐点，如天山南坡的库车河和木扎特河、祁连山黑河和疏勒河以及青藏高原的长江源等；③具有大型冰川的流域，冰川融水拐点出现较晚或在 21 世纪末不出现，如天山南坡的阿克苏河流域，冰川融水拐点可能出现在 2050 年以后。

（2）气候和冰冻圈变化导致中国西部径流增减趋势呈现区域性差异

在 RCP4.5 情景下，到 21 世纪末，受气候和冰冻圈共同影响，中国西部冰冻圈主要河川径流的变化存在一定区域性特征：①祁连山石羊河流域以东等东亚季风区、河源区未来径流减少主要是由降水减少、蒸散发增加引起；②地处西风、东亚季风和高原季风交叉影响区的黑河干流山区，降水增加的影响基本和蒸散发增加、冰川融水径流减少的影响相当，径流基本稳定；③天山南北坡、昆仑山北坡、疏勒河等冰川覆盖率较高的西风带地区，受降水增加影响，未来径流约增加 10%～20%（图 3-8）；④青藏高原腹地流域等高原季风影响区，降水基本稳定、冰川覆盖率低，未来径流的变化幅度在 ±10% 以内，以微量增加为主（图 3-8）。径流增加的主要原因是降水增加。

（3）全球升温控制在 2℃ 以内是西北干旱区水资源安全的基本保障

冰川水源作用急剧减弱、调丰补枯作用减弱甚至消失引起区域水危机。相较于 20 世纪 60 年代，到 21 世纪末，RCP2.6（低）、RCP4.5（中）和 RCP8.5（高）排放情景下，西北干旱区冰川面积分别减小约 34%、61% 和 74%，冰川储量分别减少约 45%、76% 和 86%，相应的冰川融水量分别减少约 34%、62% 和 74%。其中，中等排放（RCP4.5）情景下，2045 年全球平均气温相对于工业革命前升温 2℃ 时，冰川面积和储量分别缩减约 37% 和 50%，冰川融水量减少 37%。随着冰川萎缩特别是大量小型冰川的消失，冰川水源作用急剧减弱，冰川的调丰补枯作用也会减弱，甚至消失。这将导致西北干旱区一些冰川融水比例较高的、以小型冰川为主要水源的河流在干旱月份、干旱年份断流，大型河流流量减少剧烈，造成区域性水危机。

全球升温 2℃ 的 2045 年前后西北干旱区水资源达到峰值，之后开始减少。在中等排放（RCP4.5）情景下，在全球平均气温升温 2℃ 的 2045 年前后，受冰川加速消融及降水增加的共同影响，中国西北干旱区主要流域的径流量将达到峰值，之后由于冰川径流的减少而逐步下降；到 21 世纪末，相对于 2045 年前后，径流量减少 10%～30%，部分流域可达 50% 以上。尽管 21 世纪末的流域径流量比 1960～2000 年多 10%～20%，但这主要是由降水增加造成的，而未来降水的变化还存在较大的不确定性。全球升温 2℃ 以后，流域冰川稳定径流的作用减弱或消失，将会导致一些小型河流和过去以冰川融水为主的河流断流，河川径流丰枯变化明显，局地性洪旱灾害加剧，在枯水季节或年份将可能出现区域性水危机。在绝大多数冰川消失以后，一旦降水减少、气候变干，西北干旱区将会出现区域性的长期水危机。因此，低于 RCP4.5 排放情景发展且将全球升温控制在 2℃ 以内，是保障西北干旱区河川径流稳定的关键。

3.1.4 核心结论与认识

气候、冰冻圈、植被的变化是影响中国西部寒区流域过去和未来径流变化的主要因素。其中，气候变化是驱动根源和最主要的影响因子，冰冻圈变化在冰川覆盖率小的流域主要是改变了流域年内、年际径流分配以及调丰补枯作用，在冰川覆盖率大的流域，冰川变化对径流的影响有时会超过降水的变化。

1）冰冻圈中的冰川、积雪融水是寒区流域重要的水源，又具有一定的调丰补枯作用。冰川融水"先增后减"拐点已经或即将出现，出现时间与流域的冰川大小有关。

2）多年冻土及季节冻土退化已经引起中国西部甚至整个中国寒区流域冬季（枯水季）径流的增加、夏季径流减少、年内径流过程线变缓，这种变化与流域多年冻土覆盖率有关。未来全球变暖、冻土退化、植被带变迁可能会导致中国寒区流域径流系数的减小。

3）中国西部高海拔寒区过去 50 年和未来 80 年融雪径流总体呈现增加趋势，积雪消融期提前、缩短，改变了流域年内径流过程线，但也存在区域差异，高山区降雪量伴随着降水量的增加而增加是主要原因。

4）冰冻圈变化对流域径流的综合影响主要体现在枯水季径流增加、春季洪峰提前、冰川径流补给率低的河流夏季径流减少、补给率高的河流夏季径流增加。近年来冰冻圈变化总体增加了流域的径流量，但随着冰川的持续萎缩，由冰冻圈引起的流域径流增加峰值已经或即将出现，未来冰冻圈径流将会持续减少。

5）未来三种排放情景下（RCP2.6、RCP4.5和RCP8.5），受气候和冰冻圈变化共同影响，中国西部寒区径流总体呈现增加趋势，降水增加是主要原因，但未来降水的预估可能存在较大的不确定性。

总之，中国冰川融水"先增后减"拐点已经或即将出现，未来冰冻圈的水源和调丰补枯作用将减弱甚至消失，全球升温控制在2℃以内是西北干旱区水资源安全的基本保障。

因此，加强流域年调节能力、增加多年调节能力是应对冰川萎缩及气候变化影响的重要手段；建设祁连山国家公园、天山国家公园是减缓冰川快速消融的必要辅助措施；提高单方水产出效益、调整农业结构是干旱区绿洲经济的根本出路；重新审视干旱区农业发展与生态保护的关系，开拓发展思路是确保西北干旱区国家战略稳定实施的必然选择。

受限于冰冻圈科学数据稀少及认识水平，特别是对未来气候变化预估的不确定性，相关结论还存在一定的局限性。但如果未来气候不是向暖湿而是向暖干变化，西北干旱区的水危机问题将更为严峻。

未来应进一步提升获取冰冻圈科学数据的能力，加深对冰冻圈科学及气候变化的认识，同时还需要探讨山区植被变化对流域径流的影响，以及人口、国家政策、区域规划和经济发展变化的影响，加强中国冰冻圈-水-人类活动耦合研究。

3.2　冰冻圈变化的气候效应：海冰与积雪对中低纬度的影响

3.2.1　海冰变化的气候效应

海冰作为气候系统的重要组成部分，其变化通过改变反照率而强烈影响海洋表面对太阳辐射能量的有效吸收，海冰的存在阻隔或隔绝了海-气之间的热量、动量和水汽交换，同时，由于海冰变化与海洋的淡水循环、海洋的表层浮力以及海洋的层结均有密切的关系，可能影响海洋深水循环以及气候的长期变化趋势。一系列研究揭示了在北大西洋和北冰洋区域，海冰异常对大气环流的负反馈机制。北极海冰偏少将导致中纬度地区西风风速的降低、风暴活动的加强以及副热带西风的加强，北极海冰偏多则影响相反。Alexander等（2004）对比模拟的大气环流对北极海冰异常的响应和观测的大气环流异常后发现，观测到的异常几乎与模拟的大气环流异常相反。这表明，在北大西洋，北极海冰与大气环流的相互作用是减弱原本的大气环流异常，Magnusdottir等（2004）和Deser等（2004）的模拟研究也支持这一结论，这就是海冰密集度（sea ice concentration，SIC）与北大西洋大气环流响应的负反馈机制。同时，平流层和对流层相互作用，也是北极海冰异常偏少影响大气环流的可能途径之一。当初冬 Kara 海-Barents 海海冰偏少时，可以激发大气行星波从对流层向平流层传播。当波传播到平流层时，发生波破碎，进而影响平流层极涡强度，导致平流层极涡减弱。在冬季的中后期，减弱的平流层极涡下传到对流层，引起对流层大气环流出现类似北极涛动（Arctic Oscillation，AO）负位相的异常，进而影响中纬度天气气候。

2007 年以来，9 月北极 SIE 频繁出现新低，而后期冬季，东亚地区频繁经历严冬的侵袭（如 2007/2008 年、2009/2010 年、2010/2011 年、2011/2012 年、2012/2013 年）。诸多研究表明，秋季、冬季北极海冰异常偏少，冬季欧亚大陆容易出现冷冬。Wu 等（1999）指出，冬季 Kara 海-Barents 海是影响冬季气候变化的关键海域，冬季该海域海冰变化与 500hPa 欧亚大陆遥相关型有密切的联系，冬季该海域海冰异常偏多（少），则东亚大槽偏弱（强），冬季西伯利亚高压偏弱（强），东亚冬季风偏弱（强），入侵中国的冷空气偏少（多）。这一结论得到近期研究结果的支持（Petoukhov and Semenov，2010；Inoue et al.，2012），Petoukhov 和 Semenov（2010）通过数值模拟实验指出，冬季 Kara 海–Barents 海 SIC 减小，将导致欧亚大陆出现冷冬，并且大气环流对该海域海冰强迫的响应呈现非线性特征。通过资料分析，Inoue 等（2012）指出，冬季 Barents 海海冰偏少，该海域和欧亚大陆北部边缘海域反气旋活动盛行，导致欧亚大陆北部气压升高。

Francis 等（2009）研究指出，9 月 SIE 与冬季大尺度大气环流异常相联系。Honda 等（2009）进一步指出，远东地区早冬的显著冷异常和晚冬从欧洲至远东地区纬向分布的冷异常，均与前期 9 月北极海冰减少有关系，后者能够加强西伯利亚高压。通过滞后最大协方差分析，Wu 和 Zhang（2010）发现，夏季、秋季北极海冰偏少与后期冬季类似 AO 负位相的大气环流异常有显著的统计关系。Wu 等（2011）发现，秋季、冬季北极关键海域（Barents 海–Kara 海–拉普捷夫海以及这些海域的北部相邻海域）SIE 持续异常偏少，同时，在副北极和北大西洋海域海温异常偏高，后期冬季西伯利亚高压偏强，东亚地区冬季气温偏低。该研究指出，9 月该关键海域平均 SIC 可以作为预测东亚冬季气温的前兆信号（实际预测是利用该海域 8 月平均 SIC，预测冬季东亚区域的气温变化趋势）。

2000 年以来，欧亚大陆北部冬季 SAT 呈降温的趋势。这显然与全球变暖趋势不一致。但与冬季西伯利亚高压的加强趋势是吻合的。近期的研究结果表明，秋季北极海冰的减少、北冰洋和北大西洋海温的升高，可能是欧亚大陆北部冬季气温呈现下降趋势的主要原因，在这一气候背景下，秋季、冬季北极海冰的极端偏少导致近年来欧亚大陆冬季冷冬频繁出现。

秋季北极海冰异常偏少可能加剧了后期东亚地区极端天气气候灾害的发生。例如 2005 年、2007 年、2008 年、2010 年、2011 年、2012 年、2015 年 9 月北极 SIE 极端偏低（自 1978 年以来最低值从小到大顺序是：2012 年，2007 年，2011 年，2015 年，2008 年，2010 年，2009 年和 2005 年）（9 月北极 SIE 数据取自美国国家冰雪数据中心），后期 2005 年 12 月日本发生了极端降雪事件；2008 年初，我国南方出现了历史上罕见的雨雪冰冻灾害；2008 年 12 月至 2009 年初，我国经历了严重的旱灾；2010 年秋季、冬季，我国华北大部、黄淮及江淮北部降水量普遍较常年同期异常偏少，冬小麦受旱面积超过 1 亿亩[①]，

---

① 1 亩 ≈ 666.7m²

导致几十万人畜饮水困难。研究表明，我国此次极端干旱的直接原因是西伯利亚高压极端偏强。2010 年 12 月至 2011 年 1 月西伯利亚高压平均强度接近 1034hPa，是近 30 年来的第二高值。秋季、冬季北大西洋海温持续偏高，以及北极海冰持续偏少（2011 年 1 月北极 SIE 是自 1979 年有卫星观测记录以来最少的一年）可能是冬季西伯利亚高压极端偏强的主要原因（Wu et al., 1999, 2011）。2012 年 1 月 17 日至 2 月 1 日，亚洲大陆经历罕见的严寒过程，此后，冷空气向西席卷欧亚大陆。据媒体报道，这次持续的严寒过程导致欧亚大陆 700 多人被冻死。2012 年 12 月中下旬，俄罗斯遭遇自 1938 年以来的最强寒流，西伯利亚地区气温降到-50℃，12 月 24 日莫斯科气温低至-25℃，俄罗斯至少有 88 人被冻死、1200 多人被冻伤。同期，我国东北、华北平均气温为近 27 年同期最低。尽管 2013/2014 年、2014/2015 年连续两个冬季我国平均气温明显偏高，我国北方地区气温偏高尤为突出。但是，这两个冬季北美地区却经历了罕见的强降雪和严寒过程。特别是 2013/2014 年冬季，北美多地气温降至-35℃，位于美国与加拿大边境的五大湖几乎完全被冻住，这是过去 35 年来首次出现的现象（Van Oldenborgh et al., 2015）。2016 年 1 月 20～25 日，受北极大气环流变化的影响，我国自北向南陆续出现大风降温天气，22～25 日，全国出现了一次大范围的寒潮过程。据国家气候中心数据显示，1 月 20～25 日，全国共 529 个气象站过程降温超过 12℃，49 个气象站发生极端日降温事件，8 个气象站日降温幅度突破历史极值，有 690 个气象站发生极端低温事件，其中 67 个县（市）日最低气温突破历史极值。这次强寒潮过程还对日本西部地区造成影响，导致冲绳出现有观测以来的首次降雪。因此，北极海冰融化有可能是近年来我国冬季、春季天气气候灾害频繁发生的主要原因之一。

由于全球变暖导致北极海冰融化和北极"增幅"作用，而北极增暖的直接效果就是大气的厚度场增大，从而有利于类似 AO 负位相的大气环流异常频繁出现。Francis 和 Vavrus（2012）指出，北极"增幅"将有利于大气波动传播的异常（传播速度变慢，环流的径向性加大），使得北半球某些区域容易出现阻塞型环流异常，因而有利于极端天气事件的发生。需要指出的是，Francis 和 Vavrus（2012）主要关注北大西洋和北美地区。但是，同样关注冬季北大西洋和北美地区大气环流异常的 Barnes（2013）并没有发现阻塞环流呈现任何显著的趋势。这两个代表性研究清楚地表明，不能简单地把中纬度地区的极端天气事件与北极增暖直接联系起来。从动力学角度出发，Wu 等（2013）揭示了冬季欧亚大陆中高纬度（40°N～70°N）地区逐日风场变率的最优天气模态，该天气模态包含两个不同子模态（偶极子模态和三极子模态）。研究发现，只有三极子模态的年际变化（包括强度和极端负位相的发生频次）与前期秋季北极海冰变化有密切的关系，海冰减少的数值模拟试验也支持这一结论。在该研究中，极端负位相的定义为标准化的三极模态强度小于-1.28，对应其发生概率小于 10%（属于极端天气事件）。从这一点看，北极海冰融化与冬季欧亚大陆盛行天气型极端事件有联系。尽管通过回归分析，Tang 等（2013a, 2013b）把冬季、夏季的极端天气事件（极端冷事件和夏季高温热浪）与北极海冰的融化联系起来，但是北极海冰融化如何影响中纬度地区的天气过程（特别是低频变化过程），包括极端天气事件，是国际上关注的焦点问题之一，也是当前国际研究的热点和前沿问题。目前，这方面研究工作还很有限，而且学术界还存在很大的争论，因此，亟须开展深入细致的研究。

下面，我们重点从 2011/2012 年和 2015/2016 年冬季大气环流异常看北极海冰以及前期夏季北极大气环流异常的作用。

3.2.2 2011/2012 年和 2015/2016 年两个冬季大气环流异常的主要特征

2015/2016 年冬季的突出特点是，东亚大气环流似乎表现出了不匹配关系。冬季平均西伯利亚高压强度是 1031.73hPa（标准偏差为 1.27，计算时间段为 1979/1980 ~ 2015/2016 年冬季），强度居 1979 年以来的第五位，前四位分别是 1033.48hPa（2011/2012 年）、1032.74hPa（2005/2006 年）、1032.15hPa（1983/1984 年）和 1031.94hPa（2004/2005 年）［图 3-9（a）］。尽管西伯利亚高压异常偏强，但是冬季风强度指数反而偏弱 ［图 3-9（b）］。冬季风偏弱与我国平均气温升高 0.3℃ 是一致的。

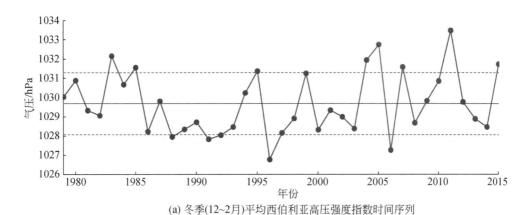

(a) 冬季(12~2月)平均西伯利亚高压强度指数时间序列

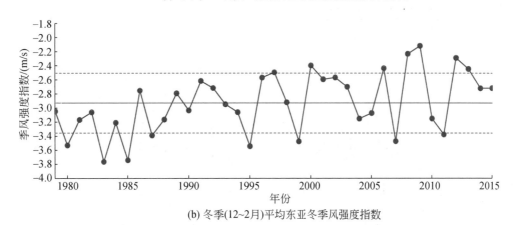

(b) 冬季(12~2月)平均东亚冬季风强度指数

图 3-9　冬季（12 至次年 2 月）平均西伯利亚高压强度指数时间序列与
东亚冬季风强度指数

红色实线为平均值，虚线代表正、负一个标准偏差在 500hPa，从俄罗斯远东地区跨越北太平洋到北美西海岸为高度场负异常，其负异常中心位于阿留申东南侧，此外，在我国中部、东部有弱的高度场负异常区域。在北冰洋、亚洲大陆大部分区域以及北太平洋大部分区域为高度场正异常，其中，最大正异常中心出现在 Barents 海与贝加尔湖之间，强度超过了 100gpm。此外，在日本以东的西北太平洋也存在正异常中心（>60gpm），意味着东亚大槽偏弱。海平面气压正异常从北冰洋向南伸展，占据亚洲大陆大部分区域，在西北太平洋有明显的正异常中心。同时，在北太平洋北部海平面气压异常偏低，表明阿留申低压加强。因此，在西北太平洋和阿留申区域，大气环流异常体现了强厄尔尼诺事件的影响。但是，基于已有的研究结果，亚洲大陆高纬度地区异常阻塞型环流异常以及加强的西伯利亚高压，很难归因于强厄尔尼诺事件的直接影响。而减弱的东亚冬季风主要是强厄尔尼诺事件影响所致。2015/2016 年冬季表面气温异常清楚地表明，北极和亚洲大陆北部出现大范围偏暖区域，而在贝加尔湖以南的亚洲大陆东部大部分区域是气温负异常，反映了冬季强西伯利亚高压的影响 ［图 3-10］。

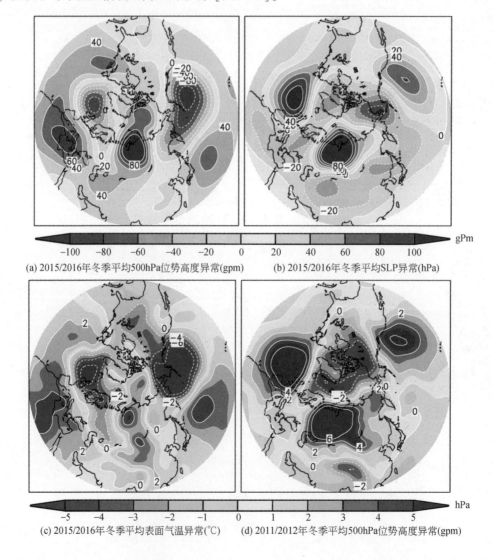

(a) 2015/2016年冬季平均500hPa位势高度异常(gpm)　　(b) 2015/2016年冬季平均SLP异常(hPa)

(c) 2015/2016年冬季平均表面气温异常(℃)　　(d) 2011/2012年冬季平均500hPa位势高度异常(gpm)

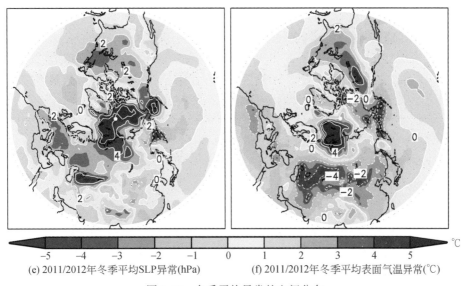

(e) 2011/2012年冬季平均SLP异常(hPa)　　(f) 2011/2012年冬季平均表面气温异常(℃)

图 3-10　冬季平均异常的空间分布

2011/2012 年冬季大气环流异常的空间分布与 2015/2016 年冬季的有相似之处，即亚洲大陆高纬度地区的阻塞型环流异常和加强的西伯利亚高压。在 500hPa，高度场正异常主要位于亚洲大陆北部和北冰洋的西伯利亚边缘海域（中心强度>100gpm），2011/2012 年冬季在这一点上与 2015/2016 年冬季非常相似。该正异常区域完全被高度场负异常所包围，东亚和北太平洋大部分区域为高度场负异常，因此东亚大槽加深，有利于高纬度冷空气南下。在海平面气压场上，尽管这两个冬季海平面气压正异常占据了亚洲大陆大部分区域，但是，2010/2012 年冬季范围更大、强度更强，并呈现出 AO 正位相空间分布特征。与 2015/2016 年冬季相比，2011/2012 年冬季北半球高纬度区域表面气温正异常的范围明显偏小，但是，欧亚大陆以及西北太平洋区域的表面气温负异常是 2015/2016 年冬季无法比拟的［图 3-10］。

3.2.3　前期秋季北极海冰以及前期夏季北极大气环流异常主要特征

尽管秋季、冬季热带太平洋海温不同，但是，前期秋季北极海冰异常却呈现相似的空间分布（图 3-11）。差异主要出现在北冰洋的边缘海域，并且 2015 年秋季海冰要比 2011 年略偏多（平均偏多 22km²）。

前期夏季（6~8 月），北极大气环流也呈现出相似的特征（图 3-12）。在北冰洋及其边缘海域，表面风场呈现出一致性反气旋性环流［图 3-12（a），（b）］。风场强迫有利于海冰从波弗特海向北极东部海域输送，即向暖水海域输送，这有利于海冰的融化。而在北大西洋一侧，风场强迫导致更多的海冰流入格陵兰海和 Barents 海海域。因此，夏季表面反气旋风场强迫是 9 月北极 SIE 偏小的主要原因之一（Wu et al.，2012，2016）。

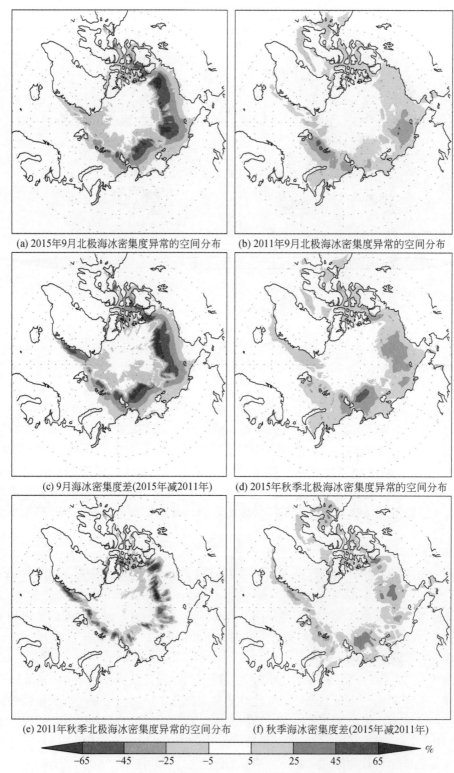

(a) 2015年9月北极海冰密集度异常的空间分布　(b) 2011年9月北极海冰密集度异常的空间分布

(c) 9月海冰密集度差(2015年减2011年)　(d) 2015年秋季北极海冰密集度异常的空间分布

(e) 2011年秋季北极海冰密集度异常的空间分布　(f) 秋季海冰密集度差(2015年减2011年)

图 3-11　2015 年 9 月与秋季（9～11 月）北极海冰密集度异常与 SIC 差的空间分布

这两个夏季的共同特征是，正的海平面气压异常覆盖了大部分北冰洋、整个格陵兰和西北部北大西洋，在北冰洋中部和格陵兰出现两个独立的正异常中心［图 3-12（c），(d)］。在北冰洋的太平洋一侧，2011 年夏季海平面气压梯度明显大于 2015 年夏季，对应更强的表面风场［图 3-12（b）］。500~1000hPa 厚度异常可以反映对流层中层、低层的热力状况，2011 年夏季北极大部分区域、北美大陆以及亚洲大陆大部分区域为厚度场正异常，最大正异常中心出现在北冰洋上（>50 gpm）［图 3-12（f）］。类似的厚度场异常空间分布也出现在 2015 年夏季［图 3-12（e）］，但是，位于北冰洋上空的正异常中心明显偏弱。图 3-12 中所显示的夏季北极大气环流异常不仅对秋季海冰减少有贡献，而且加强了海冰偏少对冬季大气变率的负反馈。

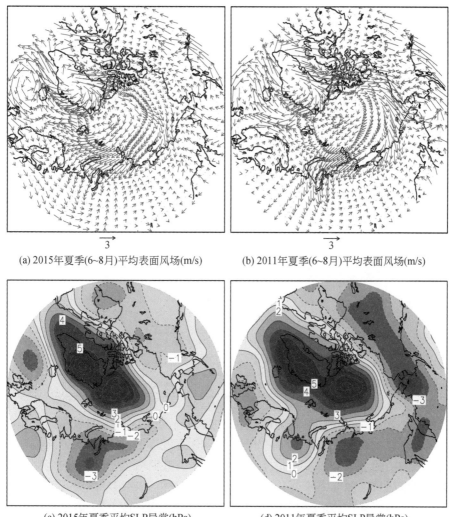

(a) 2015年夏季(6~8月)平均表面风场(m/s)　　　(b) 2011年夏季(6~8月)平均表面风场(m/s)

(c) 2015年夏季平均SLP异常(hPa)　　　(d) 2011年夏季平均SLP异常(hPa)

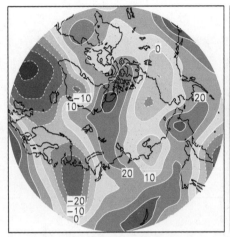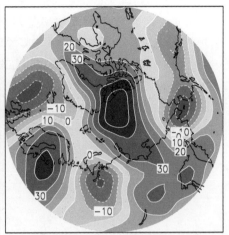

(e) 2015年夏季平均500~1000hPa厚度异常(gpm)　　(f) 2011年夏季平均500~1000hPa厚度异常(gpm)

图 3-12　夏季平均异常的空间分布

3.2.4　夏季北极大气环流异常影响北极海冰对冬季大气环流变率的反馈

近年来诸多研究表明，北极海冰偏少将导致欧亚大陆冷冬变得更为频繁，同时，我们也注意到，北极海冰偏少的影响效果也呈现出很大的不确定性（Screen and Simmonds，2013a，2013b；Screen et al.，2014；Perlwitz et al.，2015；Overland et al.，2015；Wu et al.，2015）。Wu 等（2015）研究发现，北极海冰偏少可以导致西伯利亚高压加强，进而加强冬季风，也可以导致东亚冬季风偏弱。但这并不意味着北极海冰偏少对冬季大气环流的负反馈作用失效。北极海冰偏少通常导致欧亚大陆中部、北部，特别是乌拉尔山附近区域，在冬季容易形成阻塞型环流异常。当阻塞型环流异常越强、形成位置越偏南时，西伯利亚高压越强，欧亚大陆将盛行经向型环流异常［图 3-10］（Wu et al.，2015）。反之，当阻塞型环流异常很弱，或者异常中心位置收缩到北冰洋时，欧亚大陆将盛行纬向型环流异常（或对应北极–亚洲遥相关型的负位相）。此时，西伯利亚高压正常或偏弱。2012 年 9 月北极 SIE 是自有卫星观测记录以来的最小值。但是，2012/2013 年冬季西伯利亚高压强度接近正常值。图 3-13 显示的是 2012/2013 年冬季 500hPa 等压面高度和海平面气压异常的空间分布。尽管乌拉尔附近以西区域在该冬季存在正的高度异常，但强度明显偏弱，其最大正中心位于格陵兰和 Barents 海之间（>100gpm）］。正的海平面气压异常主要出现在欧亚大陆北部和北极区域［图 3-13］。因此，该冬季的欧亚大陆盛行纬向型环流异常，西伯利亚高压强度接近多年平均值。一方面，北极海冰异常的空间分布、异常的振幅及其与大气环流的相互作用过程，可能影响冬季大气环流响应的强度和空间分布。另一方面，大气"初值"也对大气环流的响应起重要的调节作用。本小节主要介绍在北极海冰偏少的背景下，夏季北极大气环流的不同将影响冬季大气环流的响应。

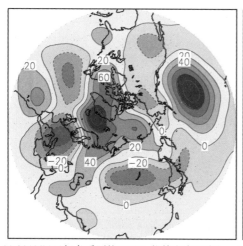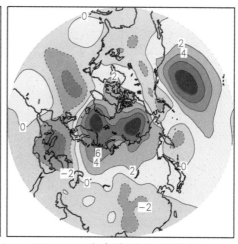

(a) 2012/2013年冬季平均500hPa位势高度异常(gpm)　　　(b)2012/2013年冬季平均SLP异常(hPa)

图 3-13　冬季平均异常的空间分布

与控制试验相比，反气旋模拟试验导致欧亚大陆中部、北部地区，以及北极部分区域冬季海平面气压显著升高（即西伯利亚高压加强），并在 60°E 附近出现正异常中心。此外，显著的正的海平面气压异常也出现在北太平洋的中、低纬度海域。与欧亚大陆的正异常相反，显著的负的海平面气压异常从北太平洋向东南方向延伸到北大西洋。由于北极海冰减少，高纬度区域显著增暖，但是，在亚洲大陆中、高纬度区域以及西北太平洋部分海域，呈现显著的降温。此外，在北美洲中、低纬度区域也存在显著降温区域［图 3-14］。因此，2011 年秋季北极海冰异常偏少是冬季西伯利亚高压加强的主要原因。

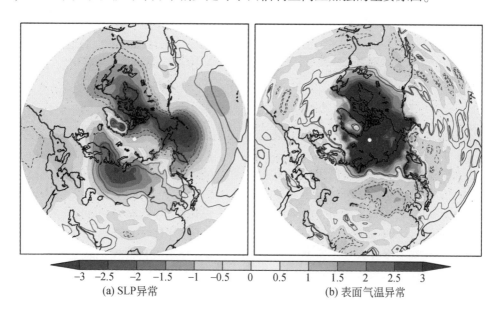

$$-3 \quad -2.5 \quad -2 \quad -1.5 \quad -1 \quad -0.5 \quad 0 \quad 0.5 \quad 1 \quad 1.5 \quad 2 \quad 2.5 \quad 3$$

(a) SLP异常　　　　　　　　　　　　　　　(b) 表面气温异常

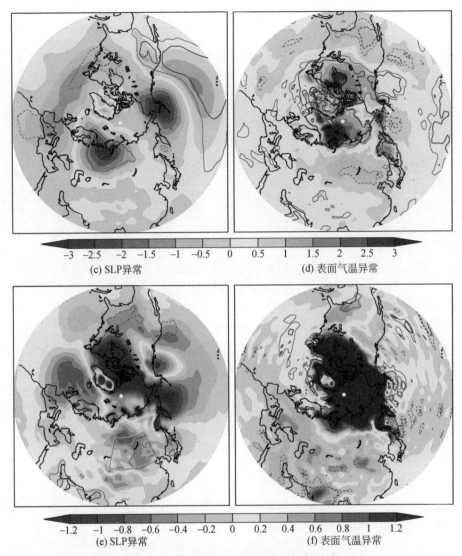

图 3-14　模拟的冬季平均异常的空间分布

（a），（b）：反气旋模拟试验集成平均减去控制试验，紫色等值线表示异常超过 95%（细线）和 99%（粗线）显著性水平；（c），（d）：不同初值模拟试验的集成平均减去控制试验；（e），（f）：反气旋模拟试验集成平均减去不同初值模拟试验的集成平均；（e）中绿色框表示区域 40°N～60°N，80°E～120°E，用于计算冬季西伯利亚强度指数

　　在相同的北极海冰强迫下，模式大气不同初值模拟试验产生的结果非常相似［图 3-14］，但是，海平面气压异常的振幅以及北极表面气温的增暖幅度明显要弱于反气旋模拟试验，反映了模式大气不同初值对结果的影响。与不同初值模拟试验相比，反气旋模拟试验明显增加了冬季欧亚大陆的海平面气压，并减弱了北冰洋和北美大陆的海平面气压，加强了北极和北美大陆的冬季增暖，进一步降低了欧亚大陆和西北太平洋区域的表面气温［图 3-14］。

图 3-15 显示的是模拟的冬季西伯利亚高压强度的概率分布曲线。图中显示，与不同初值模拟试验相比，反气旋模拟试验模拟的冬季西伯利亚高压强度系统性地移向偏强一侧。这表明，当夏季北极大气环流的动力和热力状态更有利于北极海冰减少时，这些大气初值将加强北极海冰偏少对冬季亚洲大气环流变率的负反馈，更有利于产生极端严寒过程，进一步支持了已有的研究结果（Wu et al.，2016）。有关 2011 年夏季、秋季北极大气环流和北极海冰异常是导致 2012 年 1 月中、下旬亚洲大陆极端严寒过程的主要原因之一，将另文给出。

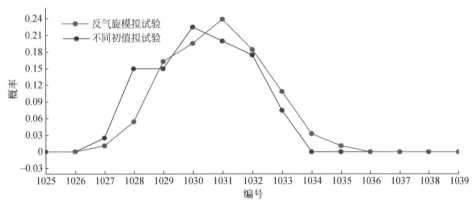

图 3-15　模拟的冬季（12 月至次年 2 月）平均西伯利亚高压强度指数的概率分布曲线

3.2.5　关于北极增暖、北极海冰融化对中纬度区域影响的讨论

2012 年，Francis 和 Vavrus 发表了他们的代表性文章，即北极增暖将有利于大气波动传播速度变慢和环流的径向性加大，使得北半球某些区域容易出现阻塞型环流异常，因而，有利于极端天气事件的发生。按照这一观点，北半球的阻塞型环流异常在某些区域应该有明显的增加趋势，但是，Barnes（2013）的分析结果表明，阻塞型环流没有呈现任何显著的上升趋势。这一分析结果导致北极增暖可以影响中纬度急流，进而影响中纬度地区的极端天气事件的观点备受质疑。Francis 和 Barnes 分别代表了截然不同的两种观点，他们的争论已经不仅仅局限于对中纬度急流和极端天气影响，已经扩展到是北极增暖（或北极海冰减少）影响重要，还是中、低纬度对北极的影响重要。

Barnes（2013）认为，北极增暖是否对中、低纬度天气有影响，尚无定论。他认为，尽管数值模拟试验结果支持北极增暖可以显著地影响中纬度大气环流，但是，这并非意味着北极增暖已经影响了，或将要影响中纬度大气环流，持这种观点的主要依据是，中、高纬度区域大气内部变率的影响远大于北极增暖，多数模拟试验结果显示，模式对北极海冰融化的响应振幅明显偏小。此外，目前可用的观测记录太少，尚不足以研究北极增暖的确切影响。他更倾向于中、低纬度大气环流影响了北极增暖。目前，还有一些学者认为，评估近期北极变化对现在和未来气候影响的可能性将是困难的，甚至是颇具争议的话题（Jung et al.，2015）。在问题的描述、研究方法以及影响机制方面在学术界还少有一致性，更有甚者，利用相同的资料，却得出不同的结论。事实上，这里有几个问题需要明确。

其一，北极增暖是北极气候长期变化趋势，而非逐年变率。因此，北极增暖的影响是指增暖趋势的影响，与本书讨论的特定年份北极海冰异常对北半球中纬度地区的影响是截然不同的。从长期趋势上看，北极增暖与北极海冰融化有密切关系，但是，对于特定的冬季（如 2015/2016 年冬季），冬季北极表面气温的正异常与北极海冰异常减少并不存在对应关系（图 3-10，图 3-11）。

其二，对于北极海冰融化模拟试验模拟的集成平均大气环流响应振幅明显偏小问题（与观测相比），一方面，这很可能与指定月的北极 SIC 作为外强迫有关，如果用观测的逐日 SIC 将加大响应振幅；另一方面，与模式大气内部变率有关，为增加强迫试验结果的稳定性和可信性，必须增加海冰强迫试验的次数，但不能否认，模式的集成平均样本数也影响响应振幅。大气环流异常是多种因素共同作用的结果，北极和次北极海表温度与北极 SIC 是协同变化的，在模式中同时考虑海冰和海表温度的影响，将大幅度提高模式大气的响应振幅。

其三，北极海冰融化影响的不确定问题。由于大气环流内部的复杂性及其与不同下垫面的相互作用，决定了亚洲大气环流异常与特定下垫面异常之间不存在"一一"对应关系，但是这并不意味着北极海冰偏少影响大气环流的机制发生了改变，也不意味着海冰强迫变得不重要。北极海冰的影响效果不仅取决于 SIC 异常的空间分布以及异常振幅的大小，还与大气环流自身的动力和热力状态有密切的关系。这些因素决定了大气环流响应的位置和振幅强弱。另外，如果我们解决了大气响应的准确位置和强度，天气气候预测的准确性将得到大幅度提高。

与中、低纬度海温以及大气环流异常的影响相比，在高纬度地区海冰、海温以及大气环流异常的影响方面，研究精力投入相对偏少，致使我们对高纬度地区多圈层相互及其影响的认知还存在片面性，这将直接影响到我们的业务预测能力和为社会服务的水平。

3.2.6　西伯利亚高压北移对北极气候的影响研究

近几十年来，北极地区气温上升速度是整个北半球平均速度的两倍以上。这一升温现象被称作北极放大效应。造成北极放大效应的原因有很多，其中海冰的减少发挥了重要的作用。夏季，不断减小的 SIE 会导致海洋吸收更多的能量，进而加剧冰雪融化。秋季、冬季，由夏季海冰融化而多吸收的能量从海洋释放到大气，加热低层大气的同时不利于海冰的冻结和增长，导致了冬季海冰变薄，继而在次年夏季加快了海冰的融化，使海冰融冰期变长，进一步加剧了北极变暖。有很多研究分析了北极以及北极海冰对中、高纬度大气的影响，包括其对中纬度气温和降水的影响、对东亚冬季风以及对整个北半球大气环流的影响等。但是，针对北极地区的气候变化是否受到来自中纬度大气环流影响的研究相对较少。本节通过研究西伯利亚高压附近环流的变化来研究其对北极增暖的影响。

冬季气温上升最显著的地区为 Barents 海北部，冬季气温在 2003/2004 年发生了突变，突变发生前冬季气温没有体现出变暖的趋势，突变发生后整个北极气温偏高。

通过合成差值分析研究北半球 SLP、500hPa 位势高度场的年代际变化（2004～2013 年平均值减去 1979～2003 年平均值），得出了与北极气温年代际变化相对应的同期大气环流异常特征（图 3-16）。结果显示，SLP 正异常出现在 Barents 海与 Kara 海以南［图 3-16（a）］，而北极冬季 SAT 的正异常中心位于 SLP 正异常北部的 Kara 海。该地区海平面气压的异常升高使得西伯利亚高压的范围（定义为 1020hPa 等压线）向北扩大。1979～2013 年冬季西伯利亚高压的平均范围［图 3-16（a）］（实线 1）的北部边界在 70°N 附近。2004～2013 年随着西伯利亚高压的加强，高压范围［图 3-16（a）］（实线 2）扩大，高压范围北部边界超过了 70°N。在冬季北极气温最高的几年里（2004 年、2005 年、2011 年、2013 年），平均西伯利亚高压范围［图 3-16（a）］（实线 3）最大，同样在冬季北极气温最低的几年里，平均西伯利亚高压范围最小（未画出）。

500hPa 位势高度场的结果显示［图 3-16（b）］，正异常中心分别分布在 Barents 海附近区域以及白令海，负异常中心分别位于欧洲西南部、亚洲贝加尔湖地区以及北美洲五大湖地区，其中以 Barents 海和 Kara 海附近区域的正异常中心最为显著。

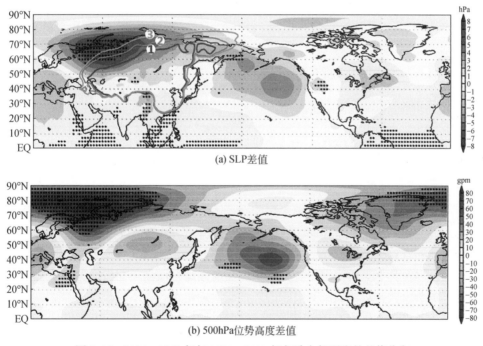

图 3-16　2004～2013 年与 1979～2003 年冬季大气环流的差值分布

实线 1 为气候平均的 1020hPa 等压线，实线 2 为 2004～2013 年平均 1020hPa 等压线，实线 3 为 2004、2005、2011、2013 年平均的 1020hPa 等压线；打点区域表示通过了信度为 95% 的 T 检验

图 3-17 总结了西伯利亚高压影响北极气温的机制。当西伯利亚高压加强时，高压西侧存在显著的南风异常，增强了低纬度暖空气向北极的输送。高压东侧的北风异常有利于北极冷空气南下。由于西伯利亚高压显著增强的位置在欧亚大陆西北部，Barents 海以南，在这种环流形式下，Barents 海附近成为冬季北极变暖最显著的区域。

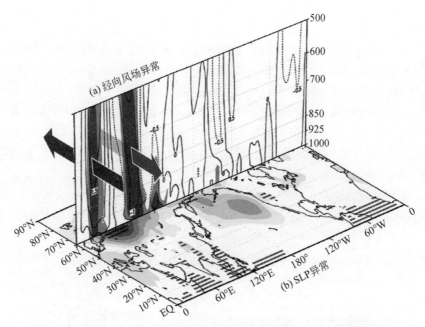

图 3-17 沿 65°N 纬线垂直剖面的经向风场异常 SLP 异常

2004～2013 年平均值减 1979～2003 年平均值；浅红色和深蓝色区域通过 95% 的显著性检验，深红色和深蓝色区域通过 99% 的显著性检验；打点区域通过 95% 的显著性检验

3.2.7 核心结论与认识

1）通过资料分析和数值模拟试验，揭示了导致 2011/2012 年和 2015/2016 年冬季西伯利亚高压异常偏强的主要原因。结果表明，尽管这两个冬季热带太平洋海温背景是截然不同的弱 La Niña 状态和强 El Niño 状态，但是这两个冬季的西伯利亚高压却异常偏强。除秋季北极海冰异常偏少的影响外，前期夏季极为相似。北极大气环流，特别是北冰洋表面反气旋风场，以及其上空对流层中、低层平均温度偏高，加强了北极海冰偏少的对冬季大气环流变率的负反馈，对西伯利亚高压的加强起促进作用。数值模拟试验表明，在相同的北极海冰偏少条件下，夏季北冰洋表面反气旋风场及其上空对流层中、低层平均气温偏高，使得模拟的冬季西伯利亚高压强度的概率分布曲线系统地移向偏强一侧，从而增加了冬季亚洲大陆出现阶段性极端严寒过程的风险。发生在 2012 年 1 月 17 日至 2 月 1 日以及 2016 年 1 月 20 日至 25 日的东亚强寒潮过程进一步佐证了这一推断。

2）结果意味着夏季北极大气环流在北极海冰偏少影响冬季大气环流变率中起重要调节作用，当夏季北极表面反气旋风场盛行，对应对流层中、低层异常偏暖时，不仅对夏季、秋季北极海冰减少有重要贡献，而且加强了北极海冰偏少对冬季大气环流变率的负反馈，对于预测东亚冬季气候变化趋势，以及极端低温天气过程也有重要参考意义。2015/2016 年冬季东亚气候异常清楚地表明，尽管强 El Niño 事件对全球天气气候有重要影响，但是它并不能掩盖北极海冰和北极大气环流对亚洲气候的影响。

3）从中纬度环流系统影响北极气候的角度分析了冬季西伯利亚高压的异常增强和北移对同期北极变暖的影响。然而仅仅依靠统计分析得到的结果是不够的，通过数值模式对该机制进行模拟是十分必要的。因此在未来的研究中，需要用数值模式对西伯利亚高压影响北极气温的机制进行进一步的确认和更深入的研究。下一步的研究需要考虑前期夏季和秋季气象要素（如海表温度、积雪、海冰等）对冬季气温的影响。

3.3 青藏高原冻土变化碳循环：碳源与碳汇效应

3.3.1 青藏高原多年冻土区高寒生态系统植被碳库变化

青藏高原高寒草地碳密度的分布格局表现为显著的空间异质性，碳密度自东南向西北逐渐减小。根据计算结果，1982～2015 年青藏高原多年平均地上碳储量为 46.4Tg，地上与地下总碳储量为 441.1Tg，地下碳储量所占比例较大，其中高寒草原和高寒草甸的地下与地上生物量比值分别为 5.86 和 7.07。前者低于全国草地平均水平，而后者则高于全国草地平均水平（Piao et al.，2007）。基于碳密度和 NDVI 的关系，计算了 1982～2015 年青藏高原碳储量的空间分布格局变化及年际变化（图 3-18）。与 1982～1989 年平均值相比，青藏高原不同冻土类型的草地生态系统碳密度 2010～2015 年平均值均有不同程度的增加，其中季节冻土高寒草甸碳密度增加幅度最大，而多年冻土高寒草原增加幅度最小。另外，季节冻土区及多年冻土区高寒草地生态系统碳密度的年际变化也不尽相同，气候变暖背景

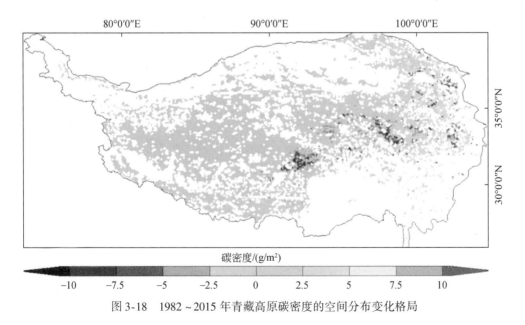

图 3-18　1982～2015 年青藏高原碳密度的空间分布变化格局

下，季节冻土区草地生态系统碳密度增加幅度高于多年冻土区。空间分布上，季节冻土区高寒草甸在 1982~2015 年的生物量碳密度增加量最高，而多年冻土区高寒草甸碳密度减小最多（图 3-18）。相对来讲，季节冻土区碳密度的变化幅度要高于多年冻土区，多年冻土区碳密度空间变化幅度主要在 ±2.5g/m²。近半个世纪以来，青藏高原气温呈显著增加趋势，但是降水量变化并不显著。气候变化对季节冻土区草地碳密度的影响要显著高于多年冻土区。青藏高原冻土环境变化对高寒草甸和高寒草原生态系统影响强烈，随着冻土上限深度增加，高寒草地植被覆盖度和生物生产量均表现为显著变化趋势。

3.3.2 青藏高原多年冻土区土壤有机碳储量分布

青藏高原多年冻土区土壤有机碳含量差异较大。总体上，青藏高原西部高寒草原和荒漠草原土壤有机碳含量较低，东部高寒草甸有机碳含量较高，而高寒沼泽草甸碳含量最高。由于控制表层土壤有机碳分布的主要因素是植被类型和气候，而植被类型与气候条件密切联系（Jobbágy and Jackson，2000），基于植被类型分布可以估算多年冻土区浅层土壤碳库。国内较早的对青藏高原高寒草地生态系统碳估算结果表明，表层 75cm 土壤碳储量约为 33.5Pg（Wang et al.，2002）。对于深层土壤，青藏高原多年冻土区有机碳储量的报道较少。深层土壤中，地貌和岩性在有机碳的分布过程中起着重要作用（Hugelius et al.，2014），因此可以考虑用青藏高原地质分布图估算 2~25m 深度土壤有机碳储量。

通过综合青藏高原不同植被类型下多年冻土区面积及不同深度土壤有机碳密度数据，结合实测资料，根据有机碳的分布规律和影响因素，估算表层 1m 土壤有机碳储量约为 17.3Pg（表 3-3）。对深层钻孔数据进行分析，发现深层土壤的有机碳含量变化较大，但是其与深度变化的规律比较明显，两者显著相关。根据这一结果以及青藏高原地质分布图，可估算青藏高原多年冻土区不同植被类型土壤有机碳的储量。与环北极地区的研究类似，本研究也同时分析了 25m 深度土壤有机碳储量。结果表明，2m 深度内土壤有机碳储量约为 27.9Pg，而 2~25m 深度土壤有机碳储量约为 132Pg（Mu et al.，2015）。

表 3-3　青藏高原多年冻土区不同植被类型表层 1m 土壤有机碳储量

植被类型	参考文献	分析方法	研究区	采样点/个	面积/10⁶km²	有机碳密度/(kg/m²)	有机碳储量/Pg
高寒草甸	Yang 等（2010）	湿法氧化	青藏高原	22	0.224	9.3±3.9	10.7±3.8
	Ohtsuka 等（2008）	高温燃烧	青藏高原	1		13.7	
	Dorfer 等（2013）	高温燃烧	青藏高原	2		10.4	
	Mu 等（2015）	高温燃烧	黑河流域	11	0.0065	39.0±17.5	0.3±0.1
	Liu 等（2012）	湿法氧化	疏勒河	42	0.013	8.7±1.2	0.1±0.02
高寒草原	Yang 等（2010）	湿法氧化	青藏高原	33	0.772	3.7±2.0	5.3±2.8
	Wu 等（2012）	湿法氧化	高原西部	52		7.7±3.2	
	Liu 等（2012）	湿法氧化	疏勒河	42		9.2±1.1	

植被类型	参考文献	分析方法	研究区	采样点/个	面积/10^6 km²	有机碳密度/(kg/m²)	有机碳储量/Pg
荒漠草原	Wu 等（2012）	湿法氧化	高原西部	25	0.175	3.3±1.5	0.7±0.3
	Liu 等（2012）	湿法氧化	疏勒河	42		4.4±0.7	

这一研究结果是依据植被类型或沉积类型进行的分析，是首次对青藏高原多年冻土区土壤碳库进行的估算，并报道了深层土壤有机碳库。近年来，研究者通过对青藏高原东部地区进行钻探采样，利用支持向量机模型对青藏高原多年冻土区有机碳储量进行了估算，结果显示表层 0~3m 土壤有机碳储量为 13.3~17.8 Pg。当前人们对青藏高原多年冻土区土壤碳储量认识还存在着很大的差异和不确定性。即使土壤有机碳储量以 13.3~17.8Pg 来计算，其对区域气候变化的影响仍然是不可忽视的，在未来的气候变化研究中必须要加以考虑。

通过对祁连山多年冻土区土壤样品的分析，发现这一地区土壤有机碳含量并非简单地随深度呈递减变化规律。多年冻土层土壤有机碳的含量甚至高于活动层，这表明了多年冻土区土壤有机碳在形成过程中的有机质埋藏效应（Mu et al.，2015，2016a）。通过分析土壤稳定碳同位素（δ^{13}C‰）和水溶性有机碳，发现土壤有机碳的稳定碳同位素差异不大，然而水溶性有机碳和热水提取有机碳的稳定碳同位素值随着深度增加而增大。这表明，在多年冻土区随着深度增加，土壤有机碳的活性组分被微生物分解的程度越高。值得注意的是，在多年冻土层上限附近的水溶性有机碳含量较高，其稳定同位素值较低，说明其具有很强的微生物分解潜力。通过 ^{14}C 测年，发现在 5m 深度土壤有机碳年代约为 7000aB. P.，表明该地区土壤有机碳是在过去数千年时间逐步积累的。多年冻土区土壤有机碳与环境因子密切相关。简单而言，较深的活动层、较高的 pH、粗颗粒土、较大的土壤容重都是不利于土壤有机碳形成与存储的因素，而地下冰丰富的地区土壤有机碳含量较高。土壤有机碳含量与总氮、水溶性有机碳和无机碳含量都存在着正相关关系。

3.3.3　青藏高原多年冻土区土壤有机碳稳定性

温度升高后土壤有机碳分解加快，但同时也促进了植被生长，抵消了一部分多年冻土所释放的碳，从而并不会显著影响土壤碳的释放量。土壤有机碳本身是非常复杂的混合物，已知的化学成分超过几千种，这其中必然有一些成分是微生物很难利用的，也可能有些碳永远都不会被分解。目前一般利用活性碳库、缓性碳库和惰性碳库来描述哪些碳会快速分解，哪些碳会缓慢分解，但是这 3 种碳库的划分缺少生物地球化学机制，通常是人为地设定 3 种碳库的比例进而通过模型模拟温室气体的释放。在海洋沉积物中，已知大量的碳库是与还原性铁结合固定的。这部分碳非常稳定，几乎不会被微生物分解。在多年冻土区可能也有类似的现象，通过对青藏高原大范围内样品进行分析，发现高寒草甸土壤还原性铁含量的波动幅度较大，而高寒草原和荒漠草原土壤中还原性铁含量呈现随着深度增加而下降的趋势，但是还原性铁固定碳的比例随着深度变化的幅度不明显（图3-19）。

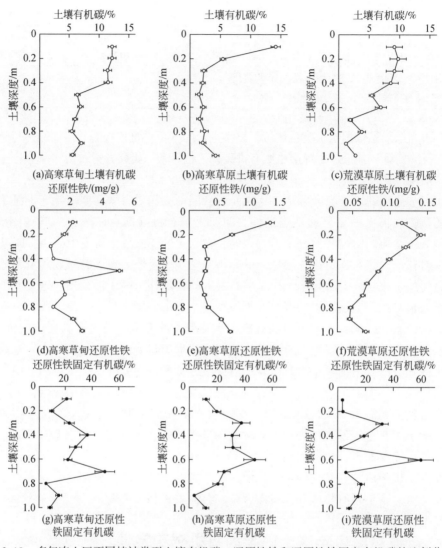

图 3-19　多年冻土区不同植被类型土壤有机碳、还原性铁和还原性铁固定有机碳的比例分布

　　综合青藏高原多年冻土区大量的样品分析，结果表明还原性铁固定的有机碳在表层 30cm 的比例在 0.9%～59.5%，其固定的碳占全部碳库的 19.5%（±12.3%）。研究结果表明，从化学机制角度来看，青藏高原多年冻土区有机碳库的 20% 是与还原性铁结合在一起的，微生物很难分解利用，属于惰性碳库（Mu et al., 2016c）。

3.3.4　多年冻土区典型高寒草地碳排放动态及其驱动因素

（1）典型高寒草地生态系统呼吸动态及其主要影响因素

　　在青藏高原腹地的风火山地区，高寒草甸和高寒沼泽草甸生态系统呼吸呈明显的季节变化，且与 5cm 地温变化趋势一致（图 3-20）；生态系统呼吸在 1 月最小，为 0.09～

$0.14\mu mol/(m^2 \cdot s)$，到 4 月中旬，表层土壤开始融化，生态系统呼吸逐渐增加，在生长季旺盛期达到最大，为 $2.65 \sim 4.22\mu mol/(m^2 \cdot s)$，到 9 月生长季后期，植被开始枯黄，逐渐减小。

高寒沼泽草甸生态系统呼吸高于高寒草甸，其中高寒草甸和高寒沼泽草甸非生长季土壤呼吸分别为 $0.31\mu mol/(m^2 \cdot s)$ 和 $0.36\mu mol/(m^2 \cdot s)$，生长季分别为 $1.99\mu mol/(m^2 \cdot s)$ 和 $2.85\mu mol/(m^2 \cdot s)$（图 3-20）。高寒沼泽草甸全年生态系统呼吸 CO_2 排放量显著高于高寒草甸，分别为 $1419g/m^2$ 和 $1042g/m^2$，其中高寒沼泽草甸非生长季排放比高寒草甸高 27%，生长季高 39%。虽然高寒沼泽草甸生态系统呼吸排放量显著高于高寒草甸排放，但两种草甸类型非生长季年排放量所占比例相似，分别为 23.99% 和 25.71%。高寒草甸和高寒沼泽草甸生态系统呼吸与气温和 5cm、20cm 处土壤温度均具有较高相关性，表明气温和土壤温度是影响 CO_2 地表通量的关键因子（Wang et al., 2014）。另外，土壤含水量也是温室气体排放的重要影响因子。

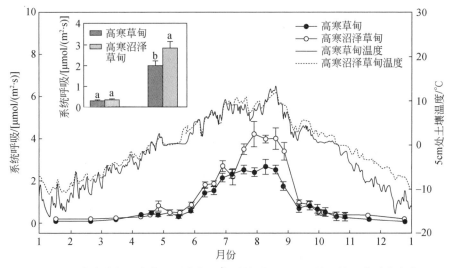

图 3-20　高寒草甸和高寒沼泽草甸生态系统呼吸和 5cm 处土壤温度季节变化

小图为平均系统呼吸

（2）典型高寒草地土壤呼吸及其组分的季节动态

土壤呼吸是生态系统呼吸的重要组成，其季节动态与生态系统呼吸一致。对比高寒草甸和高寒沼泽草甸的土壤呼吸发现，二者季节变化趋势相似，均为生长季>冻融前期>冬季。不同季节高寒沼泽草甸土壤呼吸均显著高于高寒草甸（表 3-4）。高寒草甸土壤呼吸年累计通量为 $903.10g\ CO_2/m^2$，冬季 11 月至次年 4 月中旬、冻融前期 [分为融化前期（4 月中旬至 5 月中旬）和冻结前期（9 月中旬至 10 月底）] 和生长季（5 月中旬至 9 月中旬）分别为 10.45%、14.78% 和 74.77%；高寒沼泽草甸土壤呼吸年累计通量为 $1358.96g\ CO_2/m^2$，冬季、冻融前期和生长季分别占 12.15%、14.17% 和 73.6%；整个非生长季所占比例达到 25%，表明非生长季土壤 CO_2 排放在全年排放中占重要比例，在预测该区域土壤年碳循环时不可忽视（表 3-4）。高寒草甸和高寒沼泽草甸全年土壤呼吸温度敏感性（Q_{10}）分别为 4.00 和 5.05，冻融前期 Q_{10} 分别为 5.67 和 9.43，而冬季和生长季 Q_{10} 均低于 3。除冬季外，高寒沼泽草甸 Q_{10} 均高于高寒草甸，其中冻融前期 Q_{10} 比高寒草甸高出 66.12%，表明高寒沼泽草甸对温度更为敏感，在气候变暖情况下，其反馈可能更为激烈。

表 3-4　不同季节土壤呼吸累积排放量　　　　（单位：g CO_2/m^2）

草地类型	冬季	冻融前期	生长季	全年
高寒草甸	94.34±13.36	133.51±10.76	675.25±69.56	903.10±93.52
高寒沼泽草甸	165.11±16.82	192.48±13.86	1001.09±63.80	1358.69±91.01

　　土壤异养呼吸（Rh）在土壤融化前期和冻结前期变化趋势和土壤呼吸（Rs）一致，且呼吸速率比较接近，而自养呼吸（Ra）变化比较平稳。在生长季初期，自养呼吸开始增加，直到 9 月生长季后期，异养呼吸迅速降低，而后趋于平稳（图 3-21）。各个月份高寒沼泽草甸自养呼吸和异养呼吸均高于高寒草甸（图 3-22）。两种草甸类型自养呼吸占土壤呼吸比例（Ra/Rs）波动较大，但总体趋势均为生长季高于冻融前期。高寒草甸自养呼吸占土壤呼吸比例最小值为 3.75%，最大值为 73.95%；高寒沼泽草甸自养呼吸占土壤呼吸比例最小值为 2.03%，最大值为 63.18%（图 3-23）。整个观测期，高寒草甸和高寒沼泽草甸平均自养呼吸占土壤呼吸比例分别为 36.91% 和 34.91%，高寒草甸比高寒沼泽草甸高 5.74%，但差异不显著（$P>0.05$），表明虽然两种草地类型植物组成和土壤理化性质差异巨大，但在相同的气候因子驱动下，两种草地自养呼吸占土壤呼吸比例响应一致。

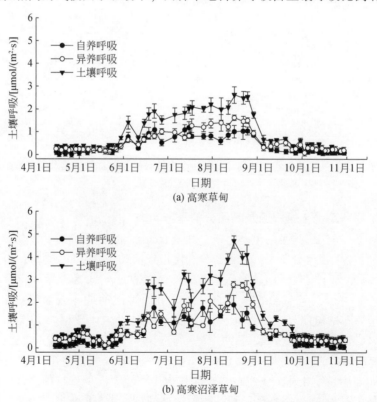

图 3-21　高寒草甸和高寒沼泽草甸不同土壤呼吸组分季节变化

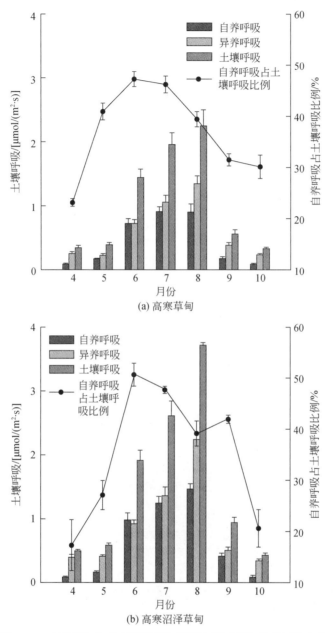

(a) 高寒草甸

(b) 高寒沼泽草甸

图 3-22 高寒草甸和高寒沼泽草甸不同土壤呼吸组分月平均变化

土壤呼吸及其组分主要受土壤温湿度等非生物因子和植物生长状况等生物因子影响。高寒草甸和高寒沼泽草甸地上和地下生物量以及立枯物生物量季节变化趋势相同。检验表明，高寒草甸生长季异养呼吸和土壤呼吸均与地上生物量、地下生物量和立枯物生物量显著相关（$P<0.05$），相关系数（R^2）为 0.39~0.84，此外，自养呼吸也与地下生物量显著相关（$P<0.05$），相关系数为 0.53；高寒沼泽草甸土壤呼吸及各组分与地上生物量、地

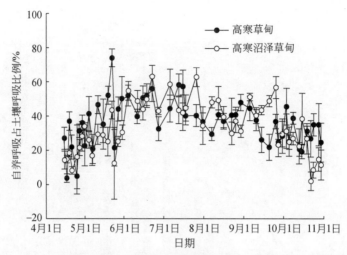

图 3-23　高寒草甸和高寒沼泽草甸土壤自养呼吸占土壤呼吸比例季节变化

下生物量和立枯物生物量显著相关（$P<0.05$），其相关系数分别为 0.94、0.90 和 0.71。

整个观测期间，土壤呼吸及其各组分与 5cm 处土壤温度呈显著的指数相关关系（$P<0.05$）（表 3-5），5cm 处土壤温度分别可解释高寒草甸异养呼吸、自养呼吸和土壤呼吸的 67%、75% 和 83%，以及高寒沼泽草甸的 68%、55% 和 73% 的季节变化。高寒草甸和高寒沼泽草甸土壤呼吸及其各组分 Q_{10} 变化趋势一致，自养呼吸对土壤温度最敏感，异养呼吸对土壤温度敏感性最低，其变化趋势为自养呼吸（4.91～5.17）>土壤呼吸（3.99～5.01）>异养呼吸（3.42～4.88）。高寒沼泽草甸异养呼吸、自养呼吸和土壤呼吸 Q_{10} 值均高于高寒草甸，其可能原因是高寒沼泽草甸植物地下生物量以及土壤有机质含量均高于高寒草甸，使其对土壤温度更敏感。在北极多年冻土区，长期增温使生态系统自养呼吸和异养呼吸均增加，但自养呼吸增幅高于异养呼吸，从而增加了自养呼吸占总生态系统呼吸的比例。

表 3-5　高寒草甸和高寒沼泽草甸不同组分土壤呼吸与 5cm 处土壤温度关系及温度敏感性

组分	高寒草甸				高寒沼泽草甸			
	a	b	R^2	Q_{10}	a	b	R^2	Q_{10}
异养呼吸	0.34	0.12	0.67	3.42	0.45	0.16	0.68	4.88
自养呼吸	0.20	0.16	0.75	4.91	0.31	0.16	0.55	5.17
土壤呼吸	0.53	0.14	0.83	3.99	0.76	0.16	0.73	5.01

3.3.5　气候变化对多年冻土区典型高寒草地碳排放的影响

（1）气候变化对高寒草地生态系统呼吸的影响

风火山研究表明，增温在不同时期均显著促进了生态系统呼吸，但增温和氮添加交互作用对生态系统呼吸作用较小。与高寒草甸的结果基本一致，在整个生长季，增温增加了高寒沼泽草甸生态系统呼吸，单独氮添加对生态系统排放无显著影响。在祁连山高寒草地观测结果显示，2012 年对照和增温 Q_{10} 值分别为 2.36 和 2.61，2013 年对照和增温 Q_{10} 值分别为 2.94 和 3.71，2015 年对照和增温 Q_{10} 值分别为 3.16 和 2.97，2016 年对照和增温 Q_{10} 值分别为 1.99 和 1.80。结果表明，温度在增温前期对生态系统呼吸起主导作用，但是随着增温年限的增加，生态系统呼吸对土壤温度表现出适应性，生物量的增加可能是增温后期生态系统呼吸增加的一个主要原因。因此，气候变暖对多年冻土区高寒草地生态系统 CO_2 排放的长期影响，可能是一个非线性过程，伴随生态系统对气候变化的适应性增强或适应性演化为变化环境下的稳定系统，生态系统呼吸更多受生物量和季节冻融变化影响。

（2）气候变化对高寒草甸和高寒沼泽草甸生态系统 CH_4 和 N_2O 排放的影响

观测试验结果表明，青藏高原多年冻土区高寒草甸是一个净的 CH_4 汇，如图 3-24 所示，其 CH_4 吸收值在 $5 \sim 45 \mu g/(m^2 \cdot h)$。在生长季不同阶段其平均通量存在差异，其季节变化规律呈单峰形，峰值出现在 7 月底至 8 月初。在生长季前期、生长季中期和生长季后期 5cm 处土壤温度可分别解释 CH_4 吸收的 27%、21% 和 26%，基本保持一致，且土壤水分的解释度并不高（<10%），表明 CH_4 吸收还受到其他环境因素或生物因素的影响。

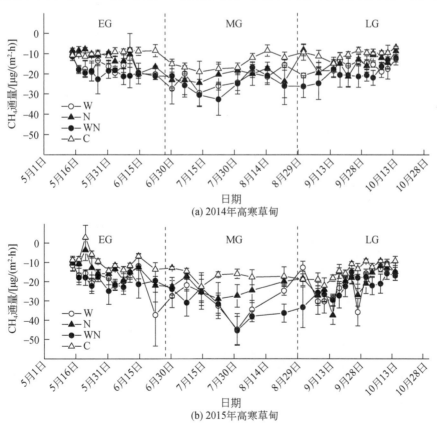

(a) 2014年高寒草甸

(b) 2015年高寒草甸

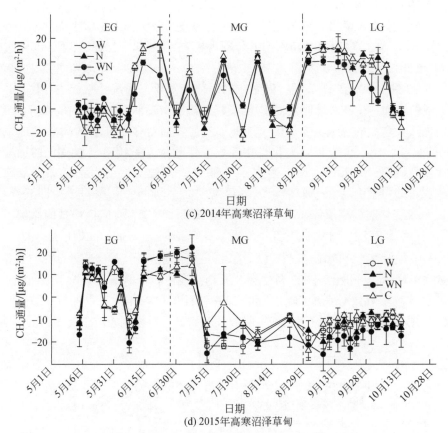

图 3-24　高寒草甸和高寒沼泽草甸 CH₄ 的季节变化规律

W-增温；N-氮添加；WN-增温并氮添加；C- 对照

高寒沼泽草甸的 CH₄ 通量变化起伏不定，在 CH₄ 的源与汇之间转换，在观测试验研究的青藏高原风火山地区，其变化为 $-20 \sim 20 \mu g/(m^2 \cdot h)$，表明高寒沼泽草甸的 CH₄ 通量变化更多决定于温度以外的其他环境因子，如土壤水分或降水的变化。检验结果表明，5cm处土壤水分可解释 60% 以上的 CH₄ 通量变化，5cm 处土壤温度的解释度小于 10%。在整个生长季，增温促进了 CH₄ 吸收，单独氮添加对 CH₄ 排放均无显著影响，增温和氮添加对CH₄ 吸收具有显著的交互作用。

高寒草甸与高寒沼泽草甸生态系统 N₂O 的排放动态与 CH₄ 不同，N₂O 的季节变化起伏不定，在 N₂O 的源与汇之间转换，并未呈现出特定规律，其通量分别为 $-20 \sim 40 \mu g/(m^2 \cdot h)$和 $-40 \sim 40 \mu g/(m^2 \cdot h)$。在整个生长季，增温增加了 N₂O 排放，单独氮添加对 N₂O 排放无显著影响，增温和氮添加对 N₂O 排放具有显著的交互作用。但在生长季中期和生长季后期，可能有其他因素更大程度地影响了 N₂O 通量变化，而导致增温和氮添加对 N₂O 排放无显著的交互作用。

3.3.6 气候变化下多年冻土区生态系统碳平衡与源汇效应分析

生态系统碳源汇的变化与碳输入和输出的动态有关。一方面,增温可以促进生态系统的碳呼吸输出;另一方面,由于多年冻土生态系统地处寒冷地区,植物生长主要受温度限制,所以气候变暖将延长冻土地区植被物候,增加植物生产力(gross primary productivity, GPP)(Natali et al., 2012),从而增加冻土生态系统固碳能力。二者的平衡是决定高寒生态系统碳源汇方向的关键。生态系统碳源汇方向和强度大致可以利用 3 种方法进行评估:①测定生态系统 GPP 以及生态系统呼吸,二者之差可以用于评估其源汇强度;②测定生态系统净初级生产力(NPP)和生态系统异养呼吸,二者之差即为碳净变化。这两种方法可以称为碳通量法。此外,考虑高寒草地"一岁一枯荣"的特点,生长季的植被碳积累将有很大一部分在非生长季消耗或以凋落等形式分解,因此以周转期更长、更为稳定的土壤碳库的变化评估其源汇也不失为一种有效可靠的手段,该种方法可以称为碳储量变化法。

在相同增温幅度(年均增温幅度大约为 0.7 ℃)下,开展高寒草甸生态系统碳平衡动态观测试验 5 年,结果如图 3-25 所示。增温显著促进了高寒草地地上和地下生物量,增温样地地上和地下生物量要高于对照样地,但是在不同年际增温对地上和地下生物量的影响有所差异,增温后 2013~2016 年(缺 2014 年数据,后同)增温样地地上生物量显著高于对照样地($P<0.05$),但是地下生物量只在 2013 年和 2016 年表现出显著差异性($P<0.05$)。从不同年份来看,2012 年增温样地较对照样地地上和地下生物量分别增加了 40.64% 和 29.22%,2013 年增温样地较对照样地地上和地下生物量分别增加了 97.97% 和 35.51%,2015 年增温样地较对照样地地上和地下生物量分别增加了 64.61% 和 26.33%,2016 年增温样地较对照样地地上和地下生物量分别增加了 137.33% 和 49.68%。随增温时间延长对照样地地上生物量增幅有所增加,地下生物量增幅相对较小且年际间呈波动变化。此外,对比增温下土壤碳发现,2015 年增温样地土壤有机碳密度显著高于对照样地($P<0.05$),尽管其他年份增温样地土壤有机碳密度和总氮密度的增量(相对于对照样地)未达到显著。

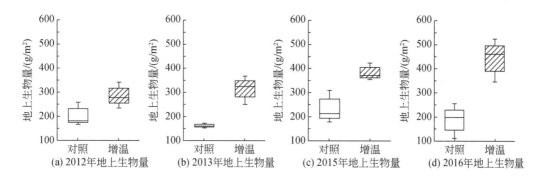

(a) 2012年地上生物量　(b) 2013年地上生物量　(c) 2015年地上生物量　(d) 2016年地上生物量

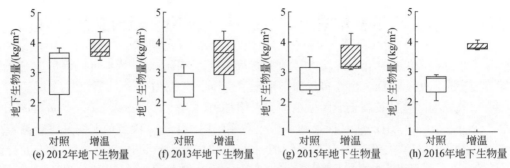

图 3-25　2012～2016 年增温样地和对照样地地上和地下生物量

对比地上植被和根系碳在增温下的增量与生态系统呼吸碳排放的增量，发现植被碳的增量略高于呼吸碳排放。尽管后期增温下根系碳的增量是多年增温的结果，而且生态系统呼吸中自养呼吸仍可能占据主导地位，但利用碳通量的思路，粗略估计在短期增温下，祁连山高寒草甸生态系统仍表现为碳汇。

3.3.7　核心结论与认识

1）青藏高原多年冻土区表层 1m 有机碳储量约为 17.3Pg，远小于之前研究取得的高寒草地土壤碳库为 33.52Pg 的评估结果，仅为高寒草地土壤碳库的 52%；2m 深度内土壤有机碳储量约为 27.9Pg，也仅为高寒草地土壤碳库的 83%；2～25m 深度内土壤有机碳储量约为 132Pg。整体而言，在 1982～2015 年，青藏高原不同冻土类型下的草地生态系统碳密度均有不同程度的增加，其中季节冻土区高寒草甸碳密度增加幅度最大。但是，存在局部地区生物量碳库减少现象，其中多年冻土区高寒草甸碳密度减小区域相对最多，表明冻土退化已在局部引起高寒草甸生物量碳库趋于减少。有关青藏高原土壤有机碳库，一直存在争议的问题是，如何准确评估多年冻土区土壤碳库及其对气候变化的响应，这仍然值得进一步深入研究。

2）青藏高原多年冻土区典型高寒草地生态系统非生长季土壤呼吸占到全年土壤呼吸的 25%～26%，高于北极苔原生态系统。冻融前期土壤呼吸 Q_{10}（5.67～9.43）高于其他季节（2.65～2.99）。整个观测期高寒草甸和高寒沼泽草甸平均 Ra/Rs（自养呼吸/土壤呼吸）分别为 36.91% 和 34.91%，异养呼吸是高寒草地土壤呼吸的主体，这一比值低于大部分北极寒带生态系统。自养呼吸对土壤温度最敏感，异养呼吸 Q_{10} 值最低；高寒沼泽草甸异养呼吸、自养呼吸和土壤呼吸 Q_{10} 值均高于高寒草甸。

3）气候变暖显著促进了高寒草地生态系统的呼吸排放，但气候变暖和氮沉降水平增加显著增强高寒草甸和高寒沼泽草甸 CH_4 吸收（或降低 CH_4 排放）。另外，青藏高原多年冻土区高寒草地生态系统在 4～7 年的增温过程中并没有发现土壤碳储量的显著降低，祁连山高寒草甸的结果表明增温在部分年份甚至促进了土壤碳的增加。因此，本研究结果认为气候变化并没有显著促进青藏高原多年冻土区高寒草地生态系统的碳损失。

3.4 冰冻圈变化的生态效应：积雪与冻土对生态系统的影响

冰冻圈通过巨大的水能冷储效应和反照率作用于地表各圈层，并通过有效调控淡水可利用量、能量平衡、影响海平面和陆地地貌形态等而广泛作用于陆地和海洋生态系统。广义而言，冰冻圈范围内一切生态系统均不同程度受到冰冻圈状态与过程的影响，无论是生态因子、食物链或能量流动，还是生物种群结构与演替等，均与冰冻圈因子存在或多或少的联系。一般而言，在冻土和冰雪等生境条件下，寒区生态系统的组成、结构、功能与时空分布格局等受冰冻圈要素的影响较为深刻。冻土和积雪的分布较为广泛，包括北半球40°N 以北广大区域、南极地区和青藏高原及其毗邻地区等，冻土和积雪是此区域内一切生态系统的生存和繁衍环境。在寒区内，冰冻圈与生物圈是寒区气候的作用结果，但二者间又存在极为密切的相互作用关系，冰冻圈与生物圈的相互作用对寒区生物圈特性具有一定程度的主导性。

对生态系统具有一定意义的冻土类型主要有多年冻土和季节冻土两类，两者合起来占北半球陆地总面积的51%，与稳定季节积雪影响范围相近。本研究以多年冻土的分布为依据，以多年冻土区为主要研究区，兼顾部分多年冻土区边缘的深冻结季节冻土区（或由多年冻土区演变为季节冻土区的邻近区域），以这些区域特殊的寒区陆地生态系统为主要对象，并立足青藏高原高寒草地生态系统，探索冰冻圈与寒区生态系统间的相互作用关系及影响。就上述确定的寒区陆地生态系统而言，大致50°N 以北的泛北极地区属于寒带生态系统分布区，陆地生态类型以寒带针叶林、苔原（tundra）或冻原为主。青藏高原因其巨大的海拔差形成了中低纬度较大区域高寒生态系统集中分布区，具有相对多样的陆地生态系统类型。

3.4.1 青藏高原冻土变化对生态系统的影响

（1）青藏高原多年冻土区增温模拟研究

通过在青藏高原多年冻土区多年的模拟增温发现，高寒草甸和高寒沼泽草甸的优势植物的地上部分形态学特征、解剖特征以及碳、氮、磷化学计量学特性对增温的响应模式表现出一致性，但地下部分没有表现出一致性。在全球变暖背景下，增温均能促进小嵩草和藏嵩草的生长，并通过调节自身不同组分间碳、氮、磷元素含量来应对气候变化。增温对冻土区高寒草甸优势物种小嵩草和高寒沼泽草甸优势物种藏嵩草的形态、抗氧化和渗透调节大体一致，对抗紫外辐射的影响不同。增温促进冻土区优势植物小嵩草和藏嵩草的生长，它们都能通过自身生理生态合成相应的物质使体内新陈代谢维持稳定状态。因此，冻土区植物能够通过自身生理生化和功能特征来调节其对环境温度变化的适应，通过形态和生物量的增长来反映其对环境变化的表观适应。然而，这种适应也存在种间差异，这可能是由于不同的物种在长期进化过程中自身对资源竞争能力的差异。可见，青藏高原多年冻土区长期增温的环境可能导致植物群落物种组成和结构的改变。

在青藏高原季节冻土区，增温前期均表现出与多年冻土区一致的增温结果，即增加群落生物量和降低物种多样性。但是随着增温时间的加长，这种增温效应逐渐趋于平缓，群落生物量和物种多样性趋于稳定。这种变化可能与增温导致土壤水分降低有关。基于样点尺度上多年冻土区与季节冻土区结果的差异，我们选取了能获取数据的多年冻土区和季节冻土区进行对比研究（图3-26）。

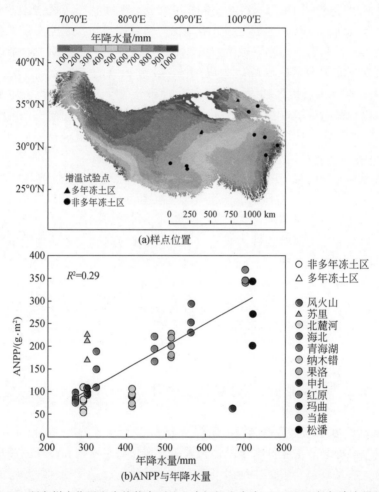

(a)样点位置

(b)ANPP与年降水量

图3-26 研究样点位置和自然状态下地上净初级生产力（ANPP）与年降水量关系

结果显示，可获取的水分含量是影响增温对高寒草地生产力和多样性变化大小与方向的主要驱动力。而增温导致多年冻土退化，多年冻土区变为非多年冻土区，植被生产力受升温影响由增加变为降低。可见，目前的模型没有考虑到冻土退化后增温导致植被生产力降低的因素，可能高估了未来增温情景下，青藏高原高寒草甸受增温影响的结果。

（2）青藏高原高寒草地植被 NDVI 变化及其与冻土的关系

青藏高原尺度的 NDVI 结果显示，过去几十年来，青藏高原高寒草原和高寒草甸植被生长的时间变化趋势极为相似，且变好区域数倍于变差区域。然而，高寒草甸和高寒草原植被生产力的逐年变化趋势存在差异，主要是由于近年来青藏高原温度上升引起冻土退化，导致土壤水分含量增加（图 3-27）。通过 NDVI 与 LST 关系拟合，结果显示高寒草甸的植被生长主要受温度因子限制，而高寒草原同时受温度和水分因子的制约，但主要受水分因子的限制。在多年冻土高寒草甸区，温度是每个季节共同的主要驱动因素，二者贡献率超过 60%，在秋季甚至超过 90%；在多年冻土高寒草原区，气温单因子作用强度在每个季节均超过 50%，但在春季，水分因子（土壤水分和降水）的贡献率达到 42%。季节冻土区则不同，水分因子起到较大作用，在季节冻土高寒草甸区，水分因子对夏季和秋季 NDVI 变化的影响超过 70%，但在春季，热量因子仍然具有较大影响；在季节冻土高寒草原区，热量和水分因子对于夏季和秋季 NDVI 的作用几乎相当，但热量因素同样对春季的影响较大。

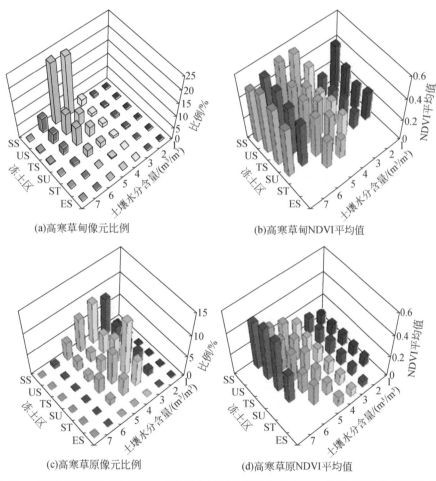

(a)高寒草甸像元比例　　　　　(b)高寒草甸NDVI平均值

(c)高寒草原像元比例　　　　　(d)高寒草原NDVI平均值

图 3-27　青藏高原高寒草地在不同水热组合区域内的像元比例和生长季 NDVI 平均值分布情况

NDVI 平均值的计算时段为 1982～2012 年；其中，US、TS、SU、ST 和 ES 分别代表不稳定多年冻土区、过渡型多年冻土区、亚稳定多年冻土区、稳定多年冻土区和极稳定多年冻土区；数值 1～7 分别代表土壤水分含量在 0～0.05m³/m³、0.05～0.10m³/m³、0.10～0.15m³/m³、0.15～0.20m³/m³、0.20～0.25m³/m³、0.25～0.30m³/m³、0.30～0.35m³/m³

　　总之，多个样地尺度的研究结果揭示年降水量是影响青藏高原高寒草地植被生产力的主要因子，冻土存在与否显著影响温度升高对植被生产力和物种多样性的影响程度。单个样地尺度的研究结果显示，温度升高对青藏高原高寒草甸植被生产力和多样性的影响受冻土存在的影响。在多年冻土区，短期增温增加植被生产力并降低物种多样性；在季节冻土区，增温前期增加植被生产力并降低物种多样性，但是在连续几年的增温处理后，这种增温效应趋于平缓，差异消失。考虑到冻土存在的因素，基于更多样点的样地数据分析的结果显示，年降水量是影响高寒草地植被生产力的最显著解释变量。尽管增温引起全区域物种多样性降低，但是温度升高在多年冻土存在区域对物种多样性的影响程度显著高于季节性冻土区。区域近几十年 NDVI 与地表温度结果显示，年均尺度上，青藏高原高寒草地 NDVI 自 20 世纪 80 年代以来持续递增，以 2000 年以后递增最为显著，温度是影响高寒草甸的主要影响因子，水分是影响高寒草原的主要因子。

　　基于空间差异的样地尺度研究结果和基于时间序列的 NDVI 结果出现了矛盾，这不同的结果主要源于两个方面的影响：①由于青藏高原近几十年来温度持续上升，但是降水量仅仅从 2004 年开始逐步增加；增温幅度最大的是 1985～2000 年，NDVI 变幅较小，而 2004 年以后降水驱动 NDVI 变幅持续增大，该时段 NDVI 显著性增加掩盖了 2000 年以前的不显著变化态势。青藏高原冬季降水量增大，有效缓解了春季高寒草地 NDVI 增大对水分的需求（春季 NDVI 变化与水分关系密切，水分贡献较大）。②基于空间差异的样地尺度的研究结果，分两种情形，一是完全依据空间代替时间的样地尺度观测数据，对气候条件的考虑是静态的，空间上本身的降水量差异导致植被生产力的差异，直接引起模型分析倾向于降水量占据重要性；二是定位模拟实验结果，基于 OTC 或其他增温设施，短期增温的幅度要显著大于年度之间降水量的差异。因此，如果能积累更长时间尺度上的样地数据，考虑到时空变化的温度和降水共同变化特征，分析结果有助于更准确评估过去和预估未来青藏高原高寒生态系统植被 NPP 与环境的关系。

3.4.2　积雪变化对青藏高原高寒草地生态系统的影响

　　以四川红原季节冻土区为研究对象，设置 4 个积雪量处理，即自然积雪（CK），自然积雪量的 2 倍（S1）、自然积雪量的 3 倍（S2）、自然积雪量的 4 倍（S3）以及完全移除积雪（SN），研究积雪变化对高寒草甸生态系统的影响。结果发现，积雪变化对土壤含水量、温度以及土壤化学性质都造成了较大影响。其中，积雪量增加会导致返青期（3～6 月）土壤温度降低，同时使得土壤含水量增加。同时，研究发现，积雪量变化使 0～10cm 土层土壤 pH、速效磷、速效钾、总氮、总磷以及土壤有机碳增加，而使总钾含量显著降低；而在 10～20cm 土层，随着积雪量的增加，土壤中速效氮、速效钾、总氮、总磷以及土壤有机碳含量显著上升，而总钾显著降低，同时 pH、速效磷表现出先增加后降低的趋势。整体而言，积雪量改变对 0～10cm 土层化学性质的影响力要弱于对 10～20cm 土层的影响力。

（1）积雪变化对高寒草甸植物群落的影响

　　2014 年，积雪量的适当增加（S1 处理）使除豆科植物外的其他功能群植物生物量增加，同时带动植被群落总生物量显著上升。而随着积雪量的进一步上升，无论是各功能群还是植被群落总生物量均逐渐降低。积雪量的增加使得群落总盖度及各功能群盖度均有不同程度的降低，S2、S3 处理下，植物群落总盖度相比于对照组（CK）有显著降低。而在各功能群中，莎草科植物对积雪量增加尤为敏感，当积雪量增加后，莎草科植物功能群盖度均显著降低。

从植被物种丰富度上来看，积雪量的适当增加（S1 处理）使植物群落丰富度增加，而积雪量的进一步增加则会使物种丰富度降低。从功能群上来看，除 S1 处理下禾本科物种丰富度有显著增加外，其余各功能群并无显著变化。此外，在第一年（2014 年）的实验中，除 S2、S3 处理下 Simpson 指数显著降低外，积雪增加并未对高寒草甸植物群落生物多样性造成其他显著影响。

总体上来看，积雪量的适当增加（S1 处理）有利于高寒草甸植物群落的生长发育，提高植物群落生物多样性，而当积雪量继续增加，超过某一阈值后，积雪将阻碍植物的生长，降低植物群落生物多样性。

（2）积雪变化对高寒草甸植物根系动态的影响

在 2014～2015 年的调查中，4 个不同积雪处理下高寒草甸根系现存量与死亡量均表现出明显的季节动态，随着时间的推移总体上呈现先增加后降低的趋势，根系现存量与死亡量在 5～6 月最低，随后逐渐增高，并在 8～9 月达到最高，随后逐渐回落（图 3-28）。S1

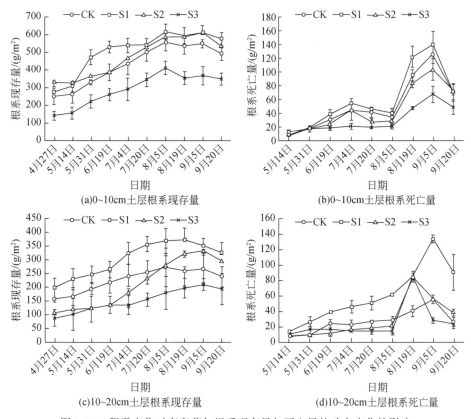

图 3-28　积雪变化对高寒草甸根系现存量与死亡量的动态变化的影响

处理下，2014 年 5～7 月根系现存量增长速率明显高于其他处理，S3 处理下根系生长相对其他处理明显受到抑制；S2 与 CK 处理下除 2014 年 10～20cm 土层外并无明显差别。不同积雪量影响下，各处理间根系死亡量的变化规律与根系现存量类似，整体 S1 处理下根系死亡量最高，S3 处理下根系死亡量最低，0～10cm 土层中 S2 处理下根系死亡量低于 CK，而 10～20cm 土层则较为接近。

根系平均现存量、死亡量以及生产量在不同积雪量影响下变化趋势相对一致，随着积雪量的逐渐增加呈现先增加后降低的趋势，三者的最高值基本都出现在 S1 处理下，而最低值出现在 S3 处理下，S2 与 CK 处理间互有高低。关于根系周转率的研究结果表明，2014 年，随着积雪量的增加，根系周转率出现由 0～10cm 土层向 10～20cm 土层转移的趋势，在 S2 处理下尤为明显。综合以上研究结果，本书认为，适当增加的降雪量有利于植物根系的生长，而降雪量过高则会导致根系生长受阻，同时，积雪量的增加会导致根系周转率向深层土壤转移。

3.4.3 冻土变化对东北冻土区生态系统的影响

1. 东北多年冻土区植被群落结构与组成

大兴安岭冻土植物群落由于所在的地理区属寒温带，在高寒严酷气候的胁迫作用下，对环境长期适应的原因，植物多属于具有耐寒性的物种组成，相对其他气候带的植物群落来说，该地区植物种类较少，群落的物种多样性相对较小。在所研究的 30 个样地中，共记录 85 种植物，隶属于 29 个科、55 个属。

在大兴安岭冻土植物的 Raunkiaer 生活型组成中，地面芽植物占优势，地下芽和高位芽植物次之，反映了当地有一个较短的夏季，但冬季严寒而漫长。在 4 种生活型中，地面芽植物的物种数和重要值均较大，反映出冻土植被的组成地面芽植物是该群落的重要组成部分，是对冬季酷寒天气适应最成功的生活型。高位芽植物的种类不多但重要值在植物群落中占据重要地位。沼生和湿生植物的高重要值体现了其在大兴安岭冻土区植被组成中的不可替代作用，两者重要值共占 76.2%，反映了冻土生境潮湿的环境特征。但是，中生植物的种类最多，植物种数为 50，占植物种数的 58.8%，这一研究结果表明冻土的土壤条件虽然偏重于湿生植物，但有向中生性发展的趋势。近年来，由于气候变化和人为干扰的加剧，大兴安岭多年冻土不断退化（常晓丽等，2008；顾钟炜和周幼吾，1994；金会军等，2000；鲁国威等，1993），冻土融深随之变大，冻土土壤水分含量降低，一些喜湿的植物减少甚至消失，逐渐被中生植物取代。

大兴安岭冻土区所包含的植物与很多地区均有联系。其中，温带性质分布型的植物种数占据了最重要的位置，为 49 种，占种子植物（84 种）的 58.3%，是组成本地区种子植物区系的主体。由于海拔和高纬度等地理位置的影响，亚寒带-寒带性质分布型的种数其次，为 35 种，占种子植物（84 种）的 41.7%，它们主要是第四纪几次冰期以来适应寒冷气候从北方逐步迁移分化至本地区所形成的。

2. 冻土变化对物种多样性的影响

(1) 东北冻土区植物生活型和水分生态类型对冻土融深的响应

大兴安岭冻土区不同生活型植物种数对冻土融深的响应显示（图 3-29），3 种不同的冻土融深下均为地面芽植物居多，高位芽植物次之，地上芽植物最少。随着冻土融深的增加，地面芽植物种数显著增多（$P<0.01$），高位芽植物种数显著减少（$P<0.01$），地上芽和地下芽植物的物种数随冻土融深的变化不显著（$P>0.05$），但是，随着冻土融深的增大，地下芽植物种数呈增多趋势，地上芽植物种数呈减少趋势。

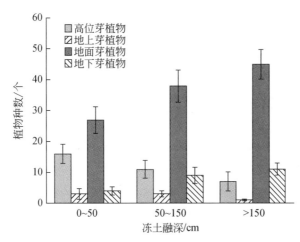

图 3-29　大兴安岭冻土区不同生活型植物种数对冻土融深的响应的变化趋势

从不同冻土融深下 4 种生活型植物的重要值来看，高位芽植物虽然种数较少，但重要值在每个不同冻土融深下较大，所占比例都在 40% 以上，因此，大兴安岭冻土区植被群落占主要地位的是高位芽植物，如笃斯越橘、柴桦等；其次是地面芽植物；地上芽植物所占的比例最小。3 种不同的冻土融深下高位芽占主要地位，其次是地面芽植物和地上芽植物，地下芽植物对群落组成的贡献最低。随着冻土融深的增加，地面芽植物的重要值显著降低（$P<0.01$），地下芽植物的重要值显著增大（$P<0.01$），高位芽植物和地上芽植物的重要值随冻土融深的变化不显著（$P>0.05$），但是，随着冻土融深的增大，高位芽植物和地上芽植物的重要值呈减小趋势。

随着冻土融深的增加，沼生植物的种数显著降低（$P<0.01$），中生植物的种数显著增大（$P<0.01$），湿生植物和旱生植物的种数随冻土融深的变化不显著（$P>0.05$），但是，随着冻土融深的增大，湿生植物有减少的趋势，旱生植物种数有增多的趋势。

(2) 东北冻土区植物多样性对冻土融深的响应

Patrick 指数与冻土活动层埋深具有显著的相关性（$R^2 = 0.58$，$P<0.01$）。Pielou 指数和 Shannon-Wiener 指数随冻土融深的增加呈现先升高后降低的趋势；群落均匀度指数随冻土融深的增加出现先升高后降低的趋势。群落多样性指数随冻土融深的增加有显著降低的趋势（图 3-30）。这说明冻土活动层埋深对物种丰富度和多样性指数影响并非单调性降

低，但总体规律是50cm<PMD≤150cm时物种丰富度和多样性指数较高，PMD≤50cm和PMD>150cm时物种的丰富度和多样性指数较低，且差异显著。

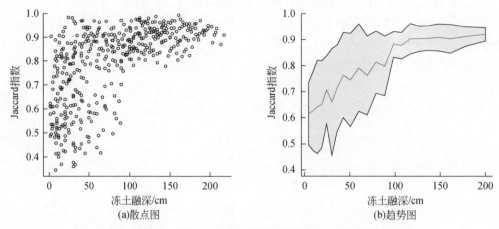

图3-30 大兴安岭冻土区植物群落的β多样性对冻土融深的响应

随着冻土融深差异的增大，Jaccard指数呈明显的上升趋势（$P<0.01$），说明冻土融深的差异能够导致群落之间的差异增大，其他的环境因子在景观尺度上差异较小，因此，冻土这一环境因子能够很好地影响群落的β多样性。出现这种格局的原因可能与两个相邻样地之间的距离、人为干扰、土壤基质等因素有关，尚需进一步的研究。

（3）东北冻土区植物群落物生物量对冻土融深的响应

灌木植物鲜重和干重随冻土融深的变大，呈现降低的趋势，且变化较为显著（$P<0.01$），草本植物的生物量却是随着冻土融深的增加呈现先增大后减小的趋势，群落的生物量变化趋势跟灌木一致，即呈现降低的趋势，表明灌木生物量对群落总生物量的影响。

3. 多年冻土区植被NDVI的时空变化及其驱动因素

冻土区NDVI结果显示植被生产力在过去34年，从研究区西向东逐渐增加，年增长率为0.6%。其中，NDVI增加趋势最大值（NDVI>0.004），所占的面积比例依次为连续多年冻土区>不连续多年冻土区>稀疏岛状多年冻土区>多年冻土完全退化区；NDVI减少（NDVI<0）时，冻土区所占的面积比例中，多年冻土完全退化区所占的面积比例最大，为24.51%，而连续多年冻土区NDVI减少所占的面积比例最小，为0.38%。可见，连续多年冻土区NDVI增加的趋势最大（0.0048），而多年冻土完全退化区NDVI的增加趋势最小，为0.0018。不连续多年冻土区NDVI的增加趋势与连续多年冻土区的相近，为0.0041，稀疏岛状多年冻土区NDVI的增加趋势为0.0028。

总体而言，东北多年冻土区植被生长季NDVI与气温间的相关系数明显大于植被生长季NDVI与降水间的相关系数，且NDVI与气温显著正相关，与降水呈较弱的负相关，说明气温是东北多年冻土区植被生长季NDVI变化的主控因子。随着多年冻土进一步退化，植被生长季NDVI与地表温度正相关关系减弱，可能是长期的多年冻土退化减少了土壤水分的供应（Peng et al., 2003；Zhang et al., 2004）。因此，短期来看，多年冻土退化可以促进植被生长，增加植被覆盖，但是长期来看，多年冻土退化甚至消失会阻碍植被生长。

3.4.4　土壤微生物对冻土与积雪变化的响应

（1）积雪变化对季节冻土区草地土壤微生物的影响

积雪量的改变会导致高寒草甸土壤细菌群落结构发生变化（图 3-31）。积雪量的增加会导致酸杆菌门相对分度降低，变形菌门的活动由 0~10cm 土层向 10~20cm 土层转移，拟杆菌门相对丰度增加等变化；同时土壤真菌群结构也发生了明显的变化，积雪量的增加使得担子菌门相对丰度增加，而使得子囊菌门相对丰度在 10~20cm 土层显著降低。对高寒草甸土壤微生物群落 β 多样性的研究结果说明，在积雪变化条件下，0~10cm 土层与 10~20cm 土层间土壤微生物群落结构存在明显差异；而不同处理下，土壤细菌群落结构存在一定差异，而土壤真菌群落结构则未见明显差异。而对高寒草甸土壤微生物群落 α 多样性的研究则表明，随着积雪量的增加，高寒草甸土壤微生物群落多样性总体上呈现先增加后降低的趋势，适当增加的降雪量有利于高寒草甸土壤微生物群落多样性的增加，而积雪量过高则会导致其丰度降低。积雪变化下土壤理化性质的改变对微生物群落具有重要影响。

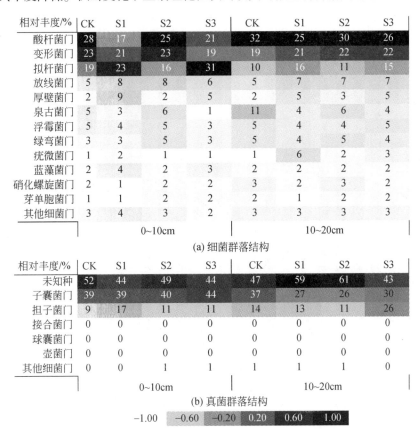

图 3-31　不同积雪量对高寒草甸土壤细菌和真菌群落结构的影响

（2）增温对多年冻土区高寒草地土壤微生物的影响

受模拟增温影响，高寒沼泽草甸 0~10cm 土壤层中总微生物量（总磷脂脂肪酸，total PLFAs）明显增加，主要是由除原生动物类和丛枝菌根真菌（AMF）的其他微生物类群丰度明显增加导致（$P<0.05$）。0~10cm 土壤层中真菌对细菌比例（F/B）、丛枝菌根真菌对腐生型真菌比例（AMF/SF）、(i17:0+i15:0)/(a17:0+a15:0) 比例明显降低，而使得10~20cm 层中革兰氏阳性细菌对革兰氏阴性细菌比例 Gm^+/Gm^- 和 cy17:0/16:1ω7c 显著增加（$P<0.05$）。

高寒草甸土壤的总微生物量和微生物类群均明显低于高寒沼泽草甸（$P<0.05$）。模拟增温使得高寒草甸 0~10cm 土壤层中总微生物量因除原生动物类的其他微生物类群明显增加而显著增加，而 F/B 和 (i17:0+i15:0)/(a17:0+a15:0) 显著降低，AMF/SF 明显增加。另外，受真菌、Gm^+、Gm^- 和细菌明显增加影响，10~20cm 土壤层中总微生物量显著增加，Gm^+/Gm^- 和 cy17:0/16:1ω7c 明显降低（$P<0.05$）。

（3）东北多年冻土变化对森林土壤微生物的影响

在连续多年冻土区沿纬度梯度进行采样，用于分析微生物的变化及调控因素。结果发现，门分类水平上微生物的群落结构组成在不同纬度梯度上大体相同（图3-32）。变形菌门、酸杆菌门、拟杆菌门和放线菌门是大兴安岭多年冻土中的优势菌门。然而，这4类优势菌门的相对丰度在纬度梯度上的变化趋势却表现出一定的差异：变形菌门和拟杆菌门的相对丰度随纬度的增高亦呈现出增长趋势，而酸杆菌门和放线菌门的相对丰度随纬度的增

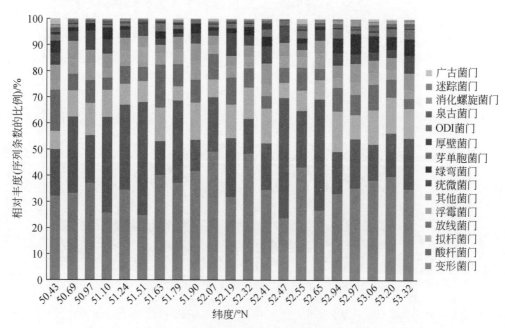

图3-32 多年冻土中不同纬度梯度上土壤细菌和古菌群落结构变化
门水平上不同类群所占的比例表征

高却呈现出一定的降低趋势。这在一定程度上也表明随着东北多年冻土的退化，土壤中微生物的优势菌群的比例也会发生相应的变化。

通过实际观测到的 OUT 数量、Shannon-Wiener 指数、Simpson 指数和谱系多样性指数这 4 个 α 多样性指数来分析微生物群落沿纬度梯度变化的分异规律。数据分析发现，多年冻土土壤微生物物种丰富度、多样性以及基于亲缘关系的系统发育多样性都随着随纬度的增高而呈现出先降低后增加的趋势。此外，Unweighted UniFrac 指数用来探究微生物 β 多样性沿纬度梯度的变化情况。微生物群落间的结构组成的差异随纬度距离的增大而增大，这说明多年冻土的退化会在一定程度上导致微生物群落结构的改变。

3.4.5　未来冻土对高寒草地生态系统影响的模拟与预估

本研究中首先使用了陆面过程模式（CLM3）模拟的植被下地表温度以及台站观测得到的裸地表面温度结合环境因子开发的地表温度算法，并和实际观测进行了对比；其次将双向 Stefan 算法（TDSA）耦合进了陆地生态系统模式（DOS-TEM），并和解析解进行了对比，均取得了比较理想的结果；最后，本研究模拟了未来气候变化情景下青藏高原多年冻土和高寒草地生态系统的变化。

（1）多年冻土退化对高寒草地生态系统的影响

在升温 1℃、2℃ 和 3℃ 情景下，净初级生产力（NPP）由于土壤变干而轻微减少，并导致制备碳储量（VEGC）轻微减少。土壤有机碳（SOC）、土壤水分和温度是控制异养呼吸（RH）的 3 个重要因子，增加土壤温度会增加 RH，当土壤处于半饱和状态时，RH 最大，增加和减少土壤水分会导致 RH 减少。为此，在生态系统模式中增加了多年冻土水文模块，用来模拟青藏高原多年冻土区高寒草地生态系统对气候变暖的响应。改进后的模式能够合理地模拟土壤温度和水分对气温升高及多年冻土退化的响应。敏感性试验表明，气温增加会导致土壤温度增加和活动层变厚，土壤水分变少，NPP 和异氧呼吸降低，植被和土壤碳库变小。值得指出的是，生态系统对气候变暖的响应在青藏高原上存在空间差异，受到不同降水和多年冻土退化阶段的影响。多年冻土阻止土壤水进入地下水。但是多年冻土退化是个长期过程，并且是对气候变暖的响应，而气候变暖本身会导致蒸散发的加强。高寒草地的退化不能主要归因于多年冻土退化导致的隔水板效应减弱。

（2）多年冻土和高寒草地生态系统在不同气候变化情景下的变化

对于整个研究区域而言，不同 RCP 排放情景下，达到增温 1.5℃ 和 2℃ 阈值时，最大未冻深度 MUT 的增加值都很小，只有 10cm 左右，并且其在达到 2℃ 阈值时的增量要大于 1.5℃ 阈值时的。植被碳增加 20 ~ 100g C/m^2，其在达到 2℃ 阈值时的增量则小于 1.5℃ 阈值时的（图 3-33）。土壤碳和植被碳类似，在 3 种不同 RCP 排放情景以及 2 种增温阈值条件下，一方面，辐射的减少、生物量的增加以及地表温度升高不显著等因素的影响，导致多年冻土区活动层厚度的增加亦不显著；另一方面，降水量的增加，有利于植被生长和土壤有机碳的积累。

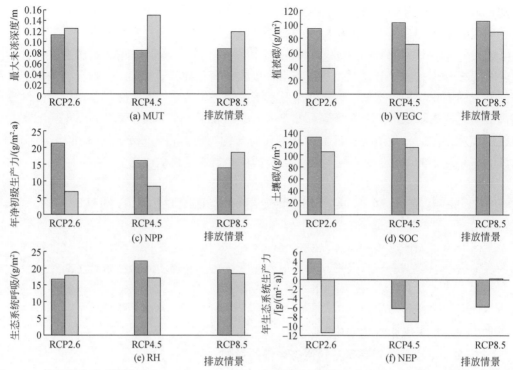

图 3-33　整个研究区不同情景下（RCP2.6、RCP4.5 和 RCP8.5）增温达到 1.5℃和 2℃时 MUT、VEGC、
NPP、SOC、RH、NEP 和 1981～2006 年差值的统计

3.4.6　核心结论与认识

1）在降水量不增加条件下，气候变暖显著促进多年冻土区高寒草地的生产力
（NPP），降低季节冻土区高寒草地的 NPP。然而，水分因子（降水量和土壤水分含量）是
解释青藏高原高寒草地植被生产力变化最显著的变量，多年冻土区高寒草地 NPP 响应增温
的变化幅度取决于水分因子的变化，随土壤水分减少，增温将削弱多年冻土对高寒草地
NPP 的正向反馈作用。多年冻土对高寒草地生态系统的影响存在一定阈值，在降水量不增
加情况下，活动层厚度小于 2.0m 的稳定和极稳定多年冻土区，高寒草甸与高寒草原的
NPP 均随温度升高而显著增加；活动层厚度大于 3.5m 的过渡型和不稳定型多年冻土区高
寒草甸和高寒草原 NPP 将趋于减小。

2）多年冻土区高寒草甸对降水量变化最为敏感，高寒草原则受温度变化影响最显著。
因此，伴随冻土退化，在干旱化背景下，高寒草甸退化程度高于高寒草原，高寒草甸植被
对土壤水分的高度依赖性是高寒草甸与多年冻土关系密切的主要原因。自 2001 年以后，
高原降水量持续增加，促使活动层厚度小于 4.0m 的亚稳定到极稳定多年冻土区和季节冻
土区高寒草地 NDVI 增加，但活动层大于 4.0m 的不稳定和过渡带高寒草地 NDVI 变化不明
显甚至趋于降低，表明增加的降水量尚不足以抵消这些区域因冻土退化和气候变暖导致的

土壤干旱胁迫。温度升高对多年冻土区域物种多样性的影响程度显著高于季节冻土区。

3）在东北多年冻土区，过去 35 年，植被 NDVI 自西南向东北逐渐增加。其中，连续多年冻土区植被 NDVI 增加的趋势最大，其次为连续多年冻土区与岛状多年冻土区，多年冻土完全退化区植被 NDVI 呈现负增长。气温持续升高是东北多年冻土区植被生长季 NDVI 的主控因子。多年冻土区南缘，未来伴随冻土持续由南向北退化，NDVI 增加区域将不断萎缩，植被退化区域将不断扩大。针对气候变暖下东北多年冻土区南缘持续"变黄"的生态响应后果，需要进一步厘清其生态系统演替方向和调控对策。

4）增温增加了多年冻土区高寒草地土壤微生物生物量。然而，高寒草甸和高寒草原 SOC 含量并未因微生物生物量的增加而降低，这表明通过植物增加的碳输入抵消了因土壤呼吸而增加的碳损失。同时，增温也明显降低了高寒沼泽草甸和高寒草甸 0～10cm 土壤层中真菌对细菌的比例，并且诱导丛枝菌根真菌和腐生型真菌的相对丰度。因此，受气候变暖影响，土壤微生物可能对长期生态系统的反馈回路产生深远影响，可能是气候变化下维持并促进高寒草地生态系统碳汇的主要因素之一。

总体而言，在多年冻土和生态系统间的相互关系、积雪变化对生态系统影响、生态系统响应气候变化的冻土作用机制等方面，取得了一些认识，但尚未系统厘清冻土–积雪–生态间的互馈作用机理，制约了冻土变化对寒区生态系统影响程度与演变趋势的可预测性，这也是阻碍寒区生态系统模型发展的瓶颈，今后尚需要进一步深化机理认识，形成冻土生态学的系统理论，推动寒区生态模型和陆面过程模型等的发展。

3.5　冰冻圈变化对经济社会系统的影响：利弊与脆弱性

狭义的冰冻圈变化对社会经济的影响是指冰冻圈变化直接或间接影响寒区重大工程、能源矿产资源开发利用、寒区畜牧业、冰雪融水补给的干旱区绿洲农业系统、冰冻圈自然灾害、冰冻圈游憩、北极航道、海岸和海岛国家安全等，其包括致害与致利两个方面。广义的冰冻圈变化社会经济影响，除上述诸种影响之外，还包括冰冻圈变化灾害风险、社会经济系统对冰冻圈变化的脆弱性与适应。传统上，冰冻圈变化的自然影响研究中不利影响研究，一直占据主导地位，冰冻圈变化的社会经济影响主要是作为自然影响的结果，只是被定性描述。因此，作为相对独立的、既传统又新兴的研究领域，冰冻圈变化对社会经济的影响研究目前仍处于起步阶段。已开展的研究显示，在研究方式上，主要采取以冰冻圈单一要素为研究对象，以其自然影响研究为切入点，从而连接到社会经济影响研究；在研究内容上，全面包括冰冻圈变化的致利与致害影响、灾害风险、脆弱性与适应；在研究方法上，从定性、半定量研究逐步转向定量化研究；从研究区域上，目前仍主要集中于典型流域与典型地区，但区域尺度（国家、半球、全球）的研究已引起极大关注，并正在开展研究工作。

3.5.1　冰冻圈变化对经济社会的致利影响

冰冻圈服务是指人类社会直接或间接从冰冻圈系统获得的所有惠益（如资源、产品、福利等），即对人类生存与生活质量有贡献的所有冰冻圈产品和服务，包括供给服务、调节与维持服务、社会文化服务和生境服务。根据人类的获益途径、程度与期限，冰冻圈服务价值既有直接的、又有间接的；既有现实的、又有潜在的；既有存在的、又有选择的；既有短期的、又有长远的。冰冻圈具有直接价值（淡水资源、清洁能源、冰雪旅游）、间接和潜在价值（如美学观赏与游憩价值、科学研究与环境教育、宗教精神与文化结构、生境服务等）、生态价值（冰冻圈的气候调节功能、径流调节功能、水源涵养功能与生态调节功能）以及选择和遗产价值形态的多样性。作为冰冻圈变化致利影响的集中体现，近年来冰冻圈服务功能受到极大关注，初步开展了冰冻圈系统服务功能辨识、价值体系建立等工作。然而，作为广义生态系统服务功能重要组成部分的冰冻圈，因其对气候变化的高度敏感性，以及特殊的形成、发育、发展和消退生命周期变化过程，决定了冰冻圈服务功能及其价值体系化研究具有独特性与复杂性。因此，尽管有生态系统服务价值评估研究可以借鉴，但目前冰冻圈服务功能研究尚处于起步阶段。

3.5.2 冰冻圈变化对经济社会的致害影响

(1) 冰川变化对西北干旱区绿洲社会经济系统的影响

对西北干旱区绿洲社会经济系统而言，冰冻圈变化的影响主要体现为冰川变化的影响。冰川变化并非直接影响绿洲社会经济发展，而是通过冰川融水径流变化间接对其产生影响。全面考虑水、农业、工业、生态、生活与城市化等社会经济要素，使用复杂系统动力学方法，定量剖析了冰川变化对河西三大河流域（石羊河、黑河与疏勒河）绿洲系统的现实与潜在影响（李曼，2014）。冰川变化对绿洲系统的影响程度主要取决于冰川融水补给率，补给率大，影响程度相应较大。在河西地区，自石羊河流域向西至疏勒河流域，随着冰川融水补给率增大，冰川变化对绿洲社会经济的影响程度递增（图3-34）。

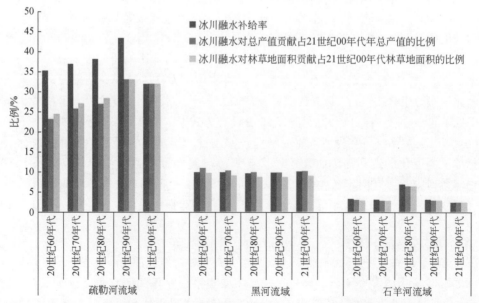

图 3-34 20 世纪 60 年代至 21 世纪 00 年代冰川融水对石羊河、黑河与疏勒河流与绿洲农业的影响

IPCC SERS 排放情景预估显示（表3-6），对于疏勒河这种水资源相对充足的流域，冰川变化的影响在近中期并不显著，而对于石羊河与黑河这种水资源相对缺乏的流域，冰川退缩将通过融水量变化显著影响流域农田灌溉与生态修复。

表 3-6　IPCC SRES 三种排放情景下 2010～2050 年冰川融水变化对石羊河、黑河与疏勒河流域绿洲农业影响的预估结果统计

项目	IPCC SRES	石羊河流域		黑河流域		疏勒河流域	
		变化幅度/%	变化速度/[（hm²/a）或（元/a）]	变化幅度/%	变化速度/（hm²/a）	变化幅度/%	变化速度/（hm²/a）
农田灌溉面积	A1B	−45.0	−40.4	−58.9	−61.5	18.5	68.3
	B1	−35.9	−31.45	−50.0	−55.9	4.5	17.1
	A2	−42.5	−38.2	−55.9	−60.7	0.6	2.4
草地面积	A1B	−45.0	−10.8	−59.0	−269.0	18.0	19.8
	B1	−35.9	−8.4	−50.1	−244.4	5.0	5.6
	A2	−42.5	−10.2	−55.9	−264.9	0.4	0.5
农业产值	A1B	−26.8	$−5.1×10^4$	−44.8	$−1.76×10^6$	107.6	$6.5×10^6$
	B1	−14.7	$−2.8×10^5$	−33.6	$−1.42×10^6$	86.3	$5.4×10^6$
	A2	−23.49	$−4.5×10^4$	−42.2	$−1.72×10^6$	77.9	$5.2×10^6$

（2）冻土变化对高寒草地承载力的影响

把冻土活动层厚度、经济密度、人口密度、生长季节降水作为自变量，将草地生态承载力作为因变量，根据李嘉图方程，分别建立了黄河源区、长江黄河源区与整个青藏高原冻土变化和高寒草地生态承载力间的关系模型，揭示了近30年多年冻土区草地承载力的变化，并在冻土活动层厚度等不同要素变化条件下，进一步探讨了草地生态承载力的发展情景。结果表明，在黄河源区，多年冻土退化，活动层厚度增加，1980～2010年草地生态承载力总体呈下降趋势，30年间生态承载力平均下降了10.92%（图3-35）。在长江黄河源区与青藏高原多年冻土区，尽管1980～2013年草地生态承载力均呈增加趋势［图3-36（a）和图3-37（b）］，未来几十年两地区草地生态承载力亦呈不同程度的上升趋势［图3-36（b）和图3-37（b）］。然而，多年冻土变化对草地承载力的影响却是负面的，即多年冻土活动层厚度增加，长江黄河源区与青藏高原草地生态承载力将减小。在其他要素不变的条件下，活动层厚度每增加一个单位，将导致黄河源区草地生态承载力下降6.9个单位，长江黄河源区草地生态承载力下降0.04个单位，青藏高原草地生态承载力下降0.11个单位。

（3）青藏高原雪灾风险及其对牧区牛羊肉产量的影响

在构建的冰冻圈灾害风险评估体系框架下，采用多目标线性加权函数法，评价了青藏高原雪灾的现实风险。历史灾情显示，雪灾高发区主要集中在青海省海南藏族自治州、海北藏族自治州、果洛藏族自治州和玉树藏族自治州，以及西藏自治区那曲、日喀则地区（图3-38）。

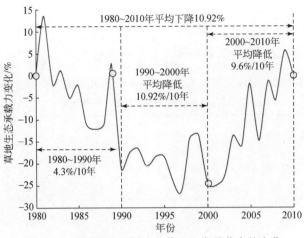

图 3-35　黄河源区不同阶段草地生态承载力的变化

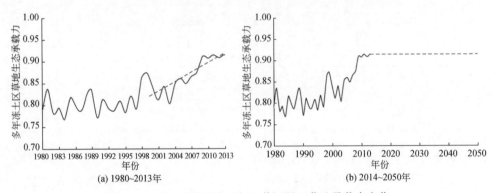

图 3-36　冻土变化影响下长江黄河源区草地承载力变化

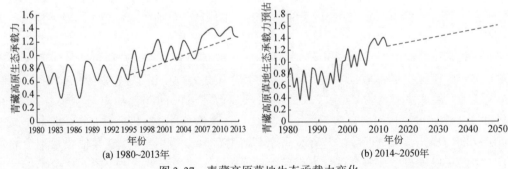

图 3-37　青藏高原草地生态承载力变化

综合风险评估结果显示，除海北州、日喀则地区外，其余地区综合风险评估结果与历史灾情具有一定的相关性。

由于青藏高原草地畜牧业对草地资源的高度依赖性，草地生产力的高低对畜产品产出具有最直接的影响；同时高原牧区是雪灾的多发区、畜牧经济的重灾区，冬季、春季饲草的保障水平、牲畜的御寒条件、雪灾发生的强度在很大程度上制约着畜产品的产出效果。因此，

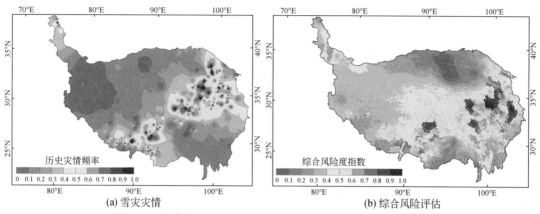

(a) 雪灾灾情　　　　　　　　　　　　(b) 综合风险评估

图 3-38　青藏高原历史雪灾灾情频率与综合风险评估结果对比

畜产品产出是以草地生产力、饲草供给、牲畜御寒、雪灾强度为主变量的非线性复合函数。基于这一认识，构建了高原雪灾对畜产品产量影响的非线性模型，结果显示，雪灾发生强度与牛羊肉产量之间呈现显著负相关。在青藏高原，随着雪灾发生强度增加，牛羊肉产量呈下降趋势（图 3-39）。雪灾强度每增加 1 个单位，将导致牛羊肉产量降低 0.213 个单位。

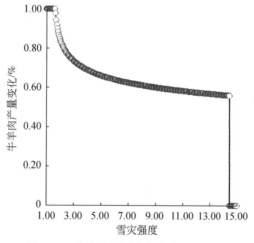

图 3-39　青藏高原雪灾与肉产量的关系

3.5.3　冰冻圈变化的脆弱性

（1）典型案例区冰冻圈变化的脆弱性评估

基于构建的冰冻圈变化的脆弱性评价指标体系，综合评价了西北干旱区的河西内流河流域、横断山地区与喜马拉雅山地区社会–生态系统对冰冻圈变化的脆弱性程度。按三分法，将极强度与强度脆弱性划分为强脆弱性，轻度与微度脆弱划分为轻微脆弱性，中度脆弱性不变，为统一，称为中脆弱性。统计结果表明，强脆弱性的比例从高到低依次为横断山地区 39.1% 、河西内陆河流域 28.6% 、喜马拉雅山地区 22.7% ；就中脆弱性而言，比例从高到低依次为横断山地区 28.1% 、喜马拉雅山地区 25.0% 、河西内陆河流域 19.1% ；对于轻微脆弱性而言，河西内陆河流域比例最高，为 52.4% ，喜马拉雅山地区次高，为 52.3% ，横断山地区第三，为 32.8%（表 3-7 和图 3-40）。可见，中国冰冻圈变化的脆弱性程度不同地区差异显著。综合而言，3 个案例区中，横断山地区冰冻圈变化的脆弱性程度最高，河西内陆河流域次高，喜马拉雅山地区位列第三。

表 3-7　各典型案例区脆弱性对比

项目	强脆弱性/%	中脆弱性/%	轻微脆弱性/%	综合脆弱性
河西内陆河流域	28.6	19.1	52.4	次高
横断山地区	39.1	28.1	32.8	最高
喜马拉雅山地区	22.7	25.0	52.3	第三

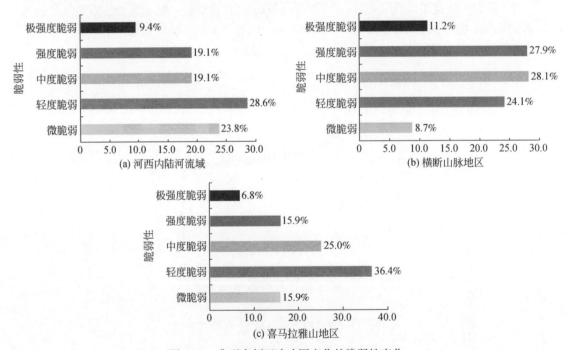

图 3-40　典型案例区冰冻圈变化的脆弱性变化

在 3 个典型区中，横断山地区对冰冻圈变化的暴露度位列第三，相对较低，但该地区对冰冻圈变化极为敏感，综合敏感性最高，同时其适应能力又低（表 3-8）。因此，高度敏感与低适应能力是横断山地区社会-生态系统对冰冻圈变化最为脆弱的主要原因。

横断山地区位于我国冰冻圈作用区的东南缘，岛状多年冻土分布，海洋性冰川发育，冰冻圈变化非常显著，这构成了该地区社会-生态系统暴露的自然环境。横断山地区山高谷深，民族众多，社会经济发展落后。尽管近几年大力发展旅游业使该地区社会经济有了长足发展，但仍是以农牧业为主的较单一的经济结构，这使该地区对冰冻圈变化高度敏感，也使其难以适应冰冻圈的快速变化。因此，快速变化的冰冻圈环境、以农业为主的较单一经济结构、多民族分布落后的社会环境共同驱动了横断山地区社会-生态系统对冰冻圈变化的高脆弱性。

表 3-8 典型案例区综合脆弱性、综合暴露度、综合敏感性与综合适应能力比较

项目	综合脆弱性	综合暴露度	综合敏感性	综合适应能力
河西内陆河流域	次高	最高	次敏感	最强
横断山地区	最高	第三	最敏感	第三
喜马拉雅山地区	第三	次高	第三	次强

河西内陆河流域绿洲系统深处内陆腹地，气候干旱，年降水量介于 30 ~ 300mm，经济社会发展高度依赖祁连山区冰雪、冻土融水与山区降水，这使其既高度暴露于冰冻圈变化的影响之下，又对冰冻圈变化很敏感。然而，高效、成熟、发达的干旱农业灌溉体系、节水种植制度与水资源管理使之具有对冰冻圈变化的高适应能力（表 3-8）。因此，河西内陆河流域绿洲系统对冰冻圈变化脆弱性高主要归因于其对冰冻圈变化的高暴露度与较高敏感性。

喜马拉雅山地区包括阿里、日喀则、山南与林芝 4 个地区，东西跨度大。尽管该地区冰冻圈发育，且近几十年冰冻圈变化显著，但其对冰冻圈变化的脆弱性在 3 个典型区中最小，这主要归因于其人口与经济体量小，对冰冻圈变化的暴露度低、敏感性较小。据《2010 年第六次全国人口普查主要数据公报（第 1 号）》，喜马拉雅山地区约有 132.3 万人，地区总面积为 64.169 9 万 km²，人口密度小，仅为 2.06 人/km²。农牧业是该地区经济支柱产业，2013 年全区 GDP 为 339.6 亿元。

一个地区脆弱与否由暴露度、敏感性与适应能力 3 个要素决定，脆弱性与暴露度、敏感性呈正相关关系，与适应能力呈反相关关系。在中国西部，不同地区社会-生态系统对冰冻圈变化的脆弱性差异显著，这主要与地区所处位置、冰冻圈发育及其变化情况、各地区社会经济发展水平所决定的暴露度、敏感性与适应能力的异同有关。

（2）中国冰冻圈变化的脆弱性

根据中国冰冻圈作用区分布范围广、地区差异显著的特点，将冰冻圈变化的脆弱性评价指标体系进行简化，采用层次分析法与脆弱性一般评估模型相结合的方法，综合评价了中国冰冻圈变化的脆弱性，并对 IPCC SRES 排放情景下未来脆弱性变化进行了预估。1981 ~ 2000 年，中国冰冻圈作用区受冰冻圈变化影响的脆弱性以轻度脆弱为主，只有喜马拉雅山地区为强度脆弱与极强度脆弱（图 3-41）。在 IPCC SRES 排放情景下，2001 ~ 2020 年，冰冻圈作用区的脆弱性有所降低，除西藏大部地区为中度脆弱及以上之外，其余地区均为轻度脆弱、微度脆弱（图 3-42），尤其在 SRES A1B 排放情景下区域平均脆弱性最小［图 3-42（b）］。2001 ~ 2050 年，冰冻圈作用区的脆弱性进一步降低，除西藏之外，其余冰冻圈作用区均为微度脆弱（图 3-43）。未来冰冻圈变化导致的冰冻圈作用区的脆弱性将逐渐减小，其对人类社会-生态系统的压力亦在减弱。

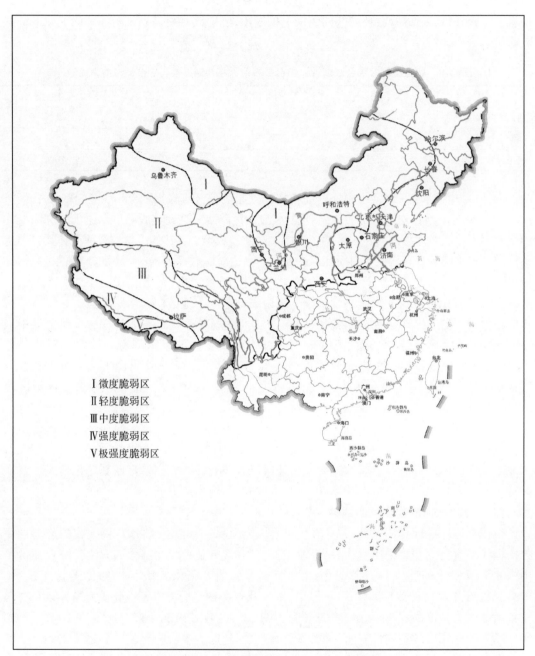

I 微度脆弱区
II 轻度脆弱区
III 中度脆弱区
IV 强度脆弱区
V 极强度脆弱区

图 3-41 1981～2000 年我国冰冻圈变化的脆弱性分区

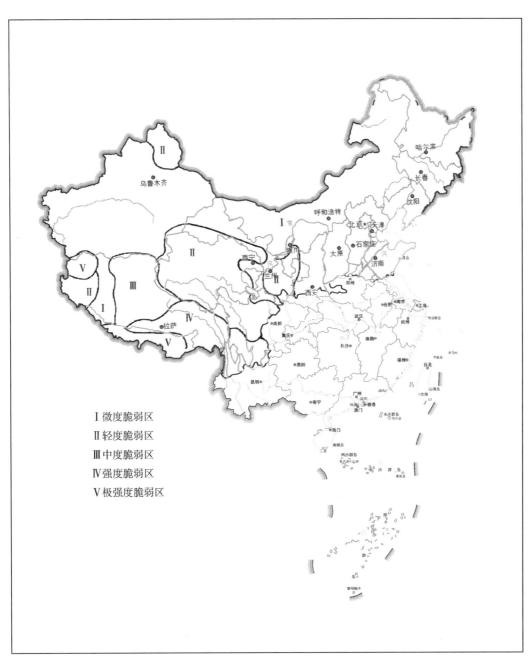

I 微度脆弱区
II 轻度脆弱区
III 中度脆弱区
IV 强度脆弱区
V 极强度脆弱区

(a) A1情景

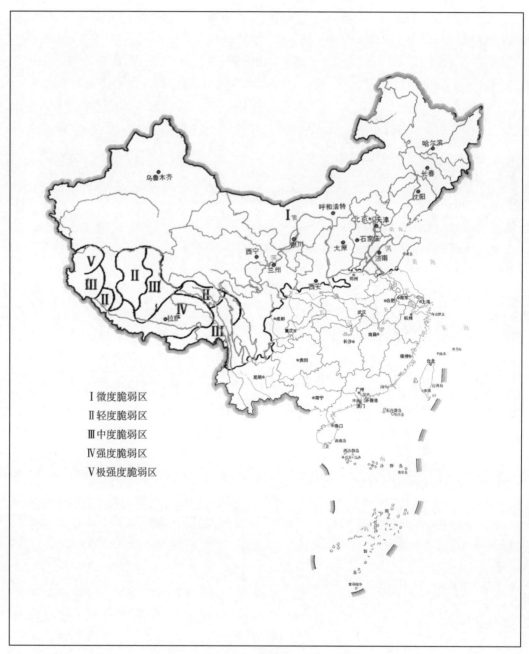

I 微度脆弱区
II 轻度脆弱区
III 中度脆弱区
IV 强度脆弱区
V 极强度脆弱区

(b) A1B情景

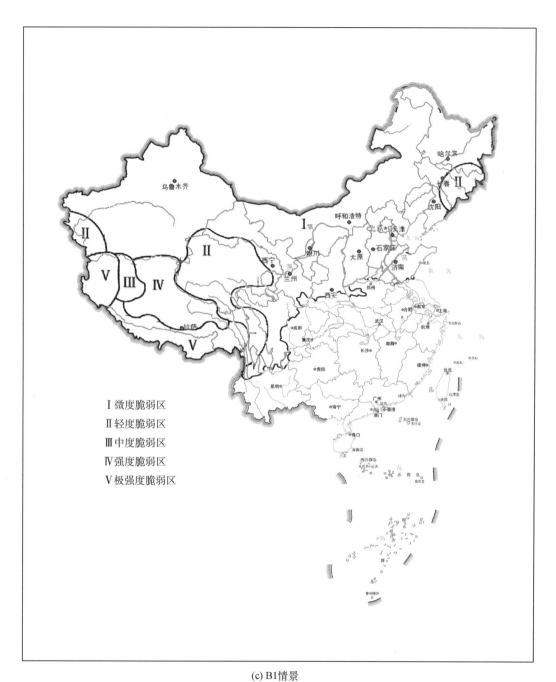

（c）B1情景

图 3-42　2001～2020 年我国冰冻圈变化的脆弱性分区

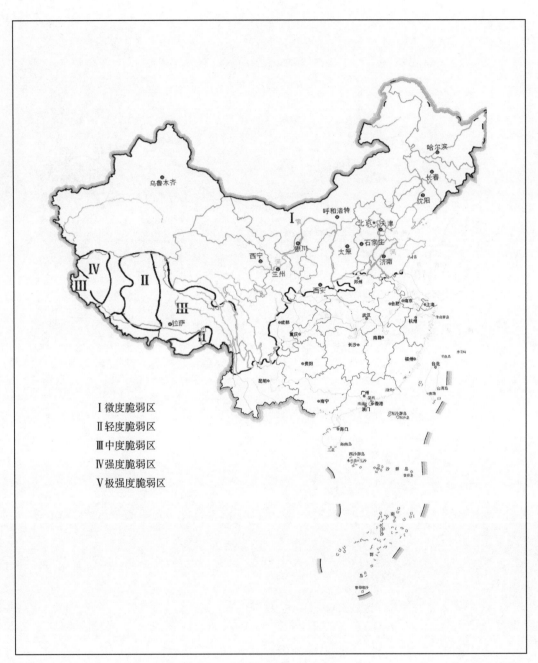

Ⅰ微度脆弱区
Ⅱ轻度脆弱区
Ⅲ中度脆弱区
Ⅳ强度脆弱区
Ⅴ极强度脆弱区

(a) A1情景

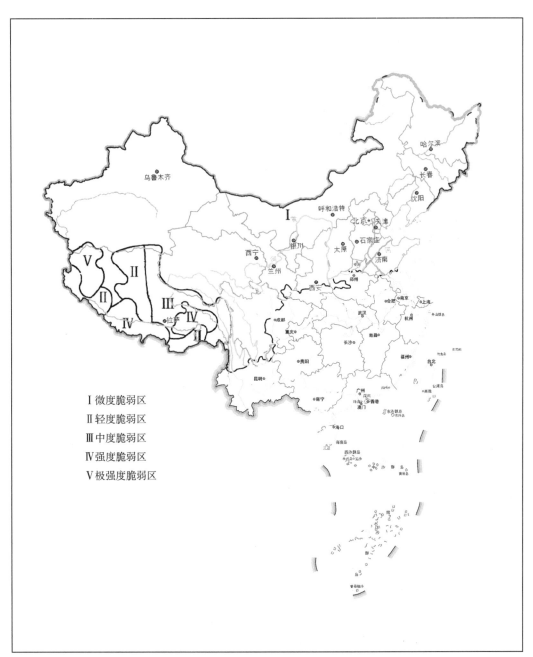

Ⅰ 微度脆弱区
Ⅱ 轻度脆弱区
Ⅲ 中度脆弱区
Ⅳ 强度脆弱区
Ⅴ 极强度脆弱区

(b) A1B情景

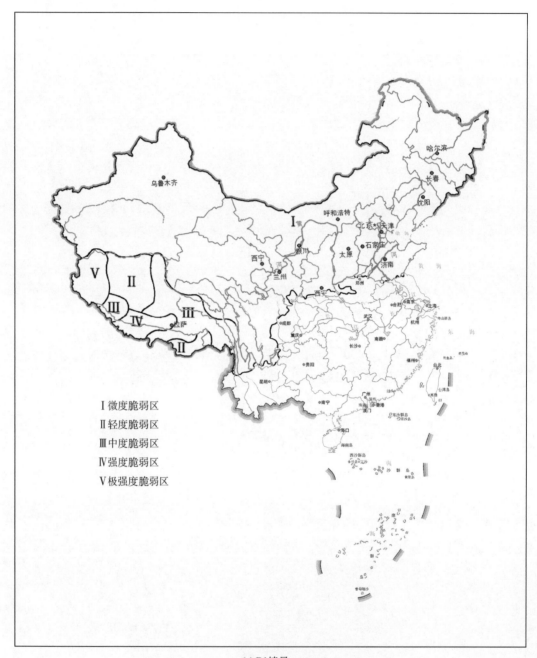

(c) B1情景

图 3-43 2001~2050 年我国冰冻圈变化的脆弱性分区

3.5.4 核心结论与认识

冰冻圈变化的社会经济影响研究已由传统的侧重致害影响扩展到致害影响、致利影响、冰冻圈变化灾害风险、社会经济系统对冰冻圈变化的脆弱性与适应等方面,在冰冻圈科学体系中逐步形成了相对完善的研究板块。作为致利影响的集中体现,在冰冻圈快速显著变化态势下,冰冻圈服务功能受到极大关注,但其研究才刚刚起步,尚处于探索中。

作为传统研究的主流,致害影响主要表现于 3 方面:①冰川变化对干旱内陆河流域绿洲系统的影响;②多年冻土变化对高寒草地承载力的影响;③雪灾对高寒畜牧业的影响。不同冰冻圈要素主要影响区域、影响方式与影响程度差异显著。西北干旱区主要受山地冰川变化影响,其对绿洲系统的影响程度主要取决于冰川融水补给率,补给率大,影响程度相应较大。对于冰川面积较大(>2km²)、变化相对较小的流域,未来 50 年冰川变化的影响并不显著,而对于冰川面积小(<2km²)、变化快的流域,冰川退缩对当前流域农田灌溉与生态修复的不利影响已显现,并将在未来 50 年进一步加剧。高寒草地承载力是多因素的综合体,多年冻土只是其中之一。在多年冻土的边缘地区与核心区域,过去 30 年多年冻土变化对草地承载力的影响截然相反——边缘地区多年冻土退化,草地承载力呈下降趋势,如黄河源区 30 年生态承载力平均下降了 10.92%,而核心区域呈增加趋势。然而不论未来草地承载力呈何种变化趋势,多年冻土退化,活动层厚度增加,青藏高原地区高寒草地承载力将减小。在其他要素不变的条件下,活动层厚度每增加一个单位,将导致多年冻土边缘地区草地生态承载力下降 6.9 个单位,核心区草地生态承载力降低 0.11 个单位。可见,在气候持续变暖条件下,人类对草地的治理与修复远不及多年冻土退化对草地承载力的影响。未来青藏高原高寒草地承载力仍将减小,人类的治理与修复只能减缓下降的程度。雪灾是影响青藏高原草地畜产品产出的重要因素之一,随着雪灾发生强度增加,牛羊肉产量呈下降趋势。雪灾强度每增加 1 个单位,将导致牛羊肉产量降低 0.213 个单位。人类的适应性干预,如提高饲草供给能力与增加牲畜御寒设施,可在一定程度上降低因雪灾导致的畜产品损失。

中国冰冻圈作用区社会-生态系统对冰冻圈变化的脆弱性是冰冻圈发育及其变化情况这个外因与各地区社会经济发展水平所决定的暴露度、敏感性与适应能力这个内因共同作用的结果。在案例区层面,西北干旱区内陆河流域绿洲面积扩大、地区生产总值增加与人口密度增大使得绿洲系统的自然体量与社会经济体量增大,致使社会-生态系统对冰川变化的暴露程度显著增高是绿洲系统高脆弱性的主要原因,气候变暖,冰川融水量增加不足以克服暴露度增加的影响。横断山地区脆弱性高主要源于其对冰冻圈变化的高度敏感性与其自身的低适应能力。依据地区特点,大力发展山地景观、人文旅游、生态旅游,改变以农牧业为主、较单一的经济结构,使其多样化,降低其对冰冻圈变化的敏感性,同时促进不同民族间的文化、经济、技术等交流以提高适应能力,可降低该地区对冰冻圈变化的脆弱性。喜马拉雅山地区因其人口与经济体量小,对冰冻圈变化的暴露度低、敏感性较小,故其脆弱性相对较低。在区域层面,1981~2000 年中国冰冻圈作用区受冰冻圈变化影响的脆弱性以轻度脆弱为主,在 IPCC SRES 情景下,未来 50 年冰冻圈作用区的脆弱性呈降低趋势,其对人类-社会-生态系统的压力亦在减弱。

第4章 冰冻圈变化影响的适应措施

4.1 冰冻圈变化适应的指导思想

随着人类开发自然活动的不断加剧与升温，全球变化日益凸显，生态与环境问题大量涌现，国际科学界开始讨论和研究人类社会应如何预防、减缓、响应和适应全球变化并采取相应对策，适应已成为全球变化科学研究和可持续发展研究的核心概念和重点领域。冰冻圈变化的适应主要是指为应对冰冻圈变化现状或未来影响在自然和经济社会系统采取的管理措施、政策或战略，冰冻圈变化适应的基本原则是以人为本以及统筹区际和代际公平，其主要目的在于减轻冰冻圈快速变化可能带来的不利影响、降低自然和经济社会系统防御其不利影响的脆弱性，以实现冰冻圈生态经济社会系统的健康、可持续发展。

4.2 冰冻圈变化的适应战略

冰冻圈变化适应战略可分为全球、区域行动或为个人行为，其重点在于提升经济社会系统对冰冻圈变化风险的管控能力和预估能力。

4.2.1 冰冻圈变化长期观（监）测战略

冰冻圈变化长期观（监）测战略的实施是冰冻圈对经济社会系统影响分析与可持续发展的基础。准确掌握冰川、冻土、积雪、海冰的时空分布及其变化特征，是理解、认识冰冻圈变化对经济社会系统综合影响的关键，也有助于提高冰冻圈变化预测、冰冻圈水资源管理、冰雪旅游资源利用、冰冻圈灾害风险管控等能力。冰冻圈快速变化的现状和未来影响及其影响程度的判别，乃至早期预警体系的建立，均需依赖对不同冰冻圈要素变化长时间序列和空间尺度上的长期观（监）测，以及对冰冻圈影响区人口、经济社会活动的动态跟踪调查。鉴于冰冻圈环境恶劣、区位不便，其变化观（监）测难度较大，冰冻圈变化的观（监）测还需进一步完善大尺度、立体、动态、连续的多源卫星遥感监测体系，同时还需与冰冻圈主要要素的地面观（监）测及其动态变化模拟研究相结合。

4.2.2 冰冻圈水资源优化配置战略

鉴于冰冻圈对径流显著的调丰补枯作用，生态–经济社会系统水资源优化配置需从不同时空尺度进行优化配置。在空间上，包括上中下游不同梯度的水资源空间配置，以及根据冰冻圈水资源禀赋与不同产业需水情况在不同区域尺度上的水资源跨流域优化配置。在时间上，包括根据冰冻圈调丰补枯年内特征进行的优化配置，以及根据冰冻圈水资源年际变化特征进行的优化配置。冰冻圈水资源优化配置的关键是将水资源与生态−经济社会系统看成一个整体，综合集成研究冰冻圈水资源与生态−经济社会系统的互动关系，评估和模拟不同时空尺度上冰冻圈水资源的变化，系统分析当前和未来区域生产用水、生活用水和生态耗水的强度和规模，合理预估未来水资源在不同产业体系的需求量和利用效率。通过区域水资源供需平衡和用水效率的统筹分析，提出可以维持区域生态−社会经济系统可持续发展的水资源合理优化配置的阈值（配额），调整现有产业结构体系和相应的用水结构体系，以减轻未来冰冻圈变化对生态−经济社会系统的影响程度。

4.2.3　冰冻圈生态保护与生态工程战略

全球冰冻圈生态安全屏障作用显著，对人类服务功能价值巨大。然而，因气候变化、冰冻圈快速消退，生态安全屏障及其服务功能受到不同程度的威胁。因此，须须加强全球冰冻圈生态保护战略的实施及其生态工程的建设，目的在于使冰冻圈生态系统能更好地服务于寒区各国经济社会可持续发展。冰冻圈快速变化对生态−经济社会系统带来的不利影响方面，针对冰冻圈冰川、冻土、积雪各要素重要的水源涵养和水土保持服务功能，我国相继在青藏高原和新疆天山等地建立了生态保护区，启动了三江源、塔里木河、祁连山等生态保护工程等，有效地保护和恢复了冰冻圈生态环境，极大提高了寒区水涵养的服务功能，为我国生态屏障安全做出了巨大贡献，在未来较长时期内，巩固、加强冰冻圈生态保护力度，扩展冰冻圈生态工程建设范围是一项极其重要的适应战略。

4.2.4　生态补偿与国家安全财政转移战略

人类的生存与发展高度依赖于冰冻圈提供的洁净的水资源、适宜的气候环境、多样的旅游产品、深厚的文化结构，以及舒适的栖息地等服务。冰冻圈为人类提供了水资源、旅游产品及其他产品，促进了大气循环、生物地球化学循环与水文循环，维持了景观和物种多样性。然而，由于气候变化，致使冰冻圈快速消融，并对其服务功能造成重大影响。经济社会系统对冰冻圈快速变化的响应高度依赖于它对经济社会系统影响的程度和损害（包括损失），以及减缓和适应这种负面影响的成本。由于受冰冻圈影响严重的国家或地区的产业较为单一，人类活动较小，经济容量和人口承载力又极为有限，仅靠自身财力很难适应目前冰冻圈快速变化给经济社会系统带来的负面影响。因此，建立环境保护、生态重建补偿与财政转移的国际支持体制是提高冰冻圈服务功能、提升冰冻圈变化适应能力的重要举措之一，根据各国家或地区受冰冻圈变化影响程度给予不同区域不同幅度的财政转移力度，加强对小岛及海岸低洼国家或地区的国际财政转移以及人力与技术援助。

4.2.5 冰冻圈适应产业开发战略

尽管全球冰冻圈地区产业单一，但却拥有极为丰富的气候、植被、鱼类、水资源、旅游、民族历史等文化与自然资源。因此，这些国家或地区亟须围绕这些资源和产业，以冰冻圈各要素自身特点及其变化影响为基础，积极调整产业结构，优化产业布局，大力发展与冰冻圈资源环境承载力相适应、相匹配的草产业、森工产业、现代畜牧业、渔业、医药产业、冰雪旅游业以及水能、光伏、风能、地热等清洁能源产业，全面限制有损于寒区生态服务功能破坏的产业扩张，发展与当地资源环境承载力相适应的生态产业，从源头上杜绝环境破坏，通过加强生态保育增强冰冻圈不同区域的服务功能，保障冰冻圈区域内居民的福祉持续增长。

4.2.6 冰冻圈灾害风险全过程管控战略

冰冻圈灾害已成为冰冻圈经济社会可持续发展面临的重要问题，尽管冰冻圈灾害是自然与社会环境共同作用的结果，其致灾体自然风险较难克服，但承灾区风险管控能力的提升可减小或规避其灾害风险。鉴于此，各国政府需围绕"以人为本""预防为主、避让与治理相结合""源头"控制向"全过程"管理转变以及"突出重点、分步实施、逐步推进"理念为指导思想，通过非工程措施与工程措施相结合、政府主导与公众参与有机结合，利用"灾害风险预防、风险转移、风险承担、风险规避"方法，逐步建立和完善集"灾害预警预报、风险处置、防灾减灾、群测群防、应急救助和灾后恢复重建"于一体的冰冻圈灾害综合风险管控体系。同时，强化防灾减灾基础知识的社区宣传和普及，增强防灾、避灾、减灾意识和自我保护能力，提高冰冻圈承灾区综合防灾减灾能力，以最大限度地减小或规避潜在冰冻圈灾害灾损。

4.2.7 冰冻圈重大工程安全的技术保障战略

冰冻圈重大工程是冰冻圈地区社会经济发展的命脉，也是国家政治、经济安全的重要保障。冰冻圈变化对重大工程具有显著影响，其影响不同，防治技术各异。冰川、积雪、海（河、湖）冰等主要以冰冻圈事件（如雪崩、冰崩、冻融、冰川跃动、冰湖溃决、冰雪洪水、凌汛等）方式影响重大工程的建设、安全运营和服役性，其保障机制贵在冰冻圈灾害防范与排险方面。冻土作为工程构筑物的特殊地基土，冻融作用和冻土热力学稳定性变化均会直接影响工程稳定性，其保障机制贵在工程技术标准的提升和冻土热力稳定性变化的防治方面。在全球变暖的背景下，维持冰冻圈地区重大工程的安全性、稳定性、持续性，提高广大冰冻圈地区重大工程建设、运营安全的保障水平，将是未来地区、国家，乃至全球冰冻圈变化适应战略的重中之重。

4.3　冰冻圈变化的适应举措

鉴于冰冻圈变化影响的多样性，对应的冰冻圈变化适应内容也具有广维性，考虑到重点与全面的关系，以下从高寒草地生产力、冰冻圈水资源、冰冻圈灾害、冰冻圈居民福利、冰冻圈旅游、冰冻圈科学决策服务等六大方面提出适应措施。

4.3.1　人工干预高寒草地生态系统，降低冰冻圈变化对高寒草地生产力的负面影响

冻土退化已影响到高寒草地生态系统及其生产力，且牧区人口快速增长，加之人类长期不合理地利用草地资源，使草地生境更加恶化，人类对草地生态系统的必要干预，降低高寒草地生产力的负面影响，是竭力维持草地生态系统结构和功能动态平衡的重要手段，对草地生态系统可持续发展具有重要意义，具体措施如下。

1）加强高寒草地生态系统对极端气候事件的预警能力，加强高寒草地生态系统极端天气气候事件的监测预报预测能力，提高冰冻、干旱等重大灾害预报的准确率和时效性。重点做好灾害性、关键性、转折性重大天气预报、预警水平，增强防灾减灾的针对性和有效性。

2）科学实施草地生态系统人工干预，提高草地承载力。草地改良是草地生态人工调节的重要手段，也是提高草地生产力、促进草地畜牧业稳定发展、调节草地资源对气候与冰冻圈变化适应能力的重要途径，有条件的区域采取草地灌溉、施肥、补播等综合改良技术措施，迅速恢复草地生产力；局部地区引进一些更加适合气候变暖的新草种，以增加草地产草量，提高草场的承载力和自然恢复力。减轻土地沙漠化地区的放牧强度，杜绝由于人为破坏而造成新的土地沙化，提高植被覆盖率和生态环境条件，增强地表抗风蚀能力。

3）实现饲草"总量、区域、季节"三平衡，减轻草地承载压力。因地制宜，调整天然草地利用时间，积极推广季节草地畜牧业，适当延长冬春草地利用时间，缩短夏秋草地利用时间，实现草地均衡利用，消除季节草地超载利用现象。

4）调整与优化畜群畜种结构，提高牲畜生产力。采取"增加羊、稳定牛、控制马"的调整策略，优化畜种结构，提高牲畜生产力。推行牲畜季节性和结构性的出栏控制，提高母畜群质量，加快畜群周转，提高商品率。

5）加快转变畜牧业发展方式，大力发展生态畜牧业。围绕市场化打造高原绿色有机食品品牌、提高产品竞争力，切实在思想观念上由重草轻畜向草畜平衡转变，在饲养方式上，由自然放牧的粗放经营向舍饲、半舍饲和集约化经营转变；在增长方式上，实现由单一数量型向生态安全型和质量效益型转变；在市场开拓上，由局部小市场向国际国内大市场转变从而破解保护草原生态和促进畜牧业发展之间的矛盾和难题，降低牲畜对草地的依赖性、农牧民对牲畜的依赖性，极大地提高草地生产力，走出一条生产得到发展、生活得到提升、生态得到保护的"三赢"发展之路，实现生态有效保护、经济加快发展、牧民持

续增收的目标。

6）强化牧区实用人才建设与技术培训。探索农牧科技合作、农牧科技对口支援，建立面向广大农牧户的培训机制，鼓励科技人员开展多层次实用技术培训和科技示范，逐步建立高效率、高效益的技术推广体系和教育培训体系。组织冰冻圈变化与草地生产力建设的前瞻性科技攻关，制订冰冻圈变化对草地生产力和畜牧业影响的科学规划，提高区域生态环境适应冰冻圈变化的科学水平。

4.3.2 做好冰冻圈融水评估，最大限度发挥冰冻圈水资源的服务功能

随着我国冰冻圈加速融化退缩，依赖冰冻圈融水的干旱区绿洲及其城市（群）则在快速扩张，造成人-水之间的矛盾凸显。对此应注意以下几点。

1）亟须研究干旱区内陆河未来融水变化预估，研判冰冻圈融水波动性、时序性、生命周期性与水资源调节功能的关系，从融水阈限、水资源调节功能的动态变化，研究未来冰冻圈水资源服务功能的强弱、丧失演变，结合绿洲区社会经济情景，研究不同情景下冰冻圈融水服务功能盛衰过程，提出未来冰冻圈融水服务变化功能最大化目标下绿洲及其城市群产业结构最优化调整路径。

2）重视冰冻圈融水削峰补缺作用，制订干旱区内陆河水资源精准管理方案。从内陆河流域，尤其是冰川补给型河流水资源管理的实际问题出发，针对水资源时空、部门、上下游冲突问题，建立流域水资源集成管理与冲突化解方案，形成内陆河流域水资源集管理系统状态识别、管理计划与实施、管理绩效比较与评价和管理行为监测为一体，基础规划、监测、研究和调控为一体的适应性管理模式，最大限度发挥冰冻圈融水的削峰补缺作用，缓解内陆干旱流域水资源利益多方之间的矛盾，提高流域水资源管理的效率，促进水资源的可持续利用。

3）针对冰冻圈融水变化轨迹，发展"量水而行"的经济体系。为科学应对冰冻圈变化特别是冰川变化对水资源的影响，应高度重视规划与结构调整适应的作用，尤其是对冰冻圈融水依赖性强的城镇、绿洲农业，系统分析当前和未来区域土地类型变化、社会经济发展情况以及生产用水、生活用水和生态耗水的强度和规模，以合理预估未来水资源在不同产业体系的需求量和利用效率，进而发展"量水而行"的经济体系，提升冰冻圈融水依赖性流域和地区的可持续发展能力。

4.3.3 进一步认清冰冻圈灾害形成机制，强化冰冻圈灾害风险管理

在全球变暖影响下，雪灾、冰川泥石流、冰湖溃决、冰雪洪水、冻融等冰冻圈灾害的发生频数和强度呈增强趋势，冰冻圈灾害直接影响着居民的生产和生活，影响着他们的生命和财产安全，对此加强冰冻圈灾害风险管理、提高人类的适应能力刻不容缓，具体措施包括以下几点。

1）系统深化对冰冻圈灾害发生机制的认识，明确精准应对的靶区。冰冻圈的变化与其他圈层相互作用加剧，共同影响着全球和区域水循环、碳循环、大气环流、生物多样性、生态系统分布格局与功能以及社会经济可持续发展等诸多方面。冰冻圈灾害的形成、发育和影响与以上诸多方面具有千丝万缕的内在关联，这需在冰冻圈灾害链式过程中弄清复杂系统相互关系、揭示冰冻圈灾害发生规律、分析形成类型和特点、辨识风险区域和受灾对象、确立精准应对靶的。

2）加强部门协作，将冰冻圈灾害纳入防灾减灾专项规划，提高冰冻圈灾害风险管控能力。进一步强化冰冻圈灾害和其他灾害风险的关系，着重部门分工协作和基础能力建设，从中央和地方不同层面，将冰冻圈灾害纳入国家防灾减灾规划，提高冰冻圈灾害风险的管控能力。

3）普及冰冻圈灾害知识，提高居民自我保护意识。根据冰冻圈灾害的特点，注重实践性、实用性、实效性，从知识培训、专题讲座、现场实习开展从中央到地方、从社会到学校、从学校到社区、从社区到家庭的全域冰冻圈防灾减灾基础知识宣传和普及，增强承灾区居民防灾、避灾、减灾意识，提高其自我保护能力。

4.3.4 预判冰冻圈变化对社会的影响，确保高原农村居民生计可持续

以青藏高原为代表的冰冻圈核心区，是亚洲和我国大部分地区的"江河源"和"生态源"，也是藏族聚居区，由于特殊的高寒环境，草地既是当地居民的生存资源，也是畜牧业发展的重要物质基础，更是牧民生计的战略资本，而畜牧业是维系牧民生计的本源，因此，积极应对该区冻土退化趋势，处理好草地与生计的关系、畜牧业与民生的关系，重点适应对策如下。

1）客观认识牧民生计面临的主要机遇和问题。近年来通过地方政府安排公益性岗位、发展特色产业、加强技术培训、有计划组织外出务工等措施，一定程度上解决了部分移民的就业问题。通过实施人畜饮水、城镇建设等工程，牧民生活条件得到一定改善，但高原冻土和草地退化的固有因素客观存在，弱化了草地资源基础，凸显了牧民生计基础的极端脆弱性，威胁着当地牧民生计的持续性，需要客观认识和重视这一问题。

2）加快开展冻土退化对牧民生计的影响研究。在气候变化影响既成事实的情况下，完全限制人类活动和过度减畜，既不符合生态系统发展规律，也不符合区域经济社会发展实际，因此，为最大限度地利用草地资源，降低农牧民对草地资源的依赖强度，提高农牧民生活水平，建议政府尽快组织科研院所和对口管理部门，开展冻土变化对牧民生计以及畜牧产业发展的影响研究，摸清其间的关系和规律，界定具体的影响范围和程度。

3）尽快启动高寒草地畜牧业发展和牧民持续生计的专项规划。鉴于冰冻圈特殊的高寒环境，以及冻土变化格局和牧民生计之间紧密的关联性，建议尽快启动畜牧业和牧民生计专项发展规划编制工作，将冻土变化影响区划纳入该区畜牧业专项发展规划和布局，提高专项规划的科学性和指导性。

4）开展草地生态系统服务与脱贫示范，提高高寒草地草业富民能力。围绕"让草原

绿起来，让草业兴起来，让牧民富起来"的战略目标，以高寒草地生态系统服务与脱贫为主线，建议组织建设国家、省、区、县不同等级的草地生态系统服务与脱贫富民示范区，构造草地退化分区分级治理–草地生态系统服务–畜牧业开发–脱贫致富综合链条，以点带面提高草业富民的能力。

5）对生态移民方式、规模、效应进行重新评估和区划。针对目前青藏高原尤其是三江源区生态移民出现就业难、生计难、融入城市生活方式难的新情况、新问题，建议对生态移民的方式、移民的规模、移民的空间区域进行评估，并先行示范、后续推广、系统总结、稳步推进，摸索适应国家公园发展和建设的机制。

4.3.5 强化冰冻圈基础监测和冰雪旅游的联系，提高冰冻圈旅游 服务显示度

冰雪旅游是以冰雪气候旅游资源为主的旅游吸引物，体验冰雪文化内涵的所有旅游活动形式的总称，是一项极具参与性、体验性和刺激性的旅游产品，是高端旅游的主要形态，随着生活水平的提高，需求空间巨大。对此，应紧密结合气候变化情景与冰冻圈旅游服务功能演变特征、旅游价值变化，提出不同时期、不同区域冰冻圈旅游资源开发策略和空间优化方案。

1）优化冰雪旅游空间布局，严控景区环境破坏。科学合理地确定冰雪保护区和旅游功能区，优化旅游空间布局。在冰川景点和滑雪场周边区域，禁止一切危及旅游环境的采矿、采石、砍伐森林、过度放牧和环境污染行为。在冰川景点和滑雪场地，依据承载力确定最大游客容量，规划旅游空间线路，推进景区环保车辆换乘，减少车辆尾气污染。在冰川和滑雪旅游区，严格执行环境影响评价、"三同时"（新建、改建、扩建项目和技术改造项目以及区域性开发建设项目的污染治理设施必须与主体工程同时设计、同时施工、同时投产）、总量控制和环境保护目标责任制度，以确保景区冰雪旅游资源及其生态系统的稳定性。

2）制订冰雪旅游规划，突出景区环境保护。根据冰雪旅游资源特点和环境承载能力，科学制订和有效实施旅游规划，合理确定冰雪旅游发展规模和发展次序，提高环境保护门槛；强调景区旅游线路有序、合理布局，根据季节变化，采用一定路线、方式控制游客数量，实现旅游活动对冰雪景区环境的影响最小化。

3）多层次开发冰雪旅游产品，迎合不同消费需求。提升和改进现有索道、观景台、栈道、滑雪道、滑雪场地等基础设施，扩大冰雪景观观赏视野，提升冰雪景观体验质量。围绕冰雪景观，扩大冰雪旅游景区（点）形象，拉长和拓宽冰雪旅游产业链。通过冰雪旅游和科普教育活动的结合，普及冰冻圈科学知识，提升游客环境保护意识。结合登山、骑车、露营等其他旅游项目扩大冰川、滑雪旅游项目类型，以减缓旅游活动对冰雪旅游资源的直接影响。

4）整合景区及区际旅游资源，减轻冰雪旅游环境压力。冰雪景观的快速融化迫切需要经营管理者整合景区内部、外部乃至区际旅游资源，以降低大众旅游对冰雪景观的环境

压力。冰雪景观、高山森林草甸、峡谷溪流、文化景观等往往共存于冰冻圈及周边区域，合理开发、科学管理不同季节和不同海拔梯度景观组合的冰雪旅游产品，着力协调发展，相互合作，避免冰雪旅游项目同构，最终形成一个相互促进、相互协同、优势互补、整体联动的区际冰雪旅游协调发展格局，以减轻人类活动对冰雪旅游热点景区（点）的环境压力。

4.3.6　面向国家战略需求，提高冰冻圈科学的决策服务能力

1）提高对北极冰冻圈变化、资源开发、航道开通与国际地缘关系的战略决策服务能力。随着全球气候的变暖，北冰洋海冰不断退缩减少，使北极航道全年开通成为可能，开发利用北极地区资源和空间变得越来越现实。北极航道全年开通后世界地缘战略格局将发生重大变化，北冰洋冰雪消融后，不仅开采油气资源将更加容易、可行，同时使用北极航道要比绕行南部的苏伊士运河和巴拿马运河节省约40%的航程，将直接降低时间成本，产生巨大的经济效益。为未雨绸缪、抢抓机遇、迎接挑战、力争主动，在未来10年或更长时期内，迫切需要深入认识北极海冰变化的作用，厘清海冰变化时序性、季节性和通航性的内在关系；开展北极航道路线机会、时间成本评估；通过北极航道大数据模拟，明确国际能源流战略格局；摸清北极地区环境变化以及极端灾害时空规律，提高该区域天气、气候和自然灾害预报水平；通过对白令海、楚科奇海及海盆衔接区海洋资源及海冰的调查，为我国远洋渔业、海洋经济提供科学依据；拟制定经略北极的大航道规划、大能源规划、大地缘规划，掌握北极问题话语权的主动性。

2）提高对重大冰雪运动赛事的战略决策服务能力。开展新一代自动化监测设备对雪冰运动场地雪冰工程指标（如厚度、温度、密度、硬度和液态水含量等）的实时监测和评价，确保各项指标达到工程要求，服务于大型运动场地雪冰工程参数要求；结合多种监测手段在自然和人工场地开展冰雪属性进行监测，通过控制实验方法，比选经济和社会效益及成本，探讨人工造雪造冰的最优方案，提高工程措施的效率和质量；为我国冬季运动项目提供技术支撑，开展我国冬季体育运动冰雪资源地理评估；结合气候变化情景，预估未来（2030年、2050年）我国冬季体育运动冰雪资源的变化，服务于我国冬季体育运动发展的中长期规划。

参 考 文 献

蔡汉成，李勇，杨永鹏，等．2016．青藏铁路沿线多年冻土区气温和多年冻土变化特征．岩石力学与工程学报，(7)：1434-1444．

常晓丽，金会军，何瑞霞，等．2008．中国东北大兴安岭多年冻土与寒区环境考察和研究进展．冰川冻土，30 (1)：176-182．

陈海山，孙照渤．2004．积雪季节变化特征的数值模拟及其敏感性试验．气象学报，62 (3)：269-284．

陈浩，南卓铜，王书功．2013．黑河上游山区典型站点的水热过程模拟研究．冰川冻土，35 (1)：126-137．

陈虹举，杨建平，谭春萍．2017．中国冰川变化对气候变化的响应程度研究．冰川冻土，39 (1)：16-23．

陈辉，李忠勤，王璞玉，等．2013．近年来祁连山中段冰川变化．干旱区研究，30 (4)：588-593．

陈仁升，韩春坛．2010．高山寒漠带水文、生态和气候意义及其研究进展．地球科学进展，25 (3)：255-263．

陈仁升，康尔泗，丁永建．2014a．中国高寒区水文学中的一些认识和参数．水科学进展，25 (3)：307-317．

陈仁升，阳勇，韩春坛，等．2014b．高寒区典型下垫面水文功能小流域观测试验研究．地球科学进展，29 (4)：507-514．

陈仁升，张世强，阳勇，等．2019．冰冻圈变化对中国西部寒区径流的影响．北京：科学出版社．

程国栋．1982．厚层地下冰的形成过程．中国科学（B 辑），12 (3)：281-288．

丁永建，效存德．2013．冰冻圈变化及其影响研究的主要科学问题概论．地球科学进展，28 (10)：1067-1076．

高荣，韦志刚，董文杰，等．2003．20 世纪后期青藏高原积雪和冻土变化及其与气候变化的关系．高原气象，22 (2)：191-196．

顾钟炜，周幼吾．1994．气候变暖和人为扰动对大兴安岭北坡多年冻土的影响．地理学报，49 (2)：182-187．

郭东林，杨梅学．2010．Shaw 模式对青藏高原中部季节冻土区土壤温、湿度的模拟．高原气象，29 (6)：1369-1377．

郝光华，苏洁，黄菲．2015．北极冬季季节性海冰双模态特征分析．海洋学报，(11)：11-22．

何思为，南卓铜，张凌，等．2015．用 VIC 模型模拟黑河上游流域水分和能量通量的时空分布．冰川冻土，37 (1)：211-225．

怀保娟，李忠勤，王飞腾，等．2016．萨吾尔山木斯岛冰川厚度特征及冰储量估算．地球科学，41 (5)：757-764．

季劲钧，胡玉春．1992．大气–植被–土壤系统模式及初步试验//李崇银．气候变化若干问题研究—若干问题研究文集之二．北京：气象出版社，205-764．

金会军，李述训，王绍令，等．2000．气候变化对中国多年冻土和寒区环境的影响．地理学报，55 (2)：161-173．

金会军，赵林，王绍令，等．2006．青藏公路沿线冻土的地温特征及退化方式．中国科学（D 辑），36：1009-1019．

金会军，王绍令，吕兰芝，等．2010．黄河源区冻土特征及退化趋势．冰川冻土，32：10-17．

康世昌，陈锋，叶庆华，等．2007．1970—2007 年西藏念青唐古拉峰南、北坡冰川显著退缩．冰川冻土，29 (6)：869-873．

李弘毅, 王建. 2013. 积雪水文模拟中的关键问题及其研究进展. 冰川冻土, 35 (2): 430-437.

李慧林, 李忠勤, 秦大河. 2009. 冰川动力学模式基本原理和参数观测指南. 北京: 气象出版社.

李曼. 2014. 河西山区径流变化对绿洲系统的影响与适应研究. 北京: 中国科学院研究生院博士学位论文.

李培基. 1996. 青藏高原积雪对全球变暖的响应. 地理学报, (3): 260-265.

李韧, 赵林, 丁永建, 等. 2012. 青藏公路沿线多年冻土区活动层动态变化及区域差异特征. 科学通报, 57 (30): 2864-2871.

李树德, 程国栋, 周幼吾. 1996. 青藏高原冻土图 (1:3 000 000). 兰州: 甘肃文化出版社.

李旺平, 赵林, 吴晓东, 等. 2015. 青藏高原多年冻土区土壤–景观模型与土壤分布制图. 科学通报, (23): 2216-2226.

李伟平, 刘新, 聂肃平, 等. 2009. 气候模式中积雪覆盖率参数化方案的对比研究. 地球科学进展, 24 (5): 512-522.

李新. 1998. 冰冻圈信息系统及其应用研究. 兰州: 中国科学院兰州冰川冻土研究所博士学位论文.

李忠勤. 2005. 天山乌鲁木齐河源1号冰川东支顶部出现冰面湖. 冰川冻土, 27 (1): 150-152.

李忠勤. 2011. 天山乌鲁木齐河源1号冰川近期研究与应用. 北京: 气象出版社.

李忠勤, 等. 2018. 山地冰川物质平衡和动力过程模拟. 北京: 科学出版社.

林振耀, 吴祥定. 1990. 青藏高原水汽输送路径的探讨. 地理研究, 03.

刘时银, 丁永建, 李晶, 等. 2006. 中国西部冰川对近期气候变暖的响应. 第四纪研究, 26 (5): 762-771.

鲁国威, 翁炳林, 郭东信. 1993. 中国东北部多年冻土的地理南界. 冰川冻土, 15 (2): 214-218.

罗栋梁, 金会军, 林琳, 等. 2012. 青海高原中、东部多年冻土及寒区环境退化. 冰川冻土, 34: 538-546.

罗立辉, 张耀南, 周剑, 等. 2013. 基于WRF驱动的CLM模型对青藏高原地区陆面过程模拟研究. 冰川冻土, 35 (3): 553-564.

马文红, 方精云, 杨元合, 等. 2010. 中国北方草地生物量动态及其与气候因子的关系. 中国科学 (C辑), 40 (7): 632-641.

毛飞, 候英雨, 唐世浩, 等. 2007. 基于近20年遥感数据的藏北草地分类及其动态变化. 应用生态学报, 18 (8): 1745-1750.

南卓铜. 2003. 青藏高原冻土分布研究及青藏铁路数字路基建设. 兰州: 中国科学院寒区旱区环境与工程研究所博士学位论文.

南卓铜, 李述训, 刘永智. 2002. 基于年平均地温的青藏高原冻土分布制图及应用. 冰川冻土, 24 (2): 142-148.

牛丽, 叶柏生, 李静, 等. 2011. 中国西北地区典型流域冻土退化对水文过程的影响. 中国科学 (D辑), 41 (1): 85-92.

蒲健辰, 姚檀栋, 王宁练, 等. 2004. 近百年来青藏高原冰川的进退变化. 冰川冻土, 26 (5): 517-522.

秦大河. 2014. 气候变化科学与人类可持续发展. 地理科学进展, 33 (7): 874-882.

秦大河, 周波涛, 效存德. 2014. 冰冻圈变化及其对中国气候的影响. 气象学报, (5): 869-879.

秦艳慧, 吴通华, 李韧, 等. 2015. ERA-Interim地表温度资料在青藏高原多年冻土区的适用性. 高原气象, 34 (3): 666-675.

青藏高原冰川冻土变化对区域生态环境影响评估与对策咨询项目组. 2010. 青藏高原冰川冻土变化对区域生态环境的影响及其应对措施. 自然杂志, 32 (1): 1-3.

施雅风. 2005. 简明中国冰川目录. 上海: 上海科学普及出版社.

施雅风, 米德生. 1988. 中国冰雪冻土图 (1:400万). 北京: 中国地图出版社.

孙美平, 刘时银, 姚晓军, 等. 2015. 近50年来祁连山冰川变化———基于中国第一、二次冰川编目数据. 地理学报, 70 (9): 1402-1414.

孙菽芬, 李敬阳. 2002. 用于气候研究的积雪模型参数化方案敏感性研究. 大气科学, 26 (4): 558-576.

孙菽芬, 金继明, 吴国雄. 1999. 用于 GCM 耦合的积雪模型的设计. 气象学报, 57 (3): 293-300.

谭春萍. 2011. 我国喜马拉雅山地区冰冻圈变化的脆弱性评价. 北京: 中国科学院研究生院硕士学位论文.

田玉强, 欧阳华, 宋明华, 等. 2007. 青藏高原样带高寒生态系统土壤有机碳分布及其影响因子. 浙江大学学报农业与生命科学版, 33 (4): 443-449.

土, 35 (5): 1118-1125.

王澄海, 靳双龙, 吴忠元, 等. 2009. 估算冻结 (融化) 深度方法的比较及在中国地区的修正和应用. 地球科学进展, 24 (2): 132-140.

王澄海, 靳双龙, 施红霞. 2014. 未来50a中国地区冻土面积分布变化. 冰川冻土, 01: 1-8.

王根绪, 胡宏昌, 王一博, 等. 2007. 青藏高原多年冻土区典型高寒草地生物量对气候变化的响应. 冰川冻土, 29 (5): 671-679.

王磊, 李秀萍, 周璟, 等. 2014. 青藏高原水文模拟的现状及未来. 地球科学进展, 29 (6): 674-682, doi: 10.11867/j. issn. 1001-8166. 2014. 06. 0674.

王宁练, 徐柏青, 蒲健辰, 等. 2013. 青藏高原冰川内部富含水冰层的发现及其环境意义. 冰川冻土, 35 (6): 1371-1381.

王璞玉, 李忠勤, 李慧林, 等. 2012. 近50年来天山地区典型冰川厚度及储量变化. 地理学报, 67 (7): 929-940.

王璞玉, 李忠勤, 李慧林, 等. 2017. 天山冰川储量变化和面积变化关系分析研究. 冰川冻土, 39 (1): 9-15.

王世金, 魏彦强, 方苗. 2014. 青海省三江源牧区雪灾综合风险评估与管理. 草业学报, 22 (2): 108-116.

王世金, 丁永建, 效存德, 等. 2017. 冰冻圈变化对经济社会系统的综合影响及其适应性管理策略. 冰川冻土, 40 (05): 7-18.

王涛. 2005. 1:4000000 中国沙漠冰川冻土图. 北京: 中国地图出版社.

吴吉春, 盛煜, 吴青柏, 等. 2009. 青藏高原多年冻土退化过程及方式. 中国科学 (D辑), (11): 1570-1578.

吴青柏, 童长江. 1995. 冻土变化与青藏公路的稳定性问题. 冰川冻土, 17: 350-355.

吴统文, 钱正安, 宋敏红. 2004a. CCM3 模式中 LSM 积雪方案的改进研究 (I): 修改方案介绍及其单点试验. 高原气象, 23 (4): 444-452.

吴统文, 钱正安, 蔡英. 2004b. CCM3 模式中 LSM 积雪方案的改进研究 (II): 全球模拟试验分析. 高原气象, 23 (5): 569-579.

希爽, 张志富. 2013. 中国近50a积雪变化时空特征. 干旱气象, 31 (3): 451-456.

向灵芝, 刘志红, 柳锦宝, 等. 2013. 1980—2010年西藏波密县冰川变化及其对气候变化的响应. 冰川冻土, 35 (3): 593-600.

效存德, 王世金, 秦大河. 2016. 冰冻圈服务功能及其价值评估初探. 气候变化研究进展, 21 (1): 45-52.

辛羽飞, 卞林根. 2008. 全球冰冻圈变化预测研究现状. 极地研究, 03: 275-286.

徐敩祖, 郭东信. 1982. 1:400 万中国冻土分布图的编制. 冰川冻土, 4 (2): 18-25.

许慧，李忠勤，Takeuchi N，等．2013．冰尘结构特征及形成分析———以乌鲁木齐河源 1 号冰川为例，冰川冻

严中伟，季劲钧．1995．陆面过程模式中积雪过程的参数化及初步试验．高原气象，V14（4）：415-424.

杨建平，丁永建，方一平，等．2015．冰冻圈及其变化的脆弱性与适应研究体系．地球科学进展，30（5）：517-529.

杨兴国，秦大河，秦翔．2012．冰川/积雪–大气相互作用研究进展．冰川冻土，34（2）：392-402.

杨元合，朴世龙．2006．青藏高原草地植被覆盖变化及其与气候因子的关系．植物生态学报，30（1）：1-8.

杨圆．2015．河西内陆河流域社会–生态系统对冰川变化的脆弱性．北京：中国科学院研究生院硕士学位论文．

姚檀栋，秦大河，沈永平，等．2013．青藏高原冰冻圈变化及其对区域水循环和生态条件的影响．自然杂志，35（3）：182-183.

赵林，盛煜，等．2019．青藏高原多年冻土及变化．北京：科学出版社．

赵林，丁永建，刘广岳，等．2010．青藏高原多年冻土层中地下冰储量估算及评价．冰川冻土，32：1-9.

周幼吾，郭东信．1982．我国多年冻土的主要特征．冰川冻土，4：95-96.

周幼吾，郭东信，邱国庆，等．2000．中国冻土．北京：科学出版社．

Alexander M A, Bhatt U S, Walsh J E, et al. 2004. The atmospheric response to realistic sea ice anomalies in an AGCM during winter. Journal of Climate, 17: 890-905.

Anderson E A. 1968. Development and testing of snow pack energy balance equations. Water Resources Research, 4 (1): 19-37.

Anderson E A. 1973. National Weather Service River Forecast System-snow accumulation and ablation model. NOAA Technical Memorandum NWS-HYDRO-17, United States Department of Commerce, National Oceanic and Atmospheric Administration, National Weather Service, Washington D C, USA.

Anderson E A. 1976. A point energy and mass balance model of a snow cover. Technical report, Office of Hydrology-National Weather Service.

Anderson E. 2002. Calibration of conceptual hydrologic models for use in river forecasting. Office of Hydrologic Development, US National Weather Service, Silver Spring, MD.

Arendt A, Sharp M J. 1999. Energy balance measurements on Canadian high Arctic glacier and their implications for mass balance modelling. In Interactions between the Cryosphere, Climate and Greenhouse Gases, IUGG symposium, Birmingham, 165-172.

Armstrong R L, Brun E. 2008. Snow and Climate: Physical Processes, Surface Energy Exchange and Modeling. Cambridge: Cambridge University Press, 1-11.

Arzhanov M M, Mokhov I I. 2013. Temperature trends in the permafrost of the northern hemisphere: Comparison of model calculations with observations. Doklady Earth Sciences, 449 (1): 319-323.

Aðalgeirsdóttir G, Johannesson T, Björnsson H, et al. 2006. Response of Hofsjökull and southern Vatnajökull, Iceland, to climate change. Journal of Geophysical Research, 111 (111): F03001.

Baggi S, Schweizer J. 2009. Characteristics of wet-snow avalanche activity: 20 years of observations from a high alpine valley (Dischma, Switzerland). Natural Hazards, 50 (1): 97-108.

Bahr D B, Pfeffer W T, Kaser G. 2015. A review of volume-area scaling of glaciers. Reviews of Geophysics, 53 (1): 95-140.

Barnes E A. 2013. Revisiting the evidence linking Arctic amplification to extreme weather in midlatitudes.

Geophysical Research Letters, 40 (17): 4734-4739.

Barnett T P, Adam J C, Lettenmaier D P. 2005. Potential impacts of warming climate on water availability in snow-dominated regions. Nature, 438: 303-309.

Blatter H. 1995. Velocity and stress fields in grounded glaciers: a simple algorithm for including deviatoric stress gradients. Journal of Glaciology, 41 (138): 333-344.

Blatter H, Greve R, Abe-Ouchi A A. 2010. A short history of the thermomechanical theory and modelling of glaciers and ice sheets. Journal of Glaciology, 56 (200): 1087-1094.

Braithwaite R J. 2002. Glacier mass balance: the first 50 years of international monitoring. Acoustics Speech and Signal Processing Newsletter IEEE, 26 (1): 76-95.

Bromwich D H, Wang S H. 2008. A review of the temporal and spatial variablity of arctic and antarctic atmospheric circulation based upon ERA-40. Dynamics of Atmospheres & Oceans, 44 (3-4): 213-243.

Bromwich D H, Nicolas J P, Monaghan A J. 2011. An assessment of precipitation changes over Antarctica and the Southern Ocean since 1989 in contemporary global reanalyses. Journal of Climate, 24 (16): 4189-4209.

Brown R D, Goodison B E. 1996. Interannual variability in reconstructed Canadian snow cover, 1915-1992. Journal of Climate, 9 (6): 1299-1318.

Carey M, McDowell G, Huggel C, et al. 2015. Integrated approaches to adaptation and disaster risk reduction in dynamic socio-cryospheric systems. Snow and ice-related hazards, risks and disasters. Academic Press: 219-261.

Carmack E, Melling H. 2011. Warmth from the deep. Nat. Geosci. , 4: 7-8.

Che T, Li X, Jin R, et al. 2008. Snow depth derived from passive microwave remote-sensing data in China. Annals of Glaciology, 49 (1): 145-154.

Che T, Dai L Y, Zheng X M, et al. 2016. Estimation of snow depth from MWRI and AMSR-E data in forest regions of northeast China. Remote Sensing of Environment, 183: 334-349.

Chen H, Nan Z, Zhao L, et al. 2015. Noah modelling of the permafrost distribution and characteristics in the west Kunlun area, Qinghai-Tibet Plateau, China. Permafrost and Periglacial Processes, 26 (2): 160-174.

Chen R S, Kang E, Yang J P, et al. 2003. A distributed runoff model for inland river mountainous basin of northwest China. Journal of Geographical Sciences, 13 (3): 363-372.

Chen R S, Lu S H, Kang E, et al, 2007. An hourly solar radiation model under actual weather and terrain conditions: a case study in Heihe river basin. Energy, 32: 1148-1157.

Chen R S, Lu S H, Kang E, et al. 2008. A distributed water-heat coupled model for mountainous watershed of an inland river basin in northwest China (I) model structure and equations. Environmental Geology, 53: 1299-1309.

Chen R S, Song Y X, Kang E, et al. 2014a. A cryosphere-hydrology observation system in a small alpine watershed in the Qilian Mountains of China and its meteorological gradient. Arctic, Antarctic, and Alpine Research, 46 (2): 505-523.

Chen R S, Liu J F, Song Y X, et al. 2014b. Precipitation type estimation and validation in China. Journal of Mountain Science, 11 (4): 917-925.

Chen R S, Liu J F, Kang E, et al. 2015. Precipitation measurement intercomparison in the Qilian Mountains, north-eastern Tibetan Plateau, The Cryosphere, 9 (5): 1995-2008.

Chen S B, Liu Y F, Thomas A. 2006. Climatic change on the Tibetan Plateau: potential evapotranspiration trends from 1961-2000. Climatic Change, 76: 291-319.

Cheng G D. 1983. The mechanism of repeated-segregation for the formation of thick layered ground ice. Cold Regions Science and Technology, 8: 57-66.

Cohen J J, Screen J, Furtado M, et al. 2014. Recent Arctic amplification and extreme mid-latitude weather. Nature geoscience, 7 (9): 627-637.

Cohen J L, Furtado J C, Barlow M A, et al. 2012. Arctic warming, increasing snow cover and widespread boreal winter cooling. Environmental Research Letters, 7 (1): 014007.

Cohen J, Rind D. 1991. The Effect of Snow Cover on the Climate. Journal of Climate, 4 (7): 689-706.

Dai L, Che T, Ding Y, et al. 2017. Evaluation of snow cover and snow depth on the Qinghai-Tibetan Plateau derived from passive microwave remote sensing. The Cryosphere, 11 (4): 1933-1948.

Dai Y, Zeng Q. 1997. A land surface model (IAP94) for climate studies. Part I: Formulation and validation in off-line experiments. Adv. Atmos. Sci. , 14: 443-460.

Dai Y, Zeng X, Dickinson R E, et al. 2003. The common land model. Bulletin of the American Meteorological Society, 84 (8): 1013-1023.

Das I, Bell R E, Scambos T A, et al. 2013. Influence of persistent wind scour on the surface mass balance of Antarctica. Nature geoscience, 6: 367-371.

Davidson E A, Janssens I A. 2006. Temperature sensitivity of soil carbon decomposition and feedbacks to climate change. Nature, 440: 165-173.

Davis C H, Li Y, McConnell J R, et al. 2005. Snowfall-driven growth in east Antarctic ice sheet mitigates recent sea-level rise. Science, 308 (5730): 1898-1901.

Deser C, Holland M, Reverdin G, et al. 2002: Decadal variations in Labrador sea ice cover and North Atlantic sea surface temperature. J. Geophys. Res. , 107 (C5), doi: 10. 1029/ 2000JC000683.

Deser C, Magnusdottir G, Saravanan R, et al. 2004. The effects of north Atlantic SST and sea ice anomalies on the winter circulation in CCM3. Part II: Direct and indirect components of the response. Journal of Climate, 17 (5): 877-889.

Dickinson R E. 1986. Biosphere/Atmosphere transfer scheme (BATS) for the NCAR community climate model. Technical Report, NCAR.

Dickinson R E, Henderson-Sellers A, Kennedy P J. 1993. Biosphere-atmosphere transfer scheme (BATS) version 1e as coupled to the NCAR community climate model. National Center for Atmospheric Research, Climate and Global Dynamics Division.

Ding J Z, Li F, Yang G B, et al. 2016. The permafrost carbon inventory on the Tibetan Plateau: A new evaluation using deep sediment cores. Global Change Biology, 22: 2688-2701.

Ding Y J, Liu S Y , Li J, et al. 2006. The retreat of glaciers in response to recent climate warming in western China. Annals of Glaciology, 43: 97-105.

Ding Y J, Zhang S Q, Zhao L, et al. 2019. Global warming weakening the inherent stability of glaciers and permafrost. Science Bulletin, 64 (4): 245-253.

Dong W, Lin Y, Wright J S, et al. 2016. Summer rainfall over the southwestern Tibetan Plateau controlled by deep convection over the Indian subcontinent. Nature communications, 7: 10925.

Dorfer C, Kuhn P, Baumann F, et al. 2013. Soil Organic Carbon Pools and Stocks in Permafrost-Affected Soils on the Tibetan Plateau, PLoS ONE, 8, e57024, doi: 10. 1371/journal. pone. 0057024.

Douville H, Mahfouf J F. 1995b. A new snow parameterization for the Meteo-France climate model. Part 2. Validation in a 3-D GCM experiments . Climate Dynamics, 12: 37-52.

Douville H, Mahfouf J F. 1995a. A new snow parameterization for the Meteo-France climate model. Part 1. Validation in stand-alone experiments. Climate Dynamics, 2: 21-35.

Ednie M, Smith S L. 2015. Permafrost temperature data 2008-2014 from community based monitoring sites in Nunavut. Geological Survey of Canada Open File, 7784.

Fang Y P, Liu Y W, Yan X. 2015. Meat production sensitivity and adaptation to precipitation concentration index during the growing season of grassland: Insights from rural households. Agricultural and Forest Meteorology, 201: 51-60.

Fang Y P, Qin D H, Ding Y J. 2011. Frozen soil change and adaptation of animal husbandry: A case of the source regions of Yangtze and Yellow Rivers. Environmental Science & Policy, 14 (5): 555-568.

Fang Y P, Zhao C, Ding Y J, et al. 2016. Impacts of snow disaster on meat production and adaptation: An empirical analysis in the yellow river source region. Sustainability Science, 11: 246-260.

Farinotti D, Huss M. 2013. An upper-bound estimate for the accuracy of volume-area scaling. The Cryosphere, 7 (6): 1707-1720.

Favier L, Durand G, Cornford S L, et al. 2014. Retreat of Pine Island Glacier controlled by marine ice-sheet instability, Nature Climate Change, 4 (2): 117.

Feng X, Sahoo A, Arsenault K, et al. 1981. The impact of snow model complexity at three CLPX sites. Journal of Hydrometeorology, 9 (6): 1464-1481.

Flament T, Rémy F. 2012. Dynamic thinning of Antarctic glaciers from along-track repeat radar altimetry. Journal of Glaciology, 58 (211): 830-840.

Flerchinger G N, Saxton K E. 1989. Simultaneous heat and water model of a freezing snow-residue-soil system ii. American Society of Agricultural Engineers, 32 (2): 0573-0576.

Flowers G E, Roux N, Pimentel S. 2011. Present dynamics and future prognosis of a slowly surging glacier. Cryosphere, 5 (1): 299-313.

Francis J A, Vavrus S J. 2012. Evidence linking Arctic amplification to extreme weather in mid-latitudes. Geophysical Research Letters, doi: 10.1029/2012GL051000.

Francis J A, Vavrus S J. 2015. Evidence for a wavier jet stream in response to rapid Arctic warming. Environmental Research Letters, 10 (1): 014005.

Francis J A, Chan W, Leathers D J, et al. 2009. Winter north hemisphere weather patterns remember summer Arctic sea-ice extent. Geophysical Research Letters, doi: 10.1029/2009GL037274.

Fürst J J, Durand G, Gillet-Chaulet F, et al. 2016. The safety band of Antarctic ice shelves. Nature Climate Change, 6 (5): 479.

Gagliardini O, Cohen D, Råback P, et al. 2007. Finite-element modeling of subglacial cavities and related friction law. Journal of Geophysical Research, 112 (F2): 241-253.

Greve R, Blatter H. 2009. Dynamics of Ice Sheets and Glaciers. Berlin: Springer Science & Business Media.

Grinsted A. 2013. An estimate of global glacier volume. Cryosphere, 7 (1): 141-151.

Guo D, Wang H, Li D. 2012. A projection of permafrost degradation on theTibetan Plateau during the 21st century. J Geophys Res., 117 (D5).

Guo W, Liu S, Xu J, et al. 2015. The second Chinese glacier inventory: Data, methods and results. Journal of Glaciology, 61 (226): 357-372.

He Y, Wu Y H, Liu Q F. 2012. Vulnerability assessment of areas affected by Chinese cryospheric changes in future climate change scenarios. Chinese Science Bulletin, 57 (36): 4784-4790.

Hindmarsh R C A. 2004. A numerical comparison of approximations to the Stokes equations used in ice sheet and glacier modeling. Journal of Geophysical Research Earth Surface, 109 (F1): F01012.

Hock R. 2005. Glacier melt: A review of processes and their modeling. Priogress in Physical Geography, 29 (3): 362-391.

Holloway G, Sou T. 2002. Has Arctic sea ice rapidly thinned? J. Clim. , 15: 1691-1701.

Honda M, Inous J, Yamane S. 2009. Influence of low Arctic sea-ice minima on anomalously cold Eurasian winters. Geophysical Research Letters, doi: 10. 1029/2008GL037079.

Hu G, Zhao L, Wu X, et al. 2015. Modeling permafrost properties in the Qinghai-Xizang (Tibet) Plateau. Science China-Earth Sciences, 58 (12): 2309-2326.

Hu G, Zhao L, Wu X, et al. 2016. New Fourier-series-based analytical solution to the conduction-convection equation to calculate soil temperature, determine soil thermal properties, or estimate water flux. International Journal of Heat and Mass Transfer, 95: 815-823.

Huang X D, Deng J, Ma X F, et al. 2016. Spatiotemporal dynamics of snow cover based on multi-source remote sensing data in China. The Cryosphere, 10: 2453-2463.

Hugelius G, Strauss J, Zubrzycki S, et al. 2014. Estimated stocks of circumpolar permafrost carbon with quantified uncertainty ranges and identified data gaps. Biogeosciences, 11 (23): 6573-6593.

Inoue J, Hori M, Takaya K. 2012. The role of Barents sea ice in the wintertime cyclone track and emergence of a warm-Arctic cold-Siberian anomaly. Journal of Climate, 25 (7): 2561-2568.

IPCC. 2013. Summary for Policymakers//Stocker T F, Qin D, Plattner G K, et al. Climate Change 2013: The Physical Science Basis. Contribution of Working Group I to the Fifth Assessment Report of the Intergovernmental Panel on Climate Change. Cambridge: Cambridge University Press.

Jaiser R, Dethloff K, Handorf D. 2013: Stratospheric response to Arctic sea ice retreat and associated planetary wave propagation changes. Tellus A: Dynamic Meteorology and Oceanography, 65: 19375.

Jansson P E, Moon D S. 2001. A coupled model of water, heat and mass transfer using object orientation to improve flexibility and functionality. Environmental Modelling & Software, 16 (1): 37-46.

Jeong S J, Ho C H, Gim H J, et al. 2011. Phenology shifts at start vs. end of growing season in temperate vegetation over the Northern Hemisphere for the period 1982-2008. Global Change Biology, 17 (7): 2385-2399.

Jin H, Zhao L, Wang S, et al. 2006. Thermal regimes and degradation modes of permafrost along the Qinghai-Tibet Highway. Science China Earth Sciences, 49: 1170-1183.

Jin J, Gao X, Yang Z L, et al. 1999. Comparative Analyses of Physically Based Snowmelt Models for Climate Simulations, Journal of Climate, 12 (7): 2643-2657.

Jobbágy E G, Jackson R B. 2000. The vertical distribution of soil organic carbon and relation to climate and vegetation. Ecological Applications, 10 (2): 423-436.

Jordan R. 1991. A One-Dimensional Temperature Model for a Snow Cover. Technical Documentation for SNTHERM. 89. Technical report, Cold Regions Research and Engineering Laboratory. Hanover N H.

Jordan R E, Andreas E L, Makshtas A P. 1999. Heat budget of snow-covered sea ice at north pole 4. Journal of Geophysical Research Oceans, 104 (C4): 7785-7806.

Jung T, Doblas-Reyes F, Helge G, et al. 2015. Polar-lower latitude linkages and their role in weather and climate prediction. Bulletin of the American Meteorological Society, 96 (11): ES197-ES200.

Kang D, Im J, Lee M, et al. 2014. The MODIS ice surface temperature product as an indicator of sea ice minimum over the Arctic Ocean. Remote Sensing of Environment, 152 (2014): 99-108.

Kang S C, Xu Y W, You Q L, et al. 2010. Review of climate and cryospheric change in the Tibetan Plateau. Environmental Research Letter, 5: 1748-9326.

Kim B M, Son S W, Son S K, et al. 2014. Weakening of the stratospheric polar vortex by arctic sea-ice loss. Nature Communications, 5: 1-8.

King J C, Pomeroy J W, Gray D M, et al. 2008. Snow-atmosphere energy and mass balance//Armstrong R L, Brun E. Snow and Climate: Physical Processes, Surface Energy Exchange and Modeling. Cambridge: Cambridge University Press: 70-124.

Kong Y, Wang C H. 2017. Responses and changes in the permafrost and snow water equivalent in the northern Hemisphere under a scenario of 1.5℃ warming. Advances in Climate Change Research, 8 (4): 235-244.

Kuhn M, Markl G, Kaser G, et al. 1985. Fluctuations of climate and mass balance: Different responses of two adjacent glaciers, Zeitschrift fur Gletscherkunde und Glazialgeologie, 21: 409-416.

Kwok R, Rothrock D A. 2009. Decline in Arctic sea ice thickness from submarine and ICESat records: 1958-2008. Geophysical Research Letters, 36 (L15501): 1-5.

Kwok R, Spreen G, Pang S. 2013. Arctic sea ice circulation and drift speed: decadal trends and ocean currents, Journal of Geophysical Research: Oceans, 118 (5): 2408-2425.

Lang H. 1968. Relations between glacier runoff and meteorological factors observed on and outside the glacier. IAHS Publ, 79: 429-439.

Laxon S, Peacock N, Smith D. 2003. High interannual variability of sea ice thickness in the Arctic region. Nature, 425: 947-950.

Le Meur E, Vincent C. 2003. A two-dimensional shallow ice-flow model of Glacier de Saint-Sorlin, France. Journal of Glaciology, 49 (167): 527-538.

Leclercq P W, Oerlemans J, Cogley J G. 2011. Estimating the glacier contribution to sea-level rise for the period 1800-2005, Surveys in Geophysics, 32 (4-5): 519.

Lecomte O, Toyota T. 2015. Influence of wet conditions on snow temperature diurnal variations: An east Antarctic sea-ice case study. Deep Sea Research Part II: Topical Studies in Oceanography, 131: 68-74.

Legresy B, Papa F, Remy F, et al. 2005. ENVISAT radar altimeter measurements over continental surfaces and ice caps using the ICE-2 retracking algorithm. Remote Sens Environ, 95: 150-163.

Lenaerts J T M, Van Den Broeke M R, Déry S J, et al. 2010. Modelling snowdrift sublimation on an Antarctic ice shelf. The Cryosphere, 4 (2): 179-190.

Li N, Wang G, Yang Y, et al. 2011. Plant production, and carbon and nitrogen source pools, are strongly intensified by experimental warming in alpine ecosystems in the Qinghai-Tibet Plateau. Soil Biology and Biochemistry, 43: 942-953.

Li P. 1999. Variation of snow water resources in northwestern China, 1951-1997. Science in China Series D: Earth Sciences, 42 (1): 72-79.

Li X, Cheng G D. 1999. A GIS-aided response model of high altitude permafrost to global climate change. Science in China Series D: Earth Sciences, 29: 185-192.

Li Z, Liu J, Tian B. 2012. Spatial and temporal series analysis of snow cover extent and snow water equivalent for satellite passive microwave data in the northern hemisphere (1978-2010). IEEE International Geosciene and Remote Sensing Symposium, 4871-4874.

Li Z Q, Li H L, Chen Y N. 2011. Mechanisms and simulation of accelerated shrinkage of continental glaciers: A case study of Urumqi Glacier No. 1 in eastern Tianshan, central Asia. Journal of Earth Science, 22 (4): 423-430.

Lindsay R, Zhang J. 2005. The thinning of Arctic sea ice, 1988-2003: how we passed a tipping point? J. Clim., 18: 4879-4894.

Liu G Y, Zhao L, Li R, et al. 2017. Permafrost warming in the context of step-wise climate change in the Tien Shan Mountains, China. Permafrost and Periglac. Process, 28 (1): 130-139.

Liu W J, Chen S Y, Qin X, et al. 2012. Storage, patterns, and control of soil organic carbon and nitrogen in the northeastern margin of the Qinghai-Tibetan Plateau, Environ. Res. Lett., 7: 1-12.

Liu X X, Chen B D. 2000. Climatic warming in the Tibetan Plateau during recent decades. International Journal of climatology, 20: 1729-1742.

Loth B, Graf H F. 1996. Modeling the snow cover for climate studies. Max-Planck-Institute for Meteorology, 190: 12-30.

Loth B, Graf H, Oberhuber J M. 1993. Snow cover model for global climate simulations. Journal of Geophysical Research Atmospheres, 98 (D6): 10451-10464.

Lynch-Stieglitz M. 1994. The development and validation of a simple snow model for the GISS GCM. Journal of Climate, 7: 1842-1855.

Mae D H, Granger R J. 1981. Snow surface energy exchange. Water Resources Research, 17 (3): 609-627.

Magnusdottir G, Deser C, Saravanan R. 2004. The effects of North Atlantic SST and sea ice anomalies in the winter circulation in CCM3. Part I: main features and storm track characteristics of the response. Journal of Climate, 17 (5): 857-876.

Makokha G O, Wang L, Zhou J, et al. 2016. Quantitative drought monitoring in a typical cold river basin over Tibetan Plateau: An integration of meteorological, agricultural and hydrological droughts. Journal of Hydrology, 543: 782-795.

Malik M J, Velde R V D, Vekerdy Z, et al. 2014. Improving modeled snow albedo estimates during the spring melt season. Journal of Geophysical Research Atmospheres, 119 (12): 7311-7331.

Mao D, Wang Z, Luo L, et al. 2012. Integrating AVHRR and MODIS data to monitor NDVI changes and their relationships with climatic parameters in Northeast China. International Journal of Applied Earth Observation and Geoinformation, 18: 528-536.

Martinec J, Rango A. 1986. Parameter values for snowmelt runoff modelling. Journal of Hydrology, 84 (3): 197-219.

Marzeion B, Jarosch A H, Hofer M. 2012. Past and future sea-level change from the surface mass balance of glaciers. The Cryosphere, 6 (6): 1295-1322.

Marzeion B, Cogley J G, Richter K, et al. 2014a. Attribution of global glacier mass loss to anthropogenic and natural causes. Science, 345 (6199): 919-921.

Marzeion B, Jarosch A H, Gregory J M. 2014b. Feedbacks and mechanisms affecting the global sensitivity of glaciers to climate change. The Cryosphere, 8: 59-71.

Maussion F, Scherer D, Mölg T, et al. 2014. Precipitation seasonality and variability over the Tibetan Plateau as resolved by the high Asia reanalysis. Journal of Climate, 27 (5): 1910-1927.

Melillo J M, Steudler P A, Alber J D, et al. 2002. Soil warming and carbon-cycle feedback to the climate system. Science, 298 (5601): 2173-2176.

Meur E L, Gagliardini O, Zwinger T, et al. 2004. Glacier flow modelling: A comparison of the shallow ice approximation and the full-Stokes solution. Comptes Rendus Physique, 5 (7): 709-722.

Mocko D M, Walker G K, Sud Y C. 1999. New snow-physics to complement SSiB. Journal of the Meteorological Society of Japan. Ser. II, 77 (1B): 349-366.

Monaghan A J, Bromwich D H, Fogt R L, et al. 2006. Insignificant Change in Antarctic Snowfall since the International Geophysical Year. Science, 313 (5788): 827-831.

Morris E M. 1983. Modeling the flows of mass and energy within a snow pack for hydrological forecasting. Ann. Glasiol , 94: 137-149.

Mu C C, Zhang T J, Wu Q B, et al. 2015. Organic carbon pools in permafrost regions on the Qinghai-Xizang (Tibetan) Plateau. The Cryosphere, 9: 479-496.

Mu C C, Zhang T J, Zhang X, et al. 2016a. Sensitivity of soil organic matter decomposition to temperature at different depths in permafrost regions on the northern Qinghai-Tibet Plateau. European Journal of Soil Science, 37 (6): 773-781.

Mu C C, Zhang T J, Zhao Q, et al. 2016b. Soil organic carbon stabilization by iron in permafrost regions of the Qinghai-Tibet Plateau. Geophys. Geophysical Research Letters, 43 (19): 10-286.

Mu C C, Zhang T J, Zhao Q, et al. 2016c. Soil organic carbon stabilization by iron in permafrost regions of the Qinghai-Tibet Plateau. Geophysical Research Letters, 43 (10): 286-294.

Murray R J, Simmonds I. 1995. Responses of climate and cyclones to reductions in Arctic winter sea ice. Journal of Geophysical Research, 100: 4791-4806.

Nakamura T, Yamazaki K, Iwamoto K, et al. 2015. A negative phase shift of the winter AO/NAO due to the recent Arctic sea-ice reduction in late autumn. Journal of Geophysical Research: Atmospheres, 120 (8): 3209-3227.

Nan Z T, Li S X, Cheng G D. 2005. Prediction of permafrost distribution on the Qinghai-Tibetan Plateau in the next 50 and 100 years. Science in China (Series D), 48 (6): 797-804.

Natali S M, Schuur E A G, Rubin R L. 2012. Increased plant productivity in Alaskan tundra as a result of experimental warming of soil and permafrost. Journal of Ecology, 100: 488-498.

Nelson F E, Anisimov O A, Shiklomanov N I. 2001. Subsidence risk from thawing permafrost. Nature, 410 (6831): 889.

Noetzli J, Voelksch I. 2014. Organisation and analysis of temperature data measured within the Swiss Permafrost Monitoring Network (PERMOS) . EGU general assembly 2014, Vienna, Austria, EGU2014-11376.

Oerlemans J. 1982. Response of the antarctic ice sheet to a climatic warming: A model study. International Journal of Climatology, 2 (1): 1-11.

Oerlemans J. 1996. Modelling the Response of Valley Glaciers to Climatic Change. ERCA, 2: 91-123.

Oerlemans J. 2010. The Microclimate of Valley Glaciers. Igitur, Utrecht University, Utrecht.

Oerlemans J, Knap W H. 1998. A 1 year record of global radiation and albedo in the ablation zone of Morteratschgletscher, Switzerland. Journal of Glaciology, 44 (147): 231-238.

Oerlemans J, Anderson B, Hubbard A, et al. 1998. Modelling the response of glaciers to climate warming. Climate Dynamics, 14 (4): 267-274.

Ogi M, Yamazaki K, Wallace J. 2010. Influence of winter and summer surface wind anomalies on summer Arctic sea ice extent. Geophys. Res. Lett. 37, L07701. doi: 10. 1029/2009GL042356.

Ohtsuka T, Hirota M, Zhang X, et al. 2008. Soil organic carbon pools in alpine to nival zones along an altitudinal gradient (4400-5300m) on the Tibetan Plateau, Polar Sci. , 2: 277-285.

Overland J, Francis J A, Hall R, et al. 2015. The melting Arctic and midlatitude weather patterns: Are they connected? Journal of Climate, 28 (20): 7917-7932.

Park H, KimY, Kimball J S. 2016. Widespread permafrost vulnerability and soil active layer increases over the high northern latitudes inferred from satellite remote sensing and process model assessments. Remote Sensing of Environment, 175 (2016): 349-358.

Pattyn F. 2002. Transient glacier response with a higher-order numerical ice-flow model. Journal of Glaciology, 48 (162): 467-477.

Pattyn F. 2003. A new three-dimensional higher-order thermomechanical ice sheet model: Basic sensitivity, ice stream development, and ice flow across subglacial lakes. Journal of Geophysical Research Solid Earth, 108 (B8): doi: 10.1029/2002JB002329.

Parkinson C L, Rind D, Healy R J, et al. 2001. The impact of sea ice concentration accuracies on climate model simulations with the GISS GCM. Journal of Climate, 14: 2606-2623.

Pattyn F, Perichon L, Aschwanden A, et al. 2008. Benchmark experiments for higher-order and full Stokes ice sheet models (ISMIP-HOM). The Cryosphere Discussions, 2 (1): 111-151.

Pattyn F, Schoof C, Perichon L, et al. 2012. Results of the marine ice sheet model intercomparison project, MISMIP. The Cryosphere, 6 (3): 573-588.

Pattyn F, Perichon L, Durand G, et al. 2013. Grounding-line migration in plan-view marine ice-sheet models: results of the ice2sea MISMIP3d intercomparison. Journal of Glaciology, 59 (215): 410-422.

Payne A J, Huybrechts P, Abe-Ouchi A, et al. 2000. Results from the EISMINT model intercomparison: the effects of thermomechanical coupling. Journal of Glaciology, 46 (153): 227-238.

Peng X, Wu Q, Tian M. 2003. The effect of groundwater table lowering on ecological environment in the headwaters for the yellow river. J. Glaciol. Geocryol., 25: 667-671.

Perlwitz J, Hoerling M, Dole R. 2015. Arctic tropospheric warming: Causes and linkages to lower latitudes. Journal of Climate, 28: 2154-2167.

Peterson B J, Holmes R M, Mcclelland J W, et al. 2002. Increasing river discharge to the Arctic Ocean. Science, 298 (5601): 2171.

Petoukhov V, Semenov V A. 2010. A link between reduced Barents-Kara sea ice and cold winter extremes over northern continents. Journal of Geophysical Research, 115: D21111.

Pfeffer W T, Arendt A A, Bliss A, et al. 2014. The Randolph Glacier Inventory: a globally complete inventory of glaciers. Journal of Glaciology, 60 (221): 537-552.

Piao S L, Fang J Y, Zhou L M, et al. 2005. Changes in vegetation net primary productivity from 1982 to 1999 in China. Global Biogeochemical Cycles, 19: 2004GB002274.

Piao S L, Fang J Y, Zhou L M, et al. 2007. Changes in biomass carbon stocks in China's grasslands between 1982 and 1999. Global Biogeochemical Cycles, 21: GB2002.

Pimentel S, Flowers G E, Schoof C G. 2010. A hydrologically coupled higher-order flow-band model of ice dynamics with a coulomb friction sliding law. Journal of Geophysical Research: Earth Surface, 115 (F4).

Pitman A J, Yang Z L, Cogley J G, et al. 1991. Description of bare essentials of surface transfer for the Bureau of Meteorology Research Centre AGCM. BMRC Res. Rep, 32: 117.

Polyakov I V, Alekseev G V, Bekryaev R V, et al. 2003. Long-Term ice variability in Arctic Marginal Seas. Journal of Climate, 16 (12): 2078-2085.

Qin D, Ding Y, Mu M. 2016. Climate and Environmental Change in China: 1951-2012. Springer Environmental

Science & Engineering, doi: 10. 1007/978-3-662-48482-1.

Qin D H. 2006. Snow cover distribution, variability, and response to climate change in Western China. Journal of Climate, 19: 1820-1833.

Quinton W L, Baltzer J L. 2013. The active-layer hydrology of a peat plateau with thawing permafrost (Scotty Creek, Canada). Hydrogeology Journal, 21 (1): 201-220.

Radić V, Hock R. 2010. Regional and global volumes of glaciers derived from statistical upscaling of glacier inventory data. Journal of Geophysical Research Earth Surface, 115 (F1): 87-105.

Ran Y, Li X, Cheng G, et al. 2012. Distribution of Permafrost in China: An Overview of Existing. Permafrost Maps, Permafrost Periglacial Progress, 23: 322-333.

Renner A H, Gerland S, Haas C, et al. 2014. Evidence of Arctic sea ice thinning from direct observations. Geophysical Research Letters, 41 (14): 5029-5036.

Roeckner E, Bäuml G, Bonaventura L, et al. 2003. The atmospheric general circulation model ECHAM5 Part I: Model description. Max Planck Institute for Meteorology, Rep. 349: 127.

Romanovsky V E, Sazonova T S, Balobaev V T, et al. 2007. Past and recent changes in air and permafrost temperatures in eastern Siberia. Global and Planetary Change, 56 (3-4): 399-413.

Romanovsky V E, Smith S L, Christiansen H H, et al. 2010. Permafrost thermal state in the polar Northern Hemisphere during the International Polar Year 2007-2009: A synthesis. Permafrost Periglacial Processes, 21 (2): 106-116.

Royer J F, Planton S, Déqué M. 1990. A sensitivity experiment for the removal of Arctic sea ice with the French spectral general circulation model. Climate Dynamics, 5: 1-17.

Rupp D E, Mote P W, Bindoff N L, et al. 2013. Detection and Attribution of Observed Changes in Northern Hemisphere Spring Snow Cover. Journal of Climate, 26 (18): 6904-6914.

Sato T, Shiraiwa T, Greve R, et al. 2014. Accumulation reconstruction and water isotope analysis for 1736-1997 of an ice core from the Ushkovsky volcano, Kamchatka, and their relationships to North Pacific climate records. Climate of the Past, 10 (1): 393-404.

Sazonova T S, Romanovsky V E, Walsh J E, et al. 2004. Permafrost dynamics in the 20th and 21st centuries along the East Siberian transect. Journal of Geophysical Research Atmospheres, 109: 739-746.

Scarchilli C, Frezzotti M, Grigioni P, et al. 2010. Extraordinary blowing snow transport events in East Antarctica. Climate Dynamics, 34 (7-8): 1195-1206.

Schoof C. 2005. The effect of cavitation on glacier sliding. Proceedings of the Royal Society A: Mathematical, Physical and Engineering Sciences, 461 (2055): 609-627.

Schuur E A G, Crummer K G, Vogel J G, et al. 2007. Plant species composition and productivity following permafrost thaw and thermokarst in alaskan tundra. Ecosystems, 10 (2): 280-292.

Schuur E A G, McGuire A D, Schadel C, et al. 2015. Climate change and the permafrost carbon feedback. Nature, 520: 171-179.

Screen J A, Simmonds I. 2013a. Exploring links between Arctic amplification and mid-latitude weather. Geophysical Research Letters, 40: 959-964.

Screen J A, Simmonds I. 2013b. Caution needed when linking weather extremes to amplified planetary waves. Proceedings of the National Academy of Sciences, 110 (26): E2327-E2327.

Screen J A, Deser C, Simmonds I, et al. 2014. Atmospheric impacts of Arctic sea-ice loss, 1979-2009: separating forced change from atmospheric internal variability. Climate dynamics, 43 (1-2): 333-344.

Selmes N, Murray T, James T D. 2011. Fast draining lakes on the Greenland Ice Sheet. Geophysical Research Letters, 38 (15), doi: 10. 1029/201GL047872.

Serreze M, Maslanik J, Scambos T, et al. 2003. A record minimum arctic sea ice extent and area in 2002. Geophys. Res. Lett. , 30 (3): 1110, doi: 10. 1029/2002GL016406.

Shanggaun D, Liu S Y, Ding Y J, et al. 2016. Characterizing the May 2015 Karayaylak Glacier surging in the eastern Pamir Plateau using remote sensing. Journal of Glaciology, 62 (235): 944-953.

Sharkhuu A, Sharkhuu N, Etzelmüller B, et al. 2007. Permafrost monitoring in the Hovsgol mountain region, Mongolia. Journal of Geophysical Research Atmospheres, 112: 195-225.

Shi H X, Wang C H. 2015. Projected 21st century changes in snow water equivalent over northern Hemisphere landmasses from the CMIP5 model ensemble. The Cryosphere, 9: 1943-1953.

Shrestha M, Wang L, Koike T, et al. 2010. Improving the snow physics of WEB-DHM and its point evaluation at the SnowMIP sites. Hydrology & Earth System Sciences, 14 (12): 2577-2594.

Slater A G , Lawrence D M . 2013. Diagnosing Present and Future Permafrost from Climate Models. Journal of Climate, 26 (15): 5608-5623.

Slater A G, Pitman A J, Desborough C E. 2015. The validation of a snow parameterization designed for use in general circulation models. International Journal of Climatology, 18 (6): 595-617.

Song Y, Ma M G. 2011. A statistical analysis of the relationship between climatic factors and the normalized difference vegetation index in China. International Journal of Remote Sensing, 32 (14): 3947-3965.

Steele M, Ermold W, Zhang J. 2008. Arctic ocean surface warming trends over the past 100 years. Geophys. Res. Lett. , 35, L02614, doi: 10. 1029/2007GL031651.

Stevens L A, Behn M D, McGuire J J, et al. 2015. Greenland supraglacial lake drainages triggered by hydrologically induced basal slip. Nature, 522 (7554): 73-76.

Stroeve J, Serreze M, Fetterer F, et al. 2005. Tracking the Arctic's shrinking ice cover: another extreme September minimum in 2004. Geophys. Res. Lett. , 32, L04501, doi: 10. 1029/2004GL021810.

Stroeve J, Serreze M, Drobot S, et al. 2008. Arctic sea ice extent plummets in 2007. EOS, 89 (2): 8.

Sud Y C, Mocko D M. 1999. New snow-physics to complement SSiB: Part I: Design and Evaluation with ISLSCP initiative I datasets. Journal of the Meteorological Society of Japan, 77 (1): 335-348.

Sugiyama S, Bauder A, Zahno C, et al. 2007. Evolution of Rhonegletscher, Switzerland, over the past 125 years and in the future: application of an improved flowline model. Annals of Glaciology, 46 (1): 268-274.

Sun B, Moore J C, Zwinger T, et al. 2014. How old is the ice beneath Dome A, Antarctica? The Cryosphere, 8: 1121-1128.

Sun S, Jin J, Xue Y. 1999. A simple snow-atmosphere-soil transfer model. Journal of Geophysical Research Atmospheres, 1041 (D16): 19587-19598.

Sun W, Song X, Mu X, et al. 2015. Spatiotemporal vegetation cover variations associated with climate change and ecological restoration in the Loess Plateau. Agricultural and Forest Meteorology, 209: 87-99.

Sundal A V, Shepherd A, Nienow P, et al. 2009. Evolution of supra-glacial lakes across the Greenland Ice Sheet. Remote Sensing of Environment, 113: 2164-2171.

Surfleet C G, Tullos D. 2013. Variability in effect of climate change on rain-on-snow peak flow events in a temperate climate. Journal of Hydrology, 479: 24-34.

Takeuchi N, Li Z Q. 2008. Characteristics of surface dust on Urumqi glacier No. 1 in the Tien Shan mountains, China. Arctic, Antarctic, and Alpine Research, 40 (4): 744-750.

Tang Q H, Zhang X J, Yang X H, et al. 2013a. Cold winter extremes in northern continents linked to Arctic sea ice loss. Environmental Research Letters, 8 (1): 014036.

Tang Q H, Zhang X, Francis J A. 2013b. Extreme summer weather in northern mid-latitudes linked to a vanishing cryosphere. Nature Climate Change, 4 (1): 45.

Thorndike A S, Colony R. 1982. Sea ice motion in response to geostrophic winds. J. Geophys. Res. , 87 (C8): 5845-5852.

Treat C C, Wollheim W M, Varner R K, et al. 2014. Temperature and peat type control CO_2 and CH_4 production in Alaska permafrost peats. Global Change Biology, 20: 2674-2686.

Uaslanik J, Serreze M. 1999. On the record reduction in 1998 western Arctic sea-ice cover. Feophys. Res. Lott., 26 (13): 1905-1908.

Van Oldenborgh G J, Haarsma R, De Vries H, et al. 2015. Cold extremes in north America vs. mild weather in Europe: The winter of 2013-14 in the context of a warming world. Bulletin of the American Meteorological Society, 96 (5): 707-714.

Van Wessem J M, Reijmer C H, Morlighem M, et al. 2014. Improved representation of East Antarctic surface mass balance in a regional atmospheric climate model. J. Glaciol. , 60: 761-770.

Vaughan D G, Comiso J C, Allison I, et al. 2013. Observations: cryosphere//Stocker T F, Qin D, Plattner G K. Climate Change 2013: The physical science basis. Contribution of Working Group I to the Fifth Assessment Report of the Intergovernmental Panel on Climate Change. Cambridge University Press, Cambridge, United Kingdom and New York, NY, USA.

Verseghy D L. 1991. Class: a Canadian land surface scheme for GCMS, 1, soil model . International Journal of Climate, 11: 111-133.

Wallenstein M D, McMahon S, Schimel J. 2007. Bacterial and fungal community structure in Arctic tundra tussock and shrub soils. FEMS microbiology ecology, 59 (2): 428-435.

Wang C, Wu D, Kong Y, et al. 2017. Changes of soil thermal and hydraulic regimes in northern hemisphere permafrost regions over the 21st century. Arctic, Antarctic, and Alpine Research, 49 (2): 305-319.

Wang G, Li Y, Wang Y, et al. 2008. Effects of permafrost thawing on vegetation and soil carbon losses on the Qinghai-Tibet Plateau, China. Geoderma, 143: 143-152.

Wang G X, Qian J, Cheng GD, et al. 2002. Soil organic carbon pool of grassland soils on the Qinghai-Tibetan Plateau and its global implication. Science of the Total Environment, 291 (1-3): 207-217.

Wang G X, Mao T X, Chang J, et al. 2014. Impacts of surface soil organic content on the soil thermal dynamics of alpine meadows in permafrost regions: data from field observations. Geoderma, 232: 414-425.

Wang J, Zhang J, Watanabe E, et al. 2009. Is the dipole anomaly a major driver to record lows in Arctic summer sea ice extent? Geophys. Res. Lett. , 36, L05706, doi: 10. 1029/2008GL036706.

Wang L, Xue B L. 2013. Modeling the land surface water and energy cycle of a mesoscale watershed in the central Tibetan Plateau with a distributed hydrological model. EGU General Assembly Conference. EGU General Assembly Conference Abstracts.

Wang L, Koike T, Yang K, et al. 2009. Development of a distributed biosphere hydrological model and its evaluation with the Southern Great Plains Experiments (SGP97 and SGP99). Journal of Geophysical Research-Atmospheres, 114: D08107.

Wang L, Sun L, Shrestha M, et al. 2016. Improving snow processmodeling with satellite-based estimation of near-surface-air-temperature lapse rate, J. Geophys. Res. Atmos. , doi: 10. 1002/2016JD025506.

Wang L, Zhou J, Qi J, et al. 2017. Development of a land surface model with coupled snow and frozen soil physics. Water Resources Research, 53 (6): 5085-5103.

Wang W, Huang X D, Deng J, et al. 2015. Spatio-temporal change of snow cover and its response to climate over the Tibetan Plateau based on an improved daily cloud-free snow cover product. Remote Sensing, 7: 169-194.

Wang W, Rinke A, Moore J C, et al. 2016. Diagnostic and model dependent uncertainty of simulated Tibetan permafrost area. The Cryosphere, 10 (1): 287-306.

Wang X, Yi S, Wu Q, et al. 2016. The role of permafrost and soil water in distribution of alpine grassland and its NDVI dynamics on the Qinghai-Tibetan Plateau. Global and Planetary Change, 147: 40-53.

Wang X Q, Chen R S, Liu G H, et al. 2019. Response of low flows under climate warming in high-altitude permafrost regions in western China. Hydrological Processes, 33 (1): 66-75.

Wang Y T, Ding M H, Van Wessem J M, et al. 2016. A comparison of Antarctic Ice Sheet surface mass balance. Journal of Climate, 29 (14): 5317-5337.

Wang Z, Wang Q, Zhao L, et al. 2016. Mapping the vegetation distribution of the permafrost zone on the Qinghai-Tibet Plateau. Journal of Mountain Science, 13 (6): 1035-1046.

Watson V, Kooi H, Bense V. 2013. Potential controls on cold-season river flow behavior in subarctic river basins of Siberia. Journal of Hydrology, 489 (8): 214-226.

Wei J, Su J. 2014. Mechanism of an Abrupt Decrease in Sea-Ice Cover in the Pacific Sector of the Arctic during the Late 1980s. Atmosphere-Ocean, 52 (5): 434-445.

White M A, Running S W, Thornton P E. 1999. The impact of growing-season length variability on carbon assimilation and evapotranspiration over 88 years in the eastern US deciduous forest. International Journal of Biometeroroloy, 42 (3): 139-145.

Wingham D J, Shepherd A, Muir A, et al. 2006. Mass balance of the Antarctic ice sheet, Philos. Tran. Roy Soc. Lond. A, 364 (1844): 1627-1635

Wu B, Johnson M. 2010. Distinct modes of winter arctic sea ice motion and their associations with surface wind variability. Adv. Atmos. Sci. , 27 (2): 211-229.

Wu B, Huang R, Gao D. 1999. Effects of variation of winter sea-ice area in Kara and Barents seas on East Asian winter monsoon. Acta Meteorologica Sinica, 13: 141-153.

Wu B, Wang J, Walsh J E. 2004. Possible feedback of winter sea ice in the Greenland and Barents Seas on the local atmosphere. Mon. Wea. Rev. , 132: 1868-1876.

Wu B, Su J, Zhang R. 2011. Effects of autumn-winter arctic sea ice on winter Siberian High. Chinese Science Bulletin, 56 (30): 3220.

Wu B, Overland J E, D'Arrigo R. 2012. Anomalous Arctic surface wind patterns and their impacts on September sea ice minima and trend. Tellus A: Dynamic Meteorology and Oceanography, 64 (1): 18590.

Wu B, Handorf D, Dethloff K, et al. 2013. Winter weather patterns over northern Eurasia and Arctic sea ice loss. Monthly Weather Review, 141 (11): 3786-3800.

Wu B, Su J, D'Arrigo R. 2015. Patterns of Asian winter climate variability and links to Arctic sea ice. Journal of Climate, 28: 6841-6858.

Wu B, Yang K, Francis J A. 2016. Summer Arctic dipole wind pattern affects the winter Siberian high. International Journal of Climatology, 36 (13): 4187-4201.

Wu L H, Li H L, Wang L. 2011. Application of a degree-day model for determination of mass balance of Urumqi Glacier No. 1, eastern Tianshan, China. Journal of Earth Science, 22: 470-481.

Wu Q, Zhang X. 2010. Observed forcing-feedback processes between northern Hemisphere atmospheric circulation and Arctic sea ice coverage. Journal of Geophysical Research, 115 (D14): 1984-2012.

Wu Q, Zhang T, Liu Y. 2010a. Permafrost temperatures and thickness on the Qinghai-Tibet Plateau. Global and Planetary Change, 72: 32-38.

Wu Q, Zhang T, Liu Y. 2010b. Thermal state of the active layer and permafrost along the Qinghai-Xizang (Tibet) Railway from 2006 to 2010. The Cryosphere, 6: 607-612.

Wu X, Nan Z, Zhao S, et al. 2017. Spatial Modelling of Permafrost Distribution and Properties on the Qinghai-Tibet Plateau. Permafrost and Periglacial Processes, 29 (2): 86-99.

Xiao Y, Zhao L, Dai Y, et al. 2013. Representing permafrost properties in CoLM for the Qinghai-Xizang (Tibetan) Plateau. Cold Regions Science and Technology, 87: 68-77.

Xu L, Myneni R B, Chapin F S, et al. 2013. Temperature and vegetation seasonality diminishment over northern lands. Nature Climate Change, 3 (6): 581-586.

Xu X, Lu C, Shi X, et al. 2008. World water tower: An atmospheric perspective. Geophysical Research Letters, 35 (20): L20815.

Xue B, Wang L, Yang K, et al. 2013. Modeling the land surface water and energy cycles of a mesoscale watershed in the central Tibetan Plateau during summer with a distributed hydrological model, Journal of Geophysical Research-Atmospheres, 118: 8857-8868.

Yamazaki T, Kondo J. 2010. The snowmelt and heat balance in snow-covered forested areas. J. Appl. Meteorol. , 31 (11): 1322-1327.

Yang Y, Hwang C, Dongchen E. 2014. A fixed full-matrix method for determining ice sheet height change from satellite altimeter: an ENVISAT case study in East Antarctica with backscatter analysis. Journal of Geodesy, 88 (9): 901-914.

Yang Y H, Fang J Y, Ji C J, et al. 2009. Above- and belowground biomass allocation in Tibetan grasslands. Journal of Vegetable Science, 20 (1): 177-184.

Yang Y H, Fang J Y, Guo D L, et al. 2010. Vertical patterns of soil carbon, nitrogen and carbon: Nitrogen stoichiometry in Tibetan grasslands. Biogeoscience Discuss, 7: 1-24.

Yang Z, Gao J, Zhou C, et al. 2011. Spatio-temporal changes of NDVI and its relation with climatic variables in the source regions of the Yangtze and Yellow rivers. Journal of Geographical Sciences, 21 (6): 979-993.

Yang Z L, Dickinson R E, Robock A, et al. 1997. Validation of the snow submodel of the biosphere-atmosphere transfer scheme with russian snow cover and meteorological observational data. Journal of Climate, 10 (2): 353-373.

Yao T, Thompson L G, Mosbrugger V, et al. 2012. Third pole environment (TPE). Environmental Development, 3: 52-64.

Yao Y, Huang J, Luo Y, et al. 2016a. An upgraded scheme of surface physics for Antarctic ice sheet and its implementation in the WRF model. Science Bulletin, 1-9.

Yao Y, Huang J, Luo Y, et al. 2016b. Improving the WRF model's simulation over sea ice surface through coupling with a complex thermodynamic sea ice model. Geosci. Model Dev. , 9: 2239-2254.

Yasunari T, Kitoh A, Tokiok T. 1991. Local and remote responses to excessive snow mass over Eurasia appearing in the northern spring and summer climate. Journal of the Meteorological Society of Japan, 69 (4): 473-487.

Ye B, Yang D, Zhang Z, et al. 2009. Variation of hydrological regime with permafrost coverage over Lena Basin in Siberia. Journal of Geophysical Research: Atmospheres, 114 (D7): D07102.

Yeh T C, Wetherald R T, Manabe S. 2009. A Model Study of the Short-Term Climatic and Hydrologic Effects of Sudden Snow-Cover Removal. Monthly Weather Review, 111 (5): 1013-1024.

Yi S, McGuire A D, Kasischke E, et al. 2010. A dynamic organic soil biogeochemical model for simulating the effects of wildfire on soil environmental conditions and carbon dynamics of black spruce forests. Journal of Geophysical Research: Biogeosciences, 115 (G4).

Yi S, Zhou Z, Ren S, et al. 2011. Effects of permafrost degradation on alpine grassland in a semi-arid basin on the Qinghai-Tibetan Plateau. Environmental Research Letters, 6 (4): 045403.

Yi S, McGuire A D, Harden J, et al. 2015. Interactions between soil thermal and hydrological dynamics in the response of Alaska ecosystems to fire disturbance. Journal of Geophysical Research: Biogeosciences, 114 (G2).

Yi S H, Li N, Xiang B, et al. 2013. Representing the effects of alpine grassland vegetation cover on the simulation of soil thermal dynamics by ecosystem models applied to the Qinghai-Tibetan Plateau. Journal of Geophysical Research: Biogeosciences, 118 (3): 1186-1199.

Zhang J, Lindsay R, Strrle M et al. 2008. What drove the dramatic retreat of arctic sea ice during summer 2007? Geophys. Res. Lett., 35, L11505, doi: 10.1029/2008GL034005.

Zhang J H, Liu S Z, Zhong X H. 2006. Distribution of soil organic carbon and phosphorus on an eroded hillslope of the rangeland in the northern Tibet Plateau, China. European Journal of Soil Science, 57: 365-371.

Zhang S, Wang Y, Zhao Y, et al. 2004. Permafrost degradation and its environmental sequent in the source regions of the yellow river. J. Glaciol. Geocryol., 26: 1-6.

Zhang X, Xu S, Li C, et al. 2014. The soil carbon/nitrogen ratio and moisture affect microbial community structures in alkaline permafrost-affected soils with different vegetation types on the Tibetan Plateau. Research in microbiology, 165 (2): 128-139.

Zhao L, Wu Q B, Marchenko S S, et al. 2010. Thermal State of Permafrost and Active Layer in Central Asia during the International Polar Year. Permafrost and Periglacial Processes, 21: 198-207.

Zhao Q, Ding Y, Wang J, et al. 2019. Projecting climate change impacts on hydrological processes on the Tibetan Plateau with model calibration against the Glacier Inventory Data and observed streamflow. Journal of Hydrology, 573: 60-81.

Zhong X, Zhang T, Wang K. 2014. Snow density climatology across the former USSR. Cryosphere, 8 (2): 785-799.

Zhou J, Wang L, Zhang Y, et al. 2015. Exploring the water storage changes in the largest lake (Selin Co) over the Tibetan Plateau during 2003-2012 from a basin-wide hydrological modeling. Water Resources Research, 51 (10): 8060-8086.

Zhu X Y, Luo C Y, Wang S P, et al. 2015. Effects of warming, grazing/cutting and nitrogen fertilization on greenhouse gas fluxes during growing seasons in an AM on the Tibetan Plateau. Agricultural and Forest Meteorology, 214: 506-514.

Zou D, Zhao L, Sheng Y, et al. 2016. A new map of the permafrost distribution on the Tibetan Plateau. The Cryosphere, 11 (6): 2527.

Zuzel J F, Cox L M. 1975. Relative importance of meteorological variables in snowmelt. Water Resources Research, 11 (1): 174-176.